高等职业教育课程改革项目研究成果系统教材
校企深度合作新形态活页式教材

物联网与嵌入式开发实战
——基于 OneNET 云与开发板

主　编　汤宇娇　耿铭慈
副主编　毛怀勇　徐伟新　张　钊　陈向露

北京理工大学出版社
BEIJING INSTITUTE OF TECHNOLOGY PRESS

内容简介

本书使用了中移物联网的 OneNET 标准开发板 3.2 版本为配套硬件平台，同时，通过职业院校与相关企业开展校企双元合作，融入丰富的实操案例。此款开发板接口丰富，功能强大，不仅带有按键、LED 灯等常用元件，还配有板载的温湿度传感器、光照传感器、三轴加速传感器、WiFi、GPRS 等模块。

本书遵循 STM32 的知识体系架构，从简到难，通过任务式的教学模式从理论到实操，循序渐进地展开，努力以通俗易懂的语言表达抽象难懂的原理，在核心知识和要点上精雕细琢，帮助学生打通 STM32 嵌入式开发脉络。为了符合职业院校学生的学习特点，本书选择了比较基础和比较重要的内容进行讲解和剖析，遴选了经典的实验案例，更适合职业院校的学生使用。

图书在版编目(CIP)数据

物联网与嵌入式开发实战：基于 OneNET 云与开发板 / 汤宇娇，耿铭慈主编. -- 北京：北京理工大学出版社，2023.7

ISBN 978-7-5763-2702-1

Ⅰ. ①物… Ⅱ. ①汤… ②耿… Ⅲ. ①物联网②微处理器-系统设计 Ⅳ. ①TP393.4②TP18③TP332

中国国家版本馆 CIP 数据核字(2023)第 148130 号

责任编辑：王玲玲　　**文案编辑**：王玲玲
责任校对：周瑞红　　**责任印制**：施胜娟

出版发行 / 北京理工大学出版社有限责任公司
社　　址 / 北京市丰台区四合庄路 6 号
邮　　编 / 100070
电　　话 / (010) 68914026（教材售后服务热线）
(010) 68944437（课件资源服务热线）
网　　址 / http://www.bitpress.com.cn

版 印 次 / 2023 年 7 月第 1 版第 1 次印刷
印　　刷 / 河北盛世彩捷印刷有限公司
开　　本 / 787 mm×1092 mm　1/16
印　　张 / 14.5
字　　数 / 323 千字
定　　价 / 48.00 元

前言

嵌入式技术由来已久，应用广泛，在电子信息领域具有非常重要的地位。随着我国制造业产业结构的升级，物联网、机器人、工业互联网、人工智能、5G 等高新技术成为未来的发展方向，嵌入式技术作为核心技术之一，再次站在了技术浪潮的风口浪尖。

最近 10 年间，STM32 的芯片逐渐成为物联网、嵌入式应用开发的主要产品，在国内具有良好的市场生态及发展前景，各大院校陆续开设了基于 STM32 的课程。掌握 STM32 嵌入式开发技术，可以拥有广阔的就业空间和发展机会，从而更好地适应物联网、机器人、人工智能等高端制造业的人才需求，服务于《中国制造 2025》的国家发展战略。

本书遵循 STM32 的知识体系架构，从简到难，通过任务式的教学模式从理论到实操，循序渐进地展开，努力以通俗易懂的语言表达抽象难懂的原理，在核心知识和要点上精雕细琢，帮助学生打通 STM32 嵌入式开发脉络。为了符合职业院校学生的学习特点，本书选择了比较基础和比较重要的内容进行讲解与剖析，遴选了经典的实验案例，更适合职业院校的学生使用。在使用本书时，建议让学生自主阅读本书，借助微课、PPT 等配套资源，以小组学习、合作学习的方式进行学习，教师要精讲多练，以辅助为主，培养学生嵌入式开发的基本能力以及核心的职业素养。

本书使用了中移物联网的 OneNET 标准开发板 3.2 版为配套硬件平台，同时，与大唐邦彦（上海）信息技术有限公司开展校企双元合作，融入丰富的实操案例。此款开发板接口丰富，功能强大，不仅带有按键、LED 灯等常用元件，还配有板载的温湿度传感器、光照传感器、三轴加速传感器、WiFi、GPRS 等模块。

本书共有 12 个学习模块，包括物联网与嵌入式开发、开发板与 OneNET 云、GPIO 之 LED 闪灯、中断概览与按键外部中断、基本定时器与高级定时器、串口收发通信、I^2C 通信入门、I^2C 通信之读写 EEPROM、I^2C 通信之 SHT20 传感器、ADC 电压采集与光敏电阻、ESP8266 WiFi 通信与控制、OneNET 云平台的部署与联调。

本书在编写过程中，由学校和企业共同合作开发。上海城建职业学院的汤宇娇老师担任第一主编，负责全书统稿工作，并且编写了模块 3、模块 4、模块 5、模块 6、模块 8、模块 9；上海农林职业技术学院的耿铭慈老师担任第二主编，编写了模块 10、模块 11 和模块

12；上海市城市科技学校毛怀勇老师担任本书第一副主编，编写了模块 2 和模块 7；上海工商职业技术学院的陈向露老师编写了模块 1；大唐邦彦（上海）信息技术有限公司徐伟新和中移物联网有限公司张钊担任所有实验的技术支持。以上所有人员都参与了本书配套资源的建设。本书在编写的过程中，参考了《STM32F10x 中文参考手册》《STM32F10x 函数手册》《STM32F1 开发指南——库函数版本》《零死角玩转 STM32——F103 指南者》等资料。

本书提供了配套资源，包括工程源代码、多媒体课件 PPT、开发板电路原理图、相关芯片使用手册、STM32 函数参考手册、微课视频等，可扫描下面的二维码进行下载。提取码为“iots”。

本书不仅适合大中专职业院校学生使用，也适合本科的教师和学生使用。对于有意向从事 STM32 嵌入式开发的初学者，本书也是不错的选择。由于本书编写工作量较大，编者能力有限，书中难免有疏漏之处，我们将在后续使用过程中进行修订和完善。

编者　汤宇娇

目录

模块 1

物联网与嵌入式开发

本模块主要介绍物联网与嵌入式开发的关系，近些年，物联网、嵌入式开发都是热门话题，它们之间也有着相辅相成的关系。本模块从物联网的定义、架构以及嵌入式开发处理器的介绍中，引出嵌入式开发与物联网的关联。

学习目标

1. 能说出物联网的定义和架构。
2. 能说出嵌入式处理器的种类。
3. 能简单介绍 ARM – Cortex 处理器与 STM32 处理器。
4. 能描述嵌入式与物联网之间的关联。

1.1 物联网起源

随着信息技术的不断发展和5G 网络的建设使用，越来越多的“物”以各种各样的方式接入网络中，它们相互交流，从而实现信息的交换、传输及利用。这些接入网络的“物”数量巨大、类型繁多。各种各样的“物”大量接入网络，导致网络越来越巨大，也越来越复杂，问题也越来越多，这样就需要得到新的理论与技术架构支持，因此“物联网”(Internet of Things) 这个概念就开始浮出水面。

1.1.1 物联网定义

对于物联网，不同国家地区相关部门都有着不同的定义。

中国物联网校企联盟将物联网定义为：当下几乎所有技术与计算机、互联网技术的结合，实现物体与物体之间的环境以及状态信息的实时共享，同时包含智能化收集、传递、处理和执行。广义上说，当下涉及信息技术的应用，都可以纳入物联网的范畴。

国际电信联盟 (ITU) 将物联网定义为：物联网主要解决物品与物品 (Thing to Thing, T2T)、人与物品 (Human to Thing, H2T)、人与人 (Human to Human, H2H) 之间的互连。

欧盟将物联网定义为：物联网是一个动态的全球网络基础设施，它具有基于标准和互操作通信协议的自组织能力，其中物理的和虚拟的“物”具有身份标识、物理属性、虚拟的特性和智能的接口，并与信息网络无缝整合。物联网将与媒体互联网、服务互联网和企业互联网一道，构成未来互联网。

虽然定义多样，但是中心思想就是：物联网就是物物相连的互联网。

这有两层意思：其一，物联网的核心和基础仍然是互联网，是在互联网基础上的延伸和扩展的网络；其二，其用户端延伸和扩展到了任何物品与物品之间，进行信息交换和通信，也就是物物相通。

通过物联网架构也能看出，物联网通过智能感知、识别技术与普适计算等通信感知技术，广泛应用于网络的融合中，也因此被称为继计算机、互联网之后世界信息产业发展的第三次浪潮。物联网是互联网的应用拓展，与其说物联网是网络，不如说物联网是业务和应用。因此，应用创新是物联网发展的核心，以用户体验为核心的创新 2.0 是物联网发展的灵魂。下面将从物联网的架构来更加系统地了解物联网。

1.1.2 物联网构架

具体而言，物联网分为应用层、网络层和感知层，如图 1－1 所示。

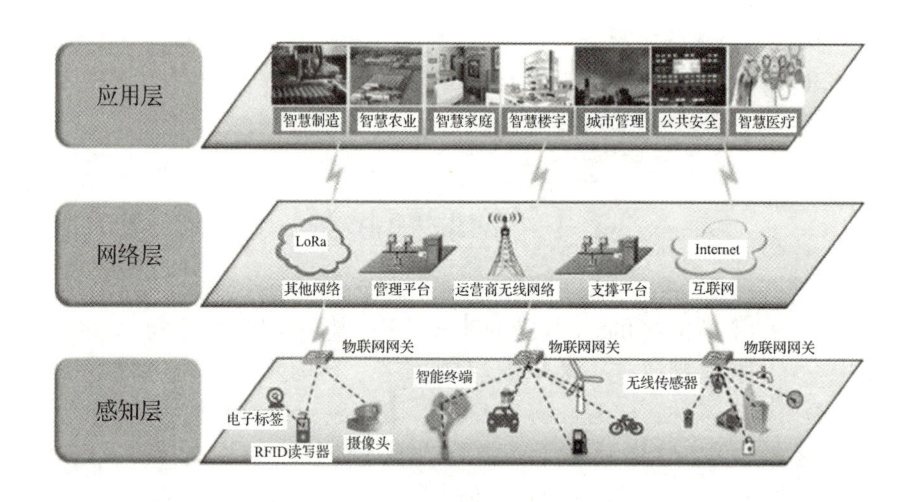

图 1－1 物联网三层架构

1. 感知层

感知层是物联网的皮肤和五官，识别物体，采集信息。感知层包括二维码标签和识读器、RFID 标签和读写器、摄像头、GPS、传感器、终端、传感器网络等，主要是识别物体，采集信息，与人体结构中皮肤和五官的作用相似。

感知层又称为信源层。以车联网为例，信源层是由汽车数字化标准信源（俗称电子车牌）构成基站集群层：由不同类型、不同功能的基站组成，实现涉车信息的采集，是涉车信息的传输层。

2. 网络层

网络层是物联网的神经中枢和大脑，进行信息传递和处理。网络层包括通信与互联网的融合网络、网络管理中心、信息中心和智能处理中心等。网络层将感知层获取的信息进行传递和处理，类似于人体结构中的神经中枢和大脑。

网络层又分为支撑层和数据层。数据层由多个数据库构成（同时包括公安、交通等部门现有的涉车管理平台所采集的部分数据），是涉车信息的存储层，其数据结构的定义最为关键。

3. 应用层

应用层是物联网的“社会分工”与行业需求结合，实现广泛智能化。应用层主要包含应用支撑平台子层和应用服务子层。其中应用支撑平台子层实现支撑跨行业、跨应用、跨系统之间的信息协同、共享、互通的功能。应用服务子层包括智能交通、智能医疗、智能家居、智能物流、智能电力等行业应用。

综上所述，从技术的角度分析，物联网不是一种单一的新奇技术的产物，要实现其功能，必须得到一些已有技术的支撑，如射频识别技术、传感器技术、电子技术、通信技术、智能信息处理技术、嵌入式计算技术等。这些技术能使物体设备具有感知、计算、执行、协同工作和通信能力，因此，物联网是一种由各种技术融合的综合型技术。

1.2　嵌入式开发

嵌入式系统现在已经不再是一个陌生的概念，它以微处理器芯片为中心，是随着微处理器的出现而诞生的。经过几十年的发展，嵌入式系统已经从非常简单的系统走向了复杂的系统。从 Intel 4004 微处理器芯片出现开始，人们将其用于控制设备的输入输出中，这也是一个典型的嵌入式设备，主要应用于航空航天器上。在 20 世纪 80 年代早期，出现了 16 位 6800 芯片，嵌入式系统可以处理复杂的应用，不再单纯是控制输入输出了。随着芯片技术和接口技术的发展，出现了各种各样的嵌入式系统，为了满足用户日益增多的需求，系统变得越来越复杂，功能也越来越多。我们就从嵌入式的处理器相关介绍出发，在了解本书所用的物联网开发板所用的嵌入式处理器的同时，也对它与物联网的关系有更好的理解。

1.2.1　嵌入式处理器简介

随着人工智能、物联网等新兴技术领域的不断发展，嵌入式系统及嵌入式技术在智能家电、数码产品、通信信息、汽车电子、航空航天、工业控制及医疗电子等领域应用越来越广泛。嵌入式系统是一种置入应用对象内部起信息处理和控制作用的专用计算机系统。嵌入式系统以应用为中心，以计算机技术为基础，软硬件可裁剪，能够满足应用系统对功能、可靠性、成本、体积和功耗等的严格要求。嵌入式系统发展正呈现出网络化、智能化及易操控等特点。嵌入式系统一般由硬件系统和嵌入式软件系统组成。其中，硬件系统包括嵌入式处理器、存储器、外设接口及必要的外围电路。嵌入式处理器是嵌入式系统最核心的模块。

1.2.2　嵌入式处理器种类

与通用计算机系统处理器主要是 Intel－x86 或 x64 架构处理器不同，嵌入式处理器种类

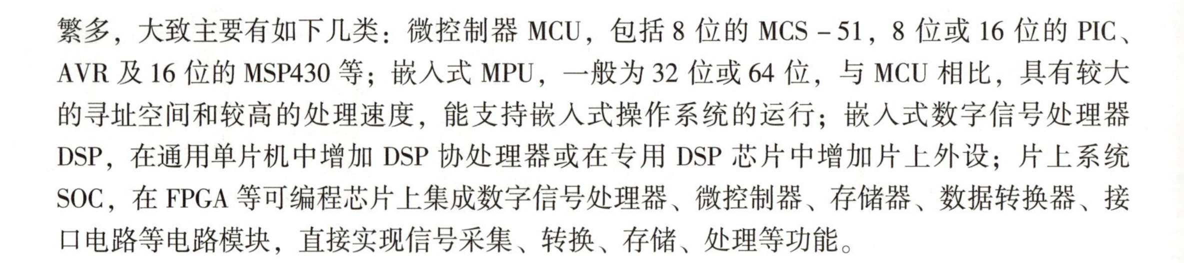

繁多，大致主要有如下几类：微控制器 MCU，包括 8 位的 MCS-51，8 位或 16 位的 PIC、AVR 及 16 位的 MSP430 等；嵌入式 MPU，一般为 32 位或 64 位，与 MCU 相比，具有较大的寻址空间和较高的处理速度，能支持嵌入式操作系统的运行；嵌入式数字信号处理器 DSP，在通用单片机中增加 DSP 协处理器或在专用 DSP 芯片中增加片上外设；片上系统 SOC，在 FPGA 等可编程芯片上集成数字信号处理器、微控制器、存储器、数据转换器、接口电路等电路模块，直接实现信号采集、转换、存储、处理等功能。

1.2.3 ARM-Cortex 处理器

虽然嵌入式处理器种类繁多，然而目前嵌入式领域中，特别是智能手机市场，超过 95% 的智能手机都在采用一种叫作 ARM 的处理器。此外，约 1/4 的电子设备也在使用 ARM 相关的技术。那么 ARM 是什么？ARM 就是 Advanced RISC Machines 这三个英文单词的首字母缩写，中文翻译为高级精简指令集计算机。作为一家处理器公司，与 Intel 或 AMD 不同的是，ARM 公司本身并不实际生产销售半导体芯片。实际上，ARM 是一家知识产权（Intellectual Property，IP）公司，是全球领先的 16/32 位嵌入式微处理器解决方案供应商。ARM 公司本身并不生产半导体芯片，其盈利模式为转让 IP 的设计和许可。

内嵌有 ARM 内核，基于 ARM 架构的处理器统称为 ARM 处理器。自 1991 年 ARM 公司推出第一款嵌入式 RISC 核心，即 ARM6 解决方案以来，ARM 公司不断推出一代代性能更高更强的嵌入式处理器架构。这里，比较有代表性的是 1993 年 ARM 公司推出的 ARMv4T，即 ARM7 架构。2004 年开始，ARM 公司将新推出的基于 ARMv7 架构的处理器统一命名为 Cortex。

ARM-Cortex 处理器根据不同应用，分为三大类：首先是 A 系列，A 系列属于高端应用型，它主要面向尖端的基于虚拟内存的操作系统和用户应用，应用于智能手机、智能本、电子书阅读器、数字电视等高端电子产品。其次是 R 系列，R 系列属于实时型，它应用于具有严格的实时响应要求的嵌入式系统，主要应用在汽车等对实时控制要求较高的领域。最后是 M 系列，M 系列是微控制器型，也就是替代 8/16 位单片机的类型，它主要针对微控制器领域，是低成本、低功耗微处理器，适用于智能测量、人机接口设备、工业控制系统及医疗器械等方面。本书采用的 STM32F103 系列属于性能强劲的低功耗微控制器 Cortex-M3，它支持全面调试和跟踪功能，使软件开发者能够快速开发应用。

ARM 处理器具有这样一些特点：采用 RISC 体系结构，有大量寄存器；指令长度固定，指令规整、简单；使用单周期指令，便于流水线操作；数据处理指令只对寄存器操作，只有 Load/Store 指令可以访问存储器，提高了指令执行效率；可通过协处理器扩展指令；有高密度编码 Thumb（16 位）指令集，节省存储空间。

ARM 处理器分类如图 1-2 所示。

1.2.4 STM32 处理器

目前在嵌入式微控制领域，虽然很多厂商均采用了 ARM-Cortex 架构设计了相关处理器，但应用较多，市场占有率较高的是 ST，即意法半导体公司的 STM32 处理器。STM32 处

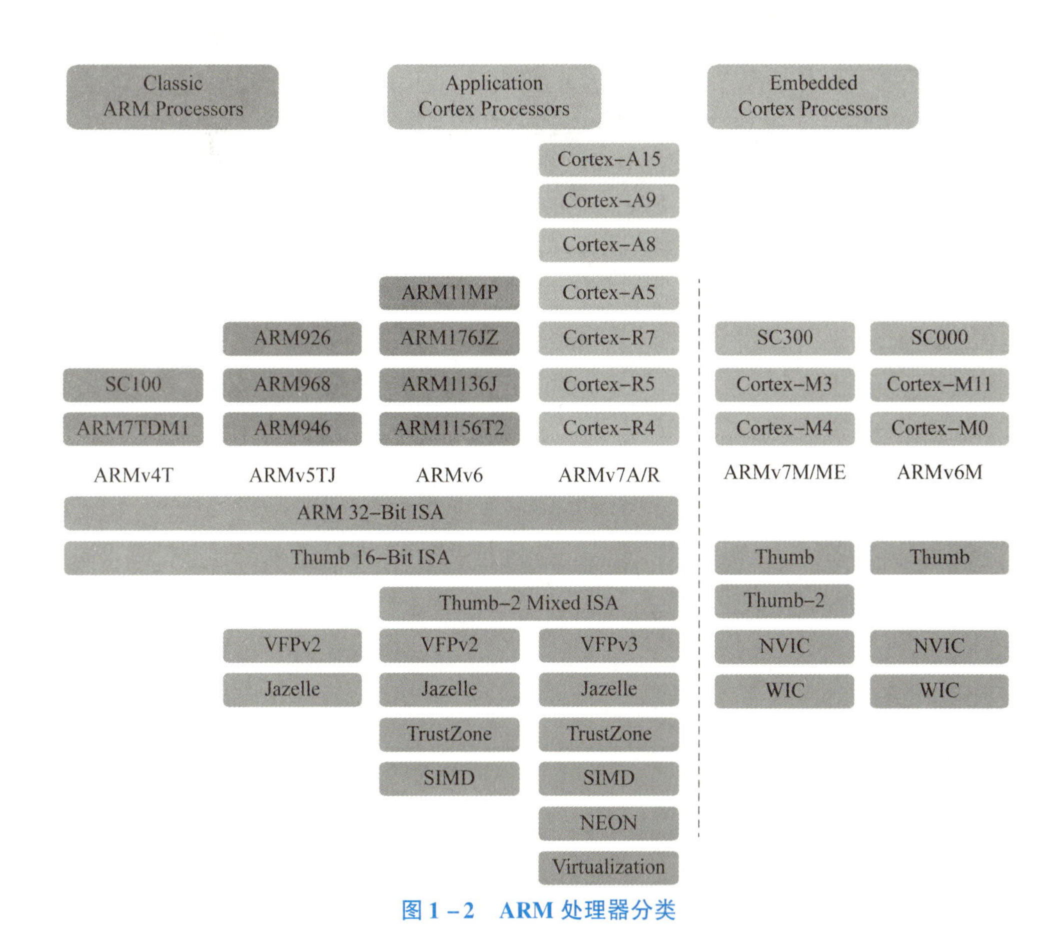

图 1－2　ARM 处理器分类

理器基于 ARM 公司的 Cortex－M 架构，具有多个型号。其中，STMF0 基于 Cortex－M0 架构，是一款低成本入门级的微控制器，STM32L0 基于 Cortex－M0＋架构，主要特点是低功耗。

STM32F1/F2/L1/T/M 都是基于 Cortex－M3 架构，其中，F1 属于通用型微控制器，F2 具有大存储器，带硬件加密功能，L1 属于低功耗，T 系列带有触摸键应用模块，M 系列集成了遵循 IEEE 802.15.4 协议的无线通信模块。STM32F3/F4 基于 Cortex－M4 架构，其中，F3 带有模拟通道，具有更灵活的数据通信矩阵，F4 在 168 MHz 时钟下，可零等待访问 Flash 存储器，支持动态功率调整。

以 STM32F1 系列处理器为例介绍 STM32 处理器片内结构，如图 1－3 所示。STM32F1 系列的内核是 Cortex－M3。内核通过指令总线 ICode、数据总线 DCode、系统总线及 DMA 总线与各种存储器相连。这些存储器包括闪存 Flash、静态存储器 SRAM、灵活静态存储器 FSMC 等。高级高性能总线 AHB 通过不同的桥接模块分别经过两个速度不同的高级外设总线 APB1 和 APB2 与工作速度不同的外设相连。其中，与 APB1 相连的外设，如 DAC、部分低速定时器、部分低速串口、部分低速 SPI 以及 I^2C/I2S 等，最高工作速度为 36 MHz；与 APB2 相连的外设，如 ADC、高速串口、部分高速定时器、高速 SPI、通用输入输出口 GPIO、外部中断接口及复用输入输出等，工作速度最高可达 72 MHz。此外，AHB 总线还直接与安全数字输入输出接口 SDIO，即俗称的 SD 卡接口相连。STM32F1 片内还包括两个分别有 7 个和 5 个通道的 DMA 接口 DMA1 和 DMA2。

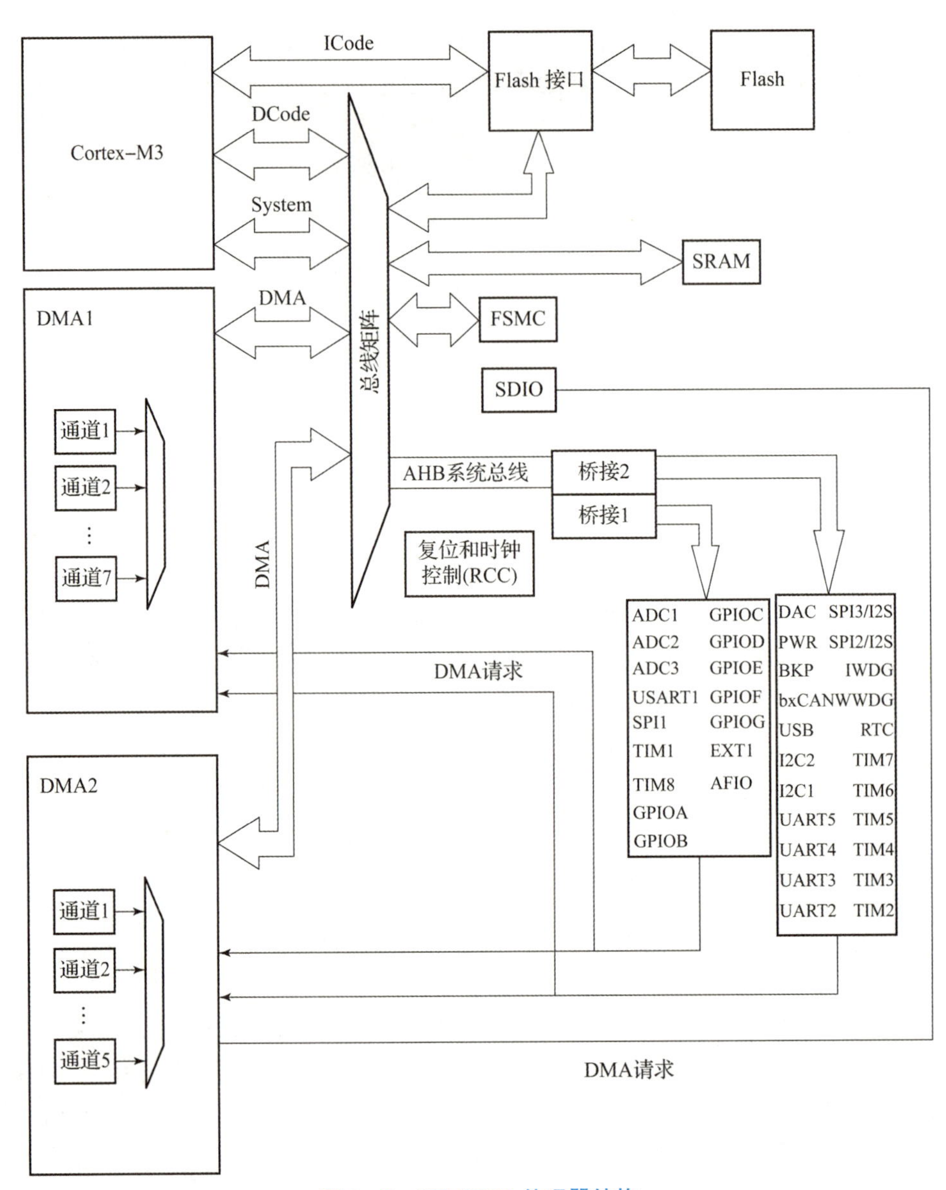

图 1－3 STM32F1 处理器结构

STM32 处理器可以直接通过其系列名称知道该款处理器的特性。例如，某款 STM32 处理器名称为 STM32F103C8T6，这一名称具体含义为：STM32 表示这是 ST 公司的 32 位处理器，除 32 位处理器外，ST 还有 8 位微处理器。F 表示通用类型。三位数字 103 表示产品的子类型为增强型，101 表示基本型，105 或 107 则表示互联型。103 之后的字母表示引脚数目，本例中 C 表示引脚数目为 48，若是 Z，则表示 144 引脚。字母 C 之后的数字表示片上闪存容量，本例中 8 表示 64 KB。这一位数字之后的字母表示封装类型，此处的 T 表示采用 LQFP 封装。最后的一位数字表示温度范围，其中 6 表示工业级温度范围，在 －40～85 ℃，7 则表示 －40～105 ℃。如图 1－4 所示。

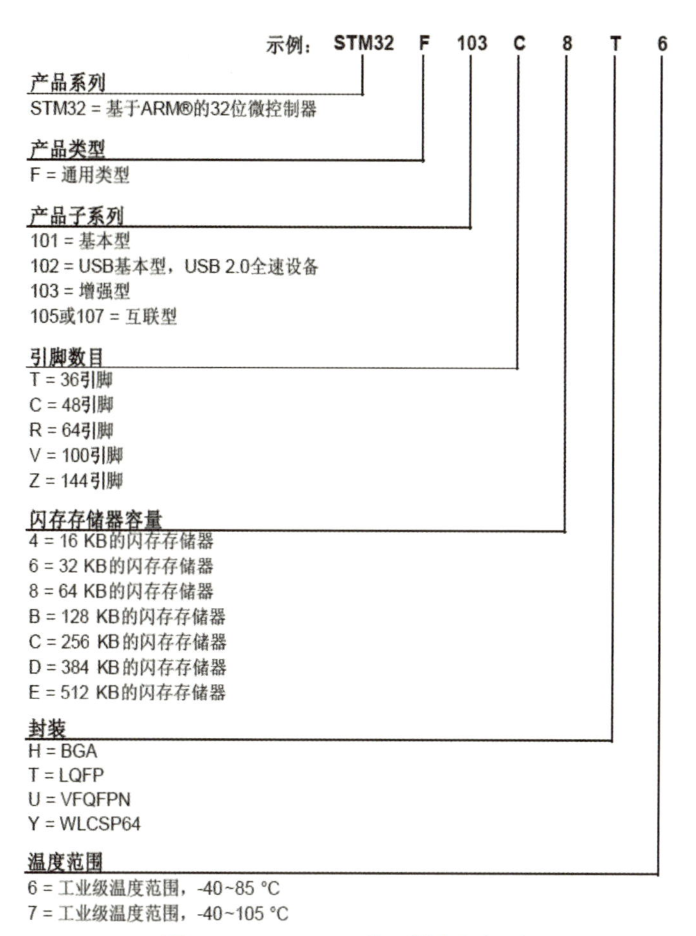

图1-4 STM32F1处理器命名规则

1.3 嵌入式与物联网技术之间的关联

介绍完物联网与嵌入式的相关内容后，将从两者的定义、技术以及构成模型三个方面来分析两者的关联。

1.3.1 从两者的定义来看

物联网强调的是物联网中设备具有感知、计算、执行、协同工作和通信能力及能提供的服务；嵌入式系统强调的是嵌入宿主对象的专用计算系统，其功能或能提供的服务也比较单一。

嵌入式系统具有的功能是物联网设备的功能的一个子集，但是它们之间的差异将越来越小。简单的嵌入式系统与物联网定义中的设备或者物有较大的区别，具有的功能不如物联网中的设备或者物。

1.3.2 从技术的角度来看

首先，物联网与嵌入式系统都是各种技术融合的综合型技术，融合的技术大致相同；其次，物联网技术中又包含有嵌入式系统技术，见表 1-1。

表 1-1 物联网与嵌入式系统包含的技术

技术	物联网	嵌入式系统
射频识别技术	需要	可选
电子技术	必需	必需
传感器技术	需要	可选
半导体技术	必需	必需
通信技术	必需	可选
智能计算技术	必需	可选
自动控制技术	可选	可选
软件技术	必需	必需

1.3.3 从构成模型看物联网与嵌入式

物联网之物可以被定义为在时空中可以被识别的、真实存在或数字虚拟的实体。当前许多日常物品已经嵌入微处理器，并不断地推陈出新，在原来的基础上增加新功能和通信接口等。比如：PDA 从原来不带无线通信接口的 PDA，发展到现在带有 WiFi、Bluetooth 的 PDA。随着先进的半导体技术和软件技术的发展，包含有微计算器、存储器、软件，并具有传感器与执行体接口的微处理器已经能比较容易地植入日常物品。

因此，只要增加物品的网络接口，人和机器就能够通过因特网远程监视和控制物品。还有，将传感器整合到物体中，那么它们自身就能相互交换信息，服务器或人也能远程监视它们。此外，改进软件系统使其变得更智能，无论是在有人还是无人干预的情况下，寄生在服务器和连接在网络上的物品中的智能计算软件系统根据服务器或物品的状态都能产生事件序列。通过图 1-5 描述的物联网之“物”的构成模型与图 1-6 描述的嵌入式系统构成模型也能了解两者的关系。

总之，互联网从连接计算机的网络走向了连接对象的网络（即物联网）要归功于与嵌入式微处理器、传感器、执行体、网络接口结合的对象能无缝地接入，而物联网中的物必须具有相应的属性和能力。

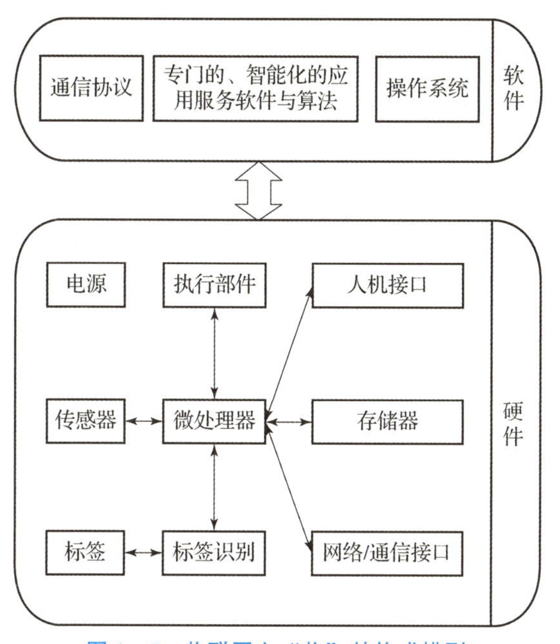

图1-5　物联网之“物”的构成模型

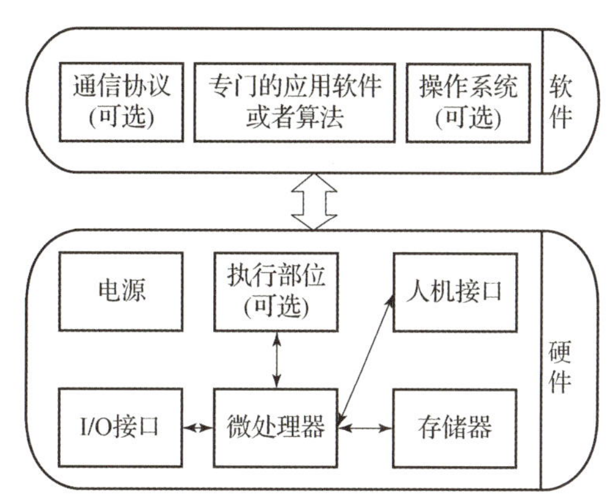

图1-6　嵌入式系统构成模型

习题与测验

1. 阅读本书相关内容，说说物联网与嵌入式存在怎样的关系。

____

____

____

2. 观察图1-7所示的芯片，回答问题。

图1-7　STM32芯片

该芯片的有________个引脚，产品类型为________，闪存容量为________，可工作的温度区间为__________。

3. Cortex－M 处理器采用的架构是（　　）。

A. ARM v4T　　B. ARM v5TE　　C. ARM v6　　D. ARM v7

它是基于（　　）结构。

A. 哈佛结构　　B. 冯·诺依曼结构

4. ARM 公司的 Cortex 系列处理器共有几大类？它们的区别是什么？

____

____

____

____

模块 2

开发板与 OneNET 云

学习嵌入式开发需要有一个开发板，这是学习嵌入式开发必备的“武器”，本书所使用的开发板为中移物联网公司出品的 OneNET 标准开发板 v3.2 版本。此款开发板具有按键、LED 灯、串口等常规功能，还有光照、温湿度、三轴加速等传感器元件，完全可以满足本课程的学习需要。此外，该开发板还具备 WiFi、GPRS 等网络模组，支持联网功能，可以连接 OneNET 云平台。

学习目标

1. 能说出 OnENET 开发板上各元件的名称。
2. 知道开发板中各元件的作用。
3. 能正确连接 ST－LINK 仿真器。
4. 了解 OneNET 云平台的功能。
5. 会注册 OneNET 云平台账号。
6. 了解产品与设备的创建过程。

2.1　OneNET 开发板构成

本书使用的开发板为中移物联网公司出品的标准开发板 3.2 版，如图 2－1 所示。

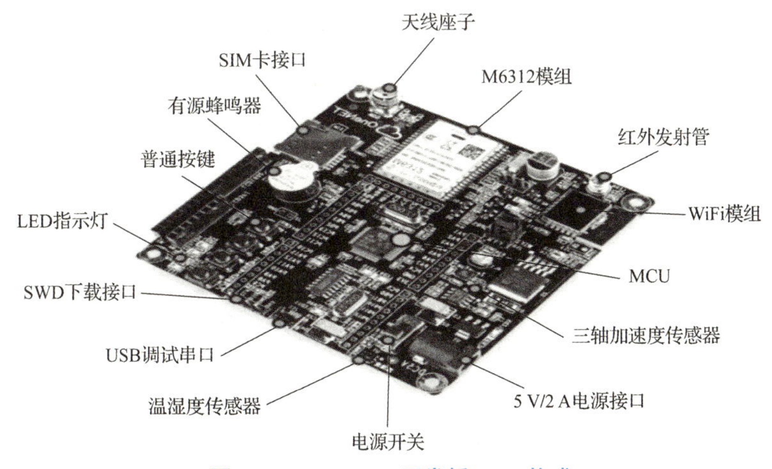

图 2－1　OneNET 开发板 v3.2 构成

①电源开关：控制电源的通断。

②5 V/2 A 电源接口：为开发板各部件提供 5 V 电源。在开发板上，有电压转换元件，可以将 5 V 电源转换成 3.3 V 电源，供 MCU 使用。

③MCU（单片机）：这是整个开发板的核心，负责程序的存储和运行，这个单片机的型号为 STM32F103RET6。

④三轴加速度传感器：能计算出物体的加速度，可用在汽车电子、抗冲击防护、虚拟现实、游戏手柄等各领域。

⑤WiFi 模组：提供 WiFi 通信功能。

⑥红外发射管：可向外发射红外信号，常用于近距遥控。

⑦M6312 模组：GSM 通信模块，要配合 SIM 使用，实现与中国移动基站的 2G 通信。

⑧天线座子：用于加装 GSM 的天线，以保障 GSM 的通信质量。

⑨SIM 卡接口：用于安装中国移动 2G 的 SIM 卡。

⑩有源蜂鸣器：蜂鸣器可以发出嘀嘀的响声。通常在程序完成某些初始化，或网络连接成功时发出响声，以提醒设备已经进入正常运行的状态。

⑪USB 调试串口：可以通过该接口打印串口调试信息。

⑫温湿度传感器：可感知环境的温度和湿度。

⑬普通按键：在开发板中有四个普通按键，按键经常与其他元件共同使用，可以根据按键状态，实现不同的功能。

⑭LED 指示灯：开发板上有四个 LED 灯，颜色分别为红色、绿色、橙色、蓝色。在后续的学习中，我们将编写程序，对这几盏灯进行控制，完成流水灯、呼吸灯、按键控制灯等实验。

⑮SWD 下载接口：通过此接口，将程序下载到单片机中。其需配合 ST－LINK 仿真器使用。

⑯LCD1602 接口：这个接口用于 LCD1602 液晶屏模块的接入，如图 2－2 所示。

图 2－2　LCD1602 接口

LCD1602 这个液晶屏具有体积小、功耗低、显示丰富等特点，如图 2－3 所示。其在袖珍仪表和低功耗系统中得到广泛应用。

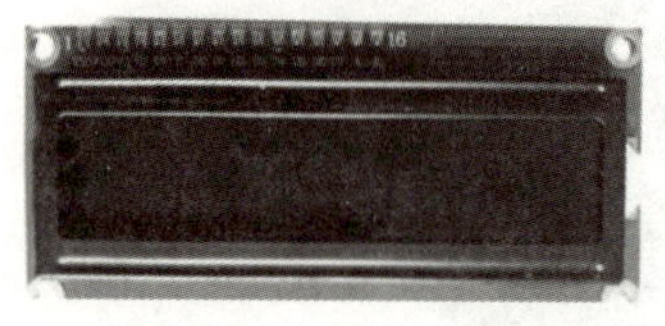

正面

背面

图 2－3　LCD1602 液晶屏

2.2　ST－LINK 仿真器

ST－LINK 是用于 STM8 和 STM32 微控制器的在线调试器和编程器，常被称为下载器或仿真器，如图 2－4 所示。通过这个设备，可以将计算机中的程序下载到单片机中。该设备提供了两种工作模式。模式一为 SWIM（单线接口模块），模式二为 SWD（串行调式接口）。

在本书后续实验中，均采用 SWD 模式。该模式将使用 2、4、6、8 四个引脚（SWDIO、GND、SWCLK、3.3 V 四个引脚）。

在 ST－LINK 的尾部，共有 10 个针脚，与外壳上 10 个标注一一对应。在认识 ST－LINK 的针脚时，要注意观察，在 ST－LINK 尾部，带有三角形标记和一个缺口，将此面朝上，面向自己。此时，上面一排对应 1、3、5、7、9 五个针脚，下排对应 2、4、6、8、10 针脚，如图 2－5 所示。这里使用 SWD 模式，所以将使用第二排的 2、4、6、8 针脚。

图 2－4　ST－LINK 仿真器

图 2－5　ST－LINK 脚部针脚

在使用时，需要将 ST－LINK 下载器与开发板的 ST－LINK 接口用杜邦线连接好。连接关系如图 2－6 所示。

连接好之后的实物图如图 2－7 所示。

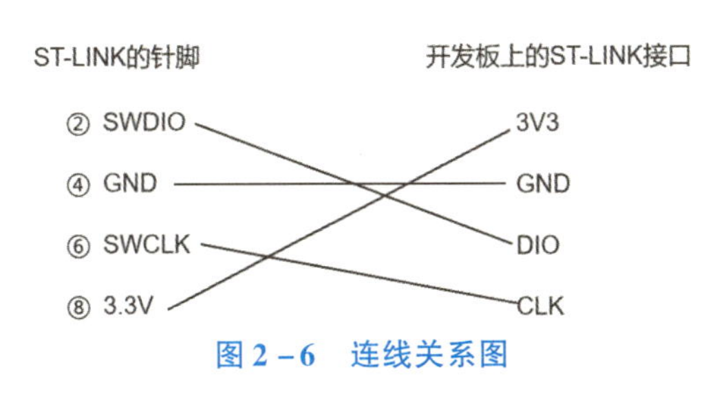

图 2－6　连线关系图

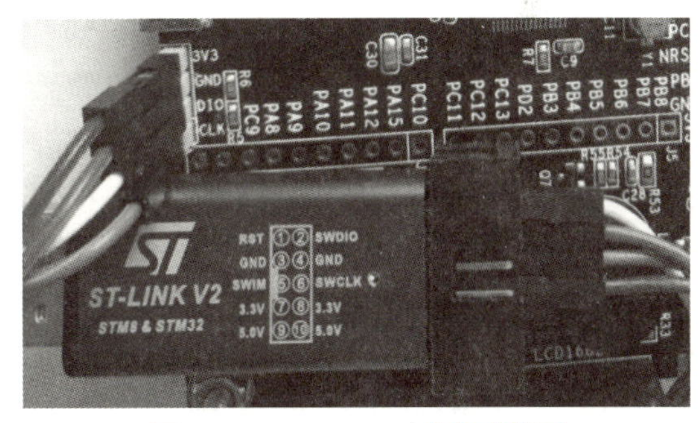

图 2－7　ST－LINK 实物连接图

2.3 OneNET 云平台

2.3.1 OneNET 云平台简介

OneNET 平台作为中国移动通信集团推出的专业物联网开放云平台，提供了丰富的智能硬件开发工具和可靠的服务，助力各类终端设备迅速接入网络，实现数据传输、数据存储、数据管理等完整的交互。OneNET 在物联网的基本架构如图 2－8 所示，作为 PaaS 层，OneNET 为 SaaS 层和设备层搭建连接桥梁，为终端层提供设备接入，为 SaaS 层提供应用开发能力。

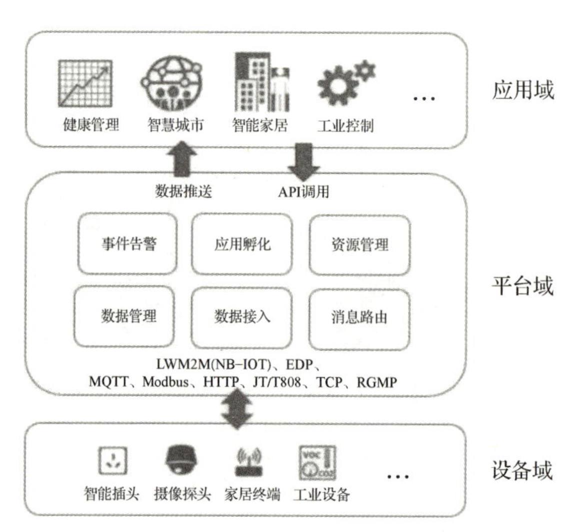

图 2－8　OneNET 在物联网的基本架构

OneNET 云平台具有的价值与优势包括：

1. 高并发可用

OneNET 云平台支撑高并发应用及终端接入，保证可靠服务，同时，可提供高达 99.9% 的 SLA 服务可用性。

2. 多协议接入

OneNET 云平台支持多种行业及主流标准协议的设备接入，如 LWM2M（NB－IOT）、MQTT、Modbus、EDP、HTTP、JT/T808 以及 TCP 等。并且，OneNET 云平台提供多种语言开发 SDK，帮助终端快速接入平台。

3. 丰富 API 支持

OneNET 云平台具有多种 API，包括设备增删改查、数据流创建、数据点上传、命令下发等。利用开放的 API 接口，用户可以通过简单的调用快速实现应用的生成。

4. 快速应用孵化

OneNET 云平台通过拖拽实现基于 OneNET 的简单应用，可以实现应用的快速孵化。平

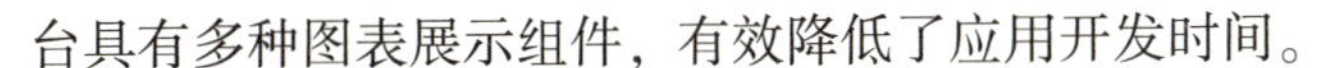

台具有多种图表展示组件，有效降低了应用开发时间。

5. 数据安全存储

OneNET 云平台采用分布式结构和多重数据保障机制，提供安全的数据存储。平台提供传输加密方式对用户数据进行 360°全方位安全保护。

6. 全方位支撑

OneNET 云平台具有产品、技术、营销等全方位培训和专业团队全程支持，能以最快反应速度响应客户的需求和问题，不间断的售后服务支持，强大的品牌实力，为客户提供营销渠道和持续服务能力，共建物联网生态圈。

2.3.2　OneNET 通信协议概述

1. LWM2M 协议

LWM2M 协议 OMA 组织制定的轻量化的 M2M 协议，主要面向基于蜂窝的窄带物联网（Narrow Band Internet of Things，NB－IoT）场景下物联网应用，聚焦于低功耗广覆盖（LP-WA）物联网（IoT）市场，是一种可在全球范围内广泛应用的新兴技术。具有覆盖广、连接多、速率低、成本低、功耗低、架构优等特点。广泛适用于对电量需求低、覆盖深度高、终端设备海量连接以及设备成本敏感的环境。可以广泛应用于智能停车、智能抄表、智能井盖、智能路灯等应用场景。

2. EDP 协议

EDP（Enhanced Device Protocol，增强设备协议）是 OneNET 平台根据物联网特点专门定制的完全公开的基于 TCP 的协议，可以广泛应用到家居、交通、物流、能源以及其他行业中。

EDP 适用于设备和平台需要保持长连接点对点控制的使用场景。EDP 是基于 TCP 的，该协议只传输数据包到达目的地，不保证传输的顺序与到达的顺序相同，事务机制需要在上层实现；若客户端同时发起两次请求，服务器返回时，不保障返回报文的顺序。EDP 协议适用于数据的长连接上报、透传、转发、存储、数据主动下发等场景。

以精准农业为例，终端设备可以通过 EDP 协议上传监控区域的空气温湿度、光照度、土壤温湿度、pH、氮磷钾营养值等环境数据，OneNET 可以将数据推送到用户的应用服务器上，用户可以对这些数据利用专家系统进行分析，通过控制设备上连接的补光灯、风扇、遮阳棚、喷滴灌等设施，可以实现自动智能的调节和控制，使得农作物生长环境始终处于最佳状态，以实现高效和高产目标。

3. MQTT 协议

MQTT 协议是一个面向物联网应用的即时通信协议，使用 TCP/IP 提供网络连接，能够对负载内容实现消息屏蔽传输，开销小，可以有效降低网络流量。

基于 Topic 的订阅、发布以及消息推送，可以实现设备间的消息单播以及组播。MQTT 协议适用于设备和平台需要保持长连接的使用场景。MQTT 的特点在于可以实现设备间的消息单播以及组播，可以不依赖于其他服务（下发命令服务、推送服务等）实现让设备以应用服务器的方式对真实设备进行管理和控制。以门禁系统为例，应用服务器（虚拟设备）可以订阅每个门禁（真实设备）的统计数据的 Topic，对所有门禁的数据进行统计分析，每个门禁也可以订阅自身开关门的 Topic，应用服务器凭此可以远程控制每个门禁的状态。

4. HTTP 协议

OneNET 支持设备采用遵循 HTTP 协议的数据封装结构以及接口形式等连接平台进行数据传输，用户可以实现终端数据的上传和保存。

HTTP 协议适用于快速接入设备、轻量级、偏上层的应用接入场景，同时，HTTP 的 RESTful 风格接口也方便开发者快速调试，避免繁杂的代码编译和烧录过程。需要注意的是，使用 HTTP 协议接入 OneNET 的设备，由于协议本身的会话没有保活机制，设备的在线状态需要开发者根据需要自己实现。

5. Modbus 协议

OneNET 支持的 Modbus 协议是基于 TCP 连接，即 Modbus over TCP。OneNET 作为主机，将数据封装在 TCP 的数据中进行收发，利用 DTU 实现的简单的透传能力，可以实现总线设备与平台的 Modbus 协议通信，可以广泛应用到使用 Modbus 协议的多种行业中。

OneNET 平台作为 Modbus 主机，周期性下发主机命令。通过单条数据流的属性确定单条下发命令的内容以及下发周期，自动将终端上报的数据转化为数据流中的数据点。可以预先设置处理公式，对数据进行初步处理。Modbus 通信协议是一种工业现场总线通信协议，在工业自动化控制中应用较多，可以实现工业数据采集与控制等功能。

2.4 云平台账号注册及使用

2.4.1 创建 OneNET 账号

首先进入 OneNET 平台，单击图 2－9 所示的“注册”按钮来注册一个 OneNET 账号。

图 2－9　OneNET 平台主页面

页面跳转到了注册页面，如图 2－10 所示。

在用户名栏填入自己想设置的用户名，然后设置一个密码，选择自己的所在地，接着输入自己的手机号码，在输入图片验证码后，单击“获取验证码”按钮，然后等待验证码发送到手机上，将验证码填入手机验证码那一栏中，最后勾选“我已阅读并同意《OneNET 开放平台服务条款》”，最后单击“立即注册”按钮就可以成功注册。

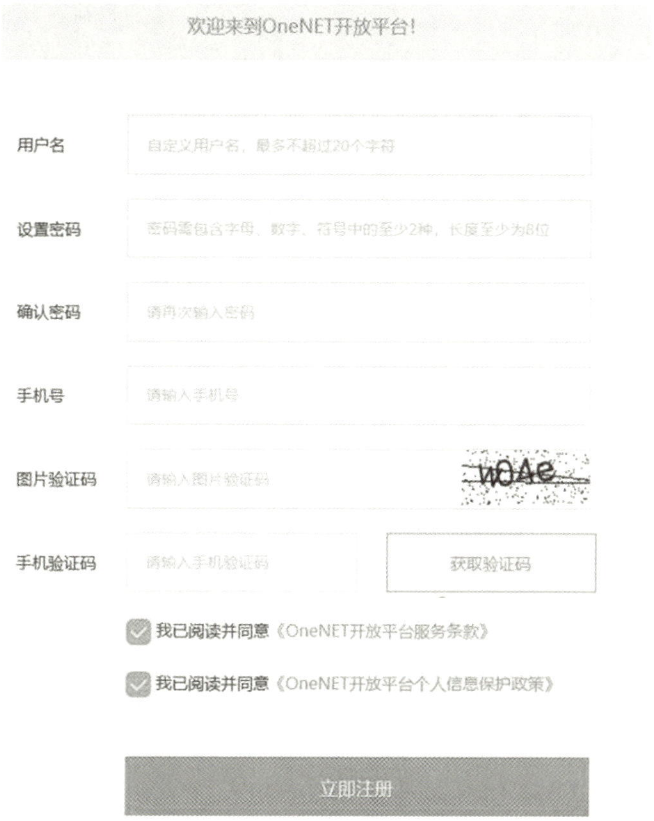

欢迎来到OneNET开放平台！

用户名　自定义用户名，最多不超过20个字符

设置密码　密码需包含字母、数字、符号中的至少2种，长度至少为8位

确认密码　请再次输入密码

手机号　请输入手机号

图片验证码　请输入图片验证码　w0Ae

手机验证码　请输入手机验证码　获取验证码

我已阅读并同意《OneNET开放平台服务条款》

我已阅读并同意《OneNET开放平台个人信息保护政策》

立即注册

图 2－10　OneNET 用户注册页面

2.4.2　登录 OneNET 账号

在创建完 OneNET 账号后，只要单击 OneNET 主页面上的“登录”按钮，如图 2－11 所示，就可以跳转到登录页面。然后输入自己创建的 OneNET 账号后，就成功地登录上 OneNET 平台，如图 2－12 所示。

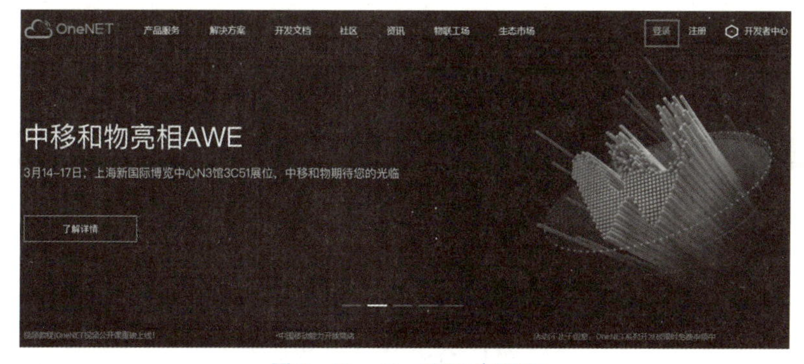

图 2－11　OneNET 主页面

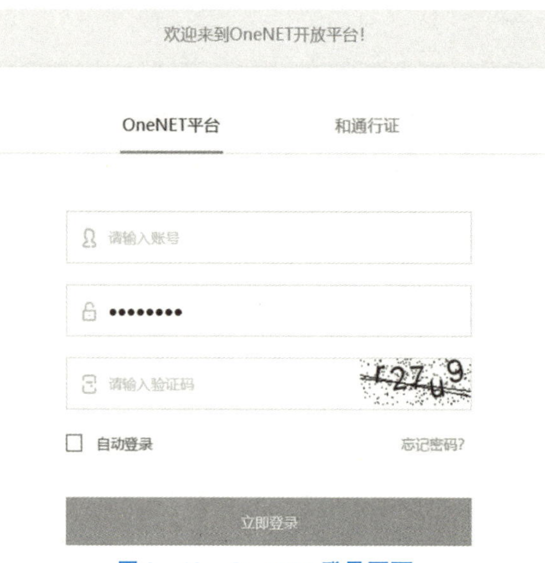

图 2-12　OneNET 登录页面

2.4.3　创建产品

在登录后，OneNET 平台的主页右上角已经变成了开发者中心，单击“开发者中心”就能进入用户的开发者界面，如图 2-13 所示。

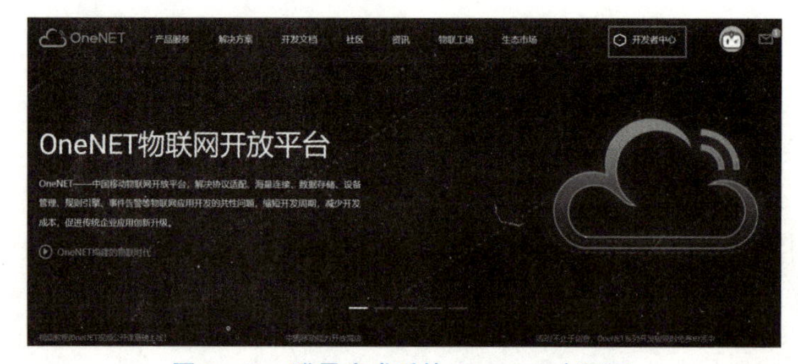

图 2-13　登录完成后的 OneNET 主页面

在进入开发者界面后，可以看到还没有产品注册。单击图 2-14 所示的“创建产品”按钮。

图 2-14　OneNET 用户主页面

进入“添加产品”界面，根据提示填入相关信息，如图 2-15 所示。

图 2－15　产品创建页面

2.4.4　创建设备

创建完产品后，需要创建设备。回到开发者界面，进入刚刚创建的产品界面，产品界面中包含产品的相关信息，特别是产品的 Master－APIkey 信息，在后期的平台连接中很重要，如图 2－16 所示。单击左侧菜单中的“设备列表”，进入设备列表，如图 2－17 所示，可以在界面右侧单击“添加设备”命令进行设备添加。看到已经有一个产品需要添加设备。

图 2－16　创建完成后出现的产品界面

添加设备界面如图 2－18 所示，开发者可以根据提示，填写设备信息。完成设备添加后的设备界面如图 2－19 所示。

图 2－17　设备列表概况

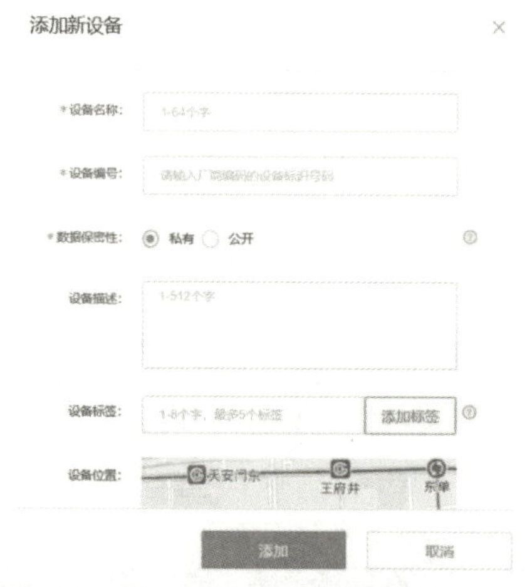

图 2－18　添加设备页面

图 2－19　OneNET 设备界面

习题与测验

1. 观察图 2－20，写出下面电子元件在图中的位置（填字母）。

电源接口（　　），电源开关（　　），USB 调试串口（　　），程序下载接口（　　），单片机（MCU）（　　），普通按键（　　），LED 灯（　　），蜂鸣器（　　），三轴加速传感器（　　），温湿度传感器（　　），LCD1602 接口（　　）。

图 2－20　开发板实物图

2. 根据 ST－LINK 仿真器针脚与开发板针脚标识，请在实物图 2－21 上进行连线。

图 2－21　ST－LINK 实物连线

将 ST－LINK 仿真器缺口朝上（面向自己），尾部有上、下两排针脚，需要使用________（填上/下）排的针脚，请将下面的 ST－LINK 针脚和开发板接口用线连起来。

ST-LINK的针脚	开发板上的ST-LINK接口
② SWDIO	3V3
④ GND	GND
⑥ SWCLK	DIO
⑧ 3.3V	CLK

模块 3

GPIO 之 LED 闪灯

在本模块中，将完成经典的入门 GPIO 之 LED 闪灯，包含流水灯和呼吸灯实验，对相关知识进行巩固和强化。通过本项目的学习，将了解到 STM32 单片机的体系框架，还将学习到地址映射、GPIO 寄存器、GPIO 结构体封装、GPIO 工作模式、GPIO 结构体初始化、GPIO 端口输出函数、端口位函数读取等知识。

学习目标

1. 了解 STM32F103RET6 型单片机中 GPIO 引脚情况。
2. 了解 GPIO 端口的工作模式、端口速度。
3. 知道 GPIO 寄存器的作用。
4. 理解 STM32 地址映射的过程。
5. 理解 GPIO 外设时钟的作用，会开启外设时钟。
6. 会编写四种实现闪灯效果的程序代码。
7. 理解流水灯、呼吸灯的程序算法。
8. 会编写 GPIO 初始化的代码。
9. 能读懂函数手册，会查找、使用函数。
10. 理解工程内各文件之间的调用关系。
11. 能完成程序的编写与调试。

3.1 GPIO 之 LED 流水灯编程实验

3.1.1 任务描述

本实验将使开发板上的四个 LED 灯按红、绿、黄、蓝的顺序轮流闪烁 1 s，如图 3 - 1 所示。

3.1.2 硬件电路

电路原理图同上面的任务，此处省略。

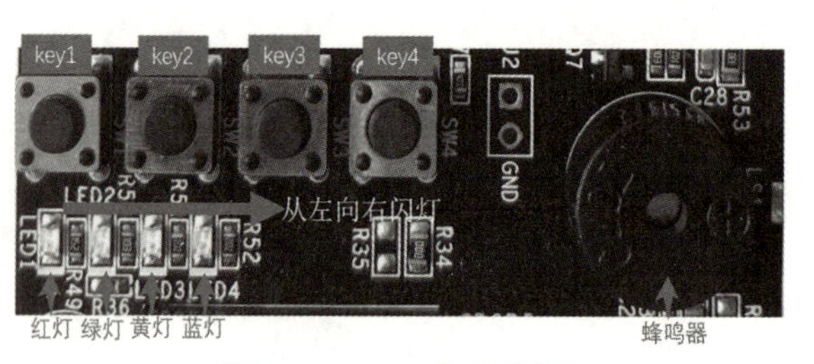

图 3-1　LED 灯实物图

3.1.3　源码剖析

本实验中使用宏定义的方式调用了 GPIO 输出函数，这种代码风格也是常见的编程手法之一。

1. led. h 源码剖析

代码清单 3-1　led. h 代码

```
1     #ifndef _LED_H_
2      #define _LED_H_
3      #include "stm32f10x.h"
4      void Led_Init(void);
5      #define RGB_PORT GPIOC
6      #define YELLOW_PORT GPIOA
7      #define RED_LED GPIO_Pin_7
8      #define GREEN_LED GPIO_Pin_8
9      #define BLUE_LED GPIO_Pin_10
10     #define YELLOW_LED GPIO_Pin_12
11     #define REDLEDON() GPIO_WriteBit(RGB_PORT,RED_LED, \
12     Bit_RESET) //红灯关
13     #define REDLEDOFF() GPIO_WriteBit(RGB_PORT,RED_LED ,\
14     Bit_SET) //红灯开
15     #define GREENLEDON() GPIO_WriteBit(RGB_PORT,GREEN_LED ,\
16     Bit_RESET) //绿灯关
17     #define GREENLEDOFF() GPIO_WriteBit(RGB_PORT,GREEN_LED ,\
18     Bit_SET) //绿灯开
19     #define BLUELEDON() GPIO_WriteBit(RGB_PORT,BLUE_LED ,\
20     Bit_RESET) //蓝灯关
21     #define BLUELEDOFF() GPIO_WriteBit(RGB_PORT,BLUE_LED ,\
22     Bit_SET) //蓝灯开
23     #define YELLOWLEDON() GPIO_WriteBit(YELLOW_PORT,YELLOW_LED ,\
24     Bit_RESET) //黄灯关
25     #define YELLOWLEDOFF() GPIO_WriteBit(YELLOW_PORT,YELLOW_LED ,\
26     Bit_SET) //黄灯开
27     //红灯闪灯切换
28     #define RED_LED_TOC() GPIO_WriteBit(RGB_PORT,RED_LED,\
29     (BitAction)(1 - GPIO_ReadOutputDataBit(RGB_PORT,RED_LED)))
30     //绿灯闪灯切换
```

```
31    #define GREEN_LED_TOC() GPIO_WriteBit(RGB_PORT,GREEN_LED,\
32    (BitAction)(1 - GPIO_ReadOutputDataBit(RGB_PORT,GREEN_LED)))
33    //蓝灯闪灯切换
34    #define BLUE_LED_TOC() GPIO_WriteBit(RGB_PORT,BLUE_LED,\
35    (BitAction)(1 - GPIO_ReadOutputDataBit(RGB_PORT,BLUE_LED)))
36    //黄灯闪灯切换
37    #define YELLOW_LED_TOC() GPIO_WriteBit(YELLOW_PORT,YELLOW_LED,\
38    (BitAction)(1 - GPIO_ReadOutputDataBit(YELLOW_PORT,YELLOW_LED)))
39    #endif
```

上面代码的第 5 ~ 11 行定义了 8 个宏，使用一个字符常量替换了函数。

如果直接在程序中使用函数，势必将在代码中出现大量的 GPIOX（X 为 A、B、C、…）以及 GPIO_Pin_n（n 为端口号）这样的代码，那么哪个端口对应哪个灯呢？看起来一点也不直观。然而，用一个字符串来代替这样的函数，看上去直观多了。

在上面的宏定义中，每个宏中带有一个括号（例如 GREENLEDON( )），这样写的目的是让这个宏看起来更像一个函数的模样，能更符合程序员的编程习惯。如果不加这个括号，也是没问题的，程序编译也不会出错，是否使用这样的编程风格根据个人习惯而定。

2. led. c 源码剖析

代码清单 3 – 2　led. c 中的文件

```
1    #include "led.h"
2    void Led_Init(){
3      //此处省略部分代码,代码同上一个实验,进行四个 led 灯的 GPIO 初始化
4      //增加以下四行代码
5      REDLEDOFF();//关闭红灯
6      GREENLEDOFF();//关闭绿灯
7      BLUELEDOFF();//关闭蓝灯
8      YELLOWLEDOFF();//关闭黄灯
9    }
```

这段代码与前一个实验的 LED_Init 基本相同，不同之处在于增加了 5 ~ 8 行，从这几行代码可以看出，四盏 LED 灯初始状态为关闭状态。让设备在上电之初处于关闭状态是一种比较妥善的做法。

3. main. c 源码剖析

代码清单 3 – 3　main. c 文件代码

```
1    #include "stm32f10x.h"
2    #include "delay.h"
3    #include "led.h"
4    int main(){
5      Led_Init();
6      delay_init();
7      while(1){
8        REDLEDON();delay_ms(1000);REDLEDOFF();
9        GREENLEDON();delay_ms(1000);GREENLEDOFF();
```

```
10          YELLOWLEDON();delay_ms(1000);YELLOWLEDOFF();
11          BLUELEDON();delay_ms(1000);BLUELEDOFF();
12      }
13    }
```

这是程序的主函数部分，本部分代码不难理解。在 while 循环内部的 4 行代码执行过程如下：红灯亮→延时 1 s 后熄灭→绿灯亮→延时 1 秒后熄灭→黄灯亮→延时 1 s 后熄灭→蓝灯亮→延时 1 s 后熄灭。这样就达到了流水灯的效果。

3.1.4 下载验证

完成编码后，进行编译和调试，排除编程中出现的各种错误，使用 ST－LINK 连接开发板，将编译成功的程序下载到开发板。将开发板断电重启，此时，将发现 LED1 ~ LED4 开始轮流闪灯。

3.2 GPIO 之 LED 呼吸灯编程实验

3.2.1 任务描述

在这个实验中，将让开发板上的红灯逐渐变亮后再逐渐变暗，灯的明暗变化节奏类似于人类的呼吸，所以称呼它为呼吸灯，如图 3－2 所示。

图 3－2 呼吸灯实物图

3.2.2 硬件电路

电路原理图同前面的任务，此处省略。

3.2.3 实验基本原理

1. 呼吸灯原理

人的呼吸，吸气和呼气大约各占 1.5 s，人眼的图像滞留时间为 0.04 s（1/24 帧画面），也就是说，在 0.04 s 内，人眼是察觉不到图像发生变化的。如果灯以 0.02 s 的速度闪烁，人眼会认为这盏灯一直是亮着。人眼视觉滞留原理如图3－3所示。

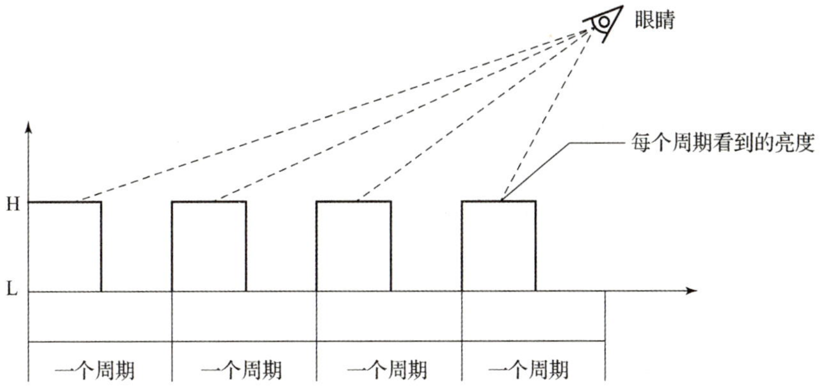

图3－3　人眼视觉滞留原理

2. 呼吸灯程序设计

我们用1.5 s的时间让红灯逐渐变亮，再用1.5 s的时间让红灯逐渐变暗。虽然人眼的画面滞留时间为40 ms，但为了提高呼吸灯的柔和效果，采用20 ms为一个周期，1.5 s要分割成75个周期（1 500/20＝75）。

根据LED的电路原理图，LED灯高电平时熄灭，低电平时亮起。在75个周期中，如果每个周期中低电平的时间逐渐变长，也就是说，每个周期内灯亮所占时间逐渐变长，人眼看上去就会感觉灯在逐渐变亮；反之，亮灯的时间越来越短，就会感觉灯在逐渐变暗。

变亮的过程要经历75个周期，每个周期20 ms，所以，在每个周期内亮灯时间平均增加266 μs（20 ms/75＝266 μs）。同理，变暗过程中每个周期亮灯时间平均减少266 μs。

3.2.4　源码分析

代码清单3－4　Main.c文件

```
1    #include "stm32f10x.h"
2    #include "delay.h"
3    #include "led.h"
4    int main(){
5    Led_init();
6    delay_init();
7    int allTime =1500; //ms 呼吸总体时间
8    int shortTime =20; //ms 一个周期的时间
9    int cyc =allTime/shortTime;//cyc为75个周期
10    while(1)
11    {
12      //灯变亮
13      int t =0;
14      for(int i =1; i <cyc; i ++){
15      REDLEDON();//红灯亮
16      t =t +266;
```

```
17        delay_us(t); //每次延时不断增加
18        REDLEDOFF(); //红灯灭
19        delay_us(20000 -t); //延时,20 毫秒要转微秒
20        }
21      //灯变暗
22        t =20000;//20 毫秒
23        for(int i =1; i <cyc; i ++){
24          REDLEDON();//红灯亮
25          t =t -266;
26          delay_us(t); //每次延时不断递减
27          REDLEDOFF(); //红灯灭
28          delay_us(20000 -t); //延时,20 毫秒要转微秒
29        }
30      }
31    }
```

代码分析:

本程序中分为两部分，第 12 ~ 20 行是逐渐变亮的过程，第 22 ~ 29 行是逐渐变暗的过程。

变量 t 用来记录每个周期亮灯的时间。由代码的第 16 ~ 17 行可知，亮灯时间在增加。代码第 19 行，由于一个周期 20 000 μs，减去亮灯时间 t 后的时间，即为灭灯需要的延时时间。灯逐渐变暗的过程正好相反。

3.2.5 下载验证

完成编码后，进行编译和调试，排除编程中出现的各种错误，使用 ST – LINK 连接开发板，将编译成功的程序下载到开发板。将开发板断电重启，此时就会发现，红色 LED 灯有呼吸灯效果了。

3.3 STM32 的 GPIO 介绍

3.3.1 STM32 的 GPIO 引脚

GPIO 是通用输入输出端口的简称，也就是 STM32 可控制的引脚，这些引脚与外围电路相连，从而实现与外部通信、对外控制以及数据采集等功能。

STM32 的 GPIO 被分成了 GPIOA、GPIOB、…、GPIOG，最多可达 7 组，每组 16 个引脚，但并不是所有型号的 STM32 芯片都能有 7 组 GPIO，具体能有多少组 GPIO，取决于具体芯片型号。图 3 – 4 为 STM32F103RET6 的引脚分布情况。

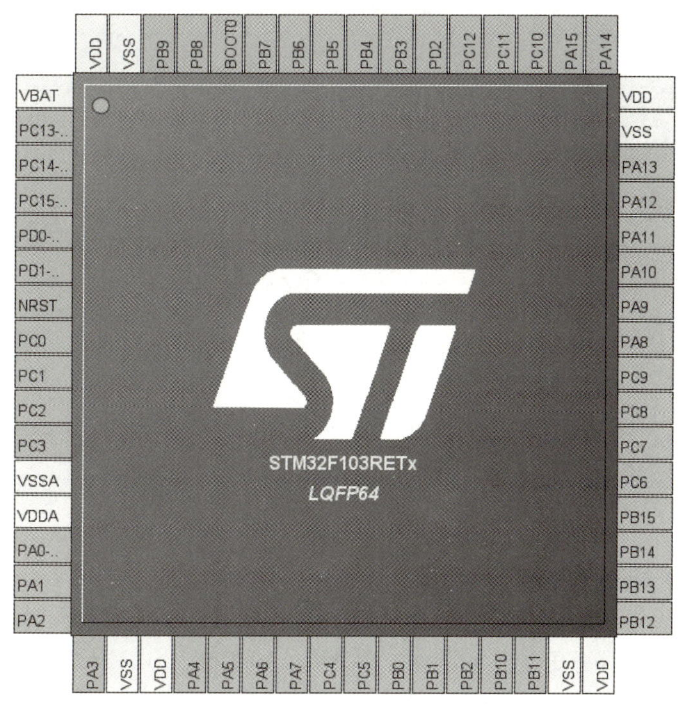

图3-4　STM32F103RET6的引脚分布情况

从图3-4中可以看到，此款芯片上有很多以PA、PB、PC或PD开头的引脚，这些都是GPIO引脚，该型号芯片有GPIOA、GPIOB、GPIOC三个完整的GPIO分组，每组16个引脚，还有一个GPIOD分组，该组并不完整，只有PD0、PD1、PD2三个引脚。

3.3.2　GPIO的工作模式

GPIO引脚有多种不同的工作模式，可以分为输入和输出两大类，这两大类又可被细分为8种工作模式，详见表3-1。

表3-1　GPIO的工作模式

序号	工作模式	功能介绍
1	上拉输入	当引脚处于这种工作模式时，该引脚通过一个电阻（称为上拉电阻）与芯片的工作电源（3.3 V）的正极相连，当引脚无外部信号输入时，处于高电平状态
2	下拉输入	当引脚处于这种工作模式时，该引脚通过一个电阻（称为下拉电阻）与GND（电源的负极）相连，当引脚无外部信号输入时，处于低电平状态
3	浮空输入	当引脚处于这种工作模式时，既没有和上拉电阻相连，也没有和下拉电阻相连，此时引脚无默认值，完全由外部输入信号决定
4	模拟输入	当引脚处于这种工作模式时，用于ADC采集电压的输入通道，此时采集到的数据为原始的模拟信号，该信号表现为0~3.3 V之间一个电压值

续表

序号	工作模式	功能介绍
5	推挽输出	当引脚处于这种工作模式时，输出 1 时，引脚输出高电平；输出 0 时，引脚将输出低电平。推挽输出是最常用的输出模式
6	开漏输出	当引脚处于这种工作模式时，输出 0 时，引脚输出低电平；输出 1 时，不能在引脚上得到高电平。如果需要在引脚上得到高电平，需要额外添加上拉电阻电路
7	复用推挽输出	大部分引脚除了普通的输入输出功能外，还具有其他多种功能，复用推挽输出就是启动了它的“兼职功能”，并以推挽的方式进行输出
8	复用开漏输出	当引脚处于这种工作模式时，启动引脚的“兼职功能”，并以开漏的方式进行输出

3.3.3 GPIO 输出速度

每个 GPIO 的引脚都有三个不同频率（2 MHz、10 MHz、50 MHz）的驱动电路，分别按固定的频率向外输出信号，这样做的目的是保障输出电平不失真。频率越高，保真性越好，但功耗也越高。

3.3.4 GPIO 的寄存器

在使用 GPIO 的时候，要通过编程告诉处理器使用哪组 GPIO 的哪一个引脚、使用哪一种工作模式、输入或输出的数据是 0（低电平）还是 1（高电平），也就是要进行一系列的功能配置，而这些配置都是通过配置 GPIO 的相关寄存器来实现的。

那么什么是寄存器呢？寄存器就是单片机的一段内存空间，用来存储单片机中外设的各种配置信息。单片机中除了 GPIO 外设，还有许多其他功能的外设，这些外设也都需要使用寄存器来存储信息。

为了能更好地理解寄存器的作用，以 GPIO 寄存器为例，进行简要介绍。每个 GPIO 组都有 7 个寄存器，这 7 个寄存器在《STM32 中文参考手册》中有详细说明。图 3－5 列出了这 7 个寄存器的名称。

这 7 个寄存器都是 32 位寄存器，它们的功能分别如下：

GPIOx_CRL：用来配置 0～7 号端口的工作模式和速度；

GPIOx_CRH：用来配置 8～15 号端口的工作模式和速度；

GPIOx_IDR：当端口处于输入模式时，用于存放输入数据；

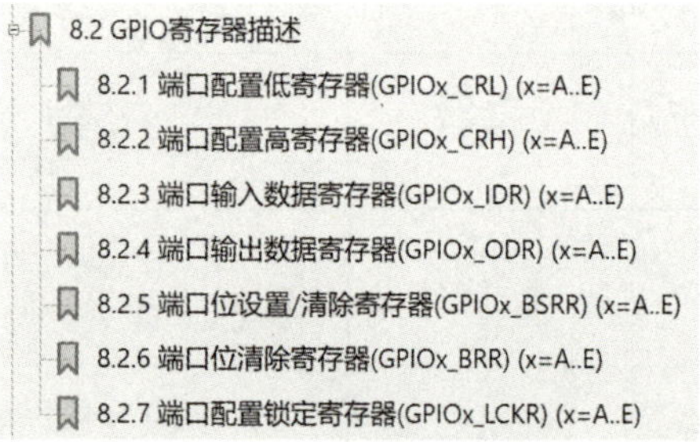

8.2 GPIO寄存器描述
8.2.1 端口配置低寄存器(GPIOx_CRL) (x=A..E)
8.2.2 端口配置高寄存器(GPIOx_CRH) (x=A..E)
8.2.3 端口输入数据寄存器(GPIOx_IDR) (x=A..E)
8.2.4 端口输出数据寄存器(GPIOx_ODR) (x=A..E)
8.2.5 端口位设置/清除寄存器(GPIOx_BSRR) (x=A..E)
8.2.6 端口位清除寄存器(GPIOx_BRR) (x=A..E)
8.2.7 端口配置锁定寄存器(GPIOx_LCKR) (x=A..E)

图 3－5 GPIO 寄存器

GPIOx_ODR：当端口处于输出模式时，用于存放输出数据；

GPIOx_BSRR：用于设置或清除端口位；

GPIOx_BRR：仅能用于清除端口位；

GPIO_LCKR：用于锁定端口位，被锁定的端口位在重启前不能被修改。

图 3－6 为低位端口配置寄存器（GPIO_CRL）。

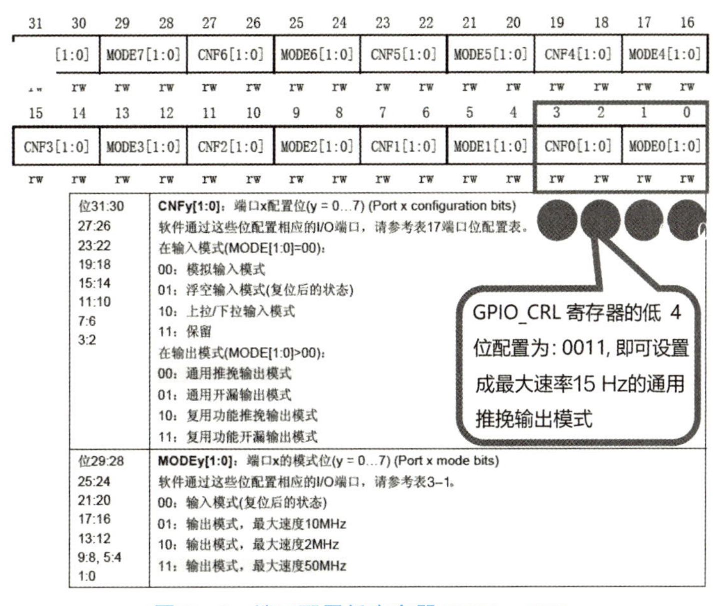

图 3－6　端口配置低寄存器 GPIOx_CRL

该寄存器有 32 位，用于配置 PIN0 ~ PIN7 这 8 个引脚的工作模式和速度。每个引脚需要 4 个位。

例如：0 ~ 3 位用于配置 PIN0 引脚，其中的 1 : 0 这两位配置 PIN0 的引脚速度，3 : 2 这两位配置 PIN0 的工作模式。假如这四位被配置为 0011，则表示 PIN0 引脚为推挽输出，速度为 50 MHz。

由于学习使用库函数的方式进行编程，库函数已经对寄存器配置代码进行了封装，大多数情况下，不需要直接配置寄存器，所以只要对寄存器有基本的了解即可。本书仅以 GPIO 的端口配置低寄存器为例，对寄存器的作用进行举例说明。STM3210x 中有上百个寄存器，关于寄存器的详情，可以查阅《STM32 中文参考手册》。单片机所有的外设都有一组寄存器，无论是库函数编程还是寄存器编程，其实都是在对这些寄存器进行配置。

3.4　STM32 的地址映射

3.4.1　STM32 的系统框图

从上一节了解到 STM32 单片机有很多 GPIO 引脚，接下来进一步了解 STM32 系统架构。

本书主要针对 STM32F103 这些非互联型芯片。图 3－7 所示为 STM32F10x 的系统架构图。

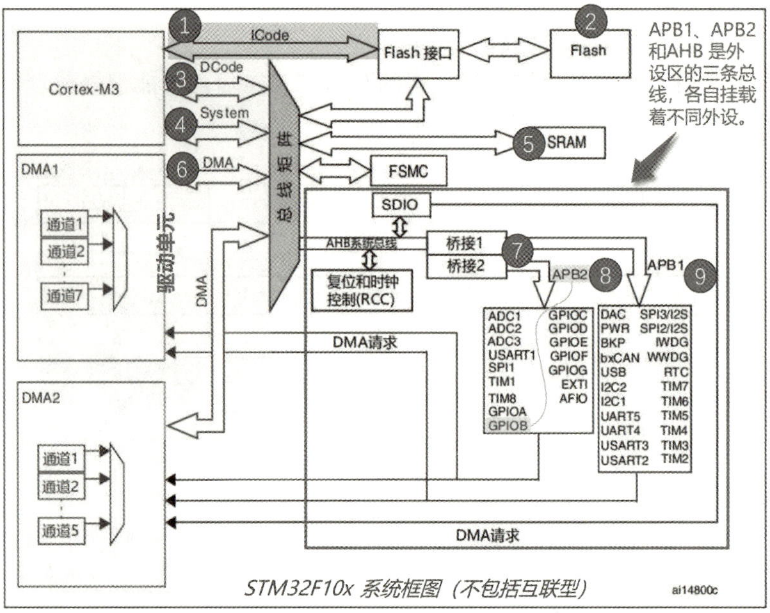

图 3－7　STM32F10x 的系统架构图

STM32F01x 系统主要由 4 个驱动单元和 4 个被动单元构成。4 个驱动单元是内核 DCode 总线、系统总线、通用 DMA1、通用 DMA2。4 个被动单元是 AHB 到 APB 的桥（连接所有的 APB 设备）、内部 Flash 闪存、内部 SRAM、FSMC。

ICode 总线：在图 3－7 中①处，该总线连接闪存接口，把程序指令从 Flash（在图中②处）读进内核。

DCode 总线：在图中③处，DCode 总线是用来访问数据的。程序中的变量，无论是全局变量还是局部变量，都存在 SRAM（静态随机内存，在图中⑤处）中，这些数据是通过 DCode 总线访问的，常量存储在 Flash（在图中②处）中，也是通过 DCode 总线经由 Flash 接口被访问的。

DMA 总线：在图中⑥处，由于外设的运行速度比较慢，内核运行速度快，为了提高内核的利用效率，可以将访问外部低速设备的任务交给 DMA 进行单独处理，DMA 总线获取到外设数据后，存入 SRAM（静态随机内存）等待内核处理。

系统总线：在图中④处，该总线连接内核的系统总线到总线矩阵，总线矩阵协调内核和 DMA 间访问。

总线矩阵：协调内核数据总线、系统总线和 DMA 主控总线之间的访问仲裁，仲裁利用轮换算法。

桥接 1/2：在图中⑦处，它连接 AHB 高速总线与两条低速总线 APB2（在图中⑧处）和 APB1（在图中⑨处）。APB1 工作限速 36 MHz，APB2 工作速度可达 72 MHz。这两个桥接负责在高速总线与低速总线之间的连接与速度转换。

APB2/APB1：在图中的⑧和⑨处，该总线下为各种各样的 STM32 片上外设，数量较多，这些片上外设是与外围电路打交道的“外交官”，是我们后续学习的重点。在编程的时

候，确定所用外设所在总线，从而决定使用哪个函数开启时钟。

3.4.2　存储器映射

STM32 芯片中的 Flash、RAM 以及各个外设都有相应的寄存器，这些功能部件共同排列在一个 4 GB 的地址空间内（因为有 32 根地址线，所以寻址空间为 $2^{32}=4(\text{GB})$），如图 3－8 所示。在编程时，可以找到它们的地址，然后通过 C 语言对它们进行数据的读写操作。

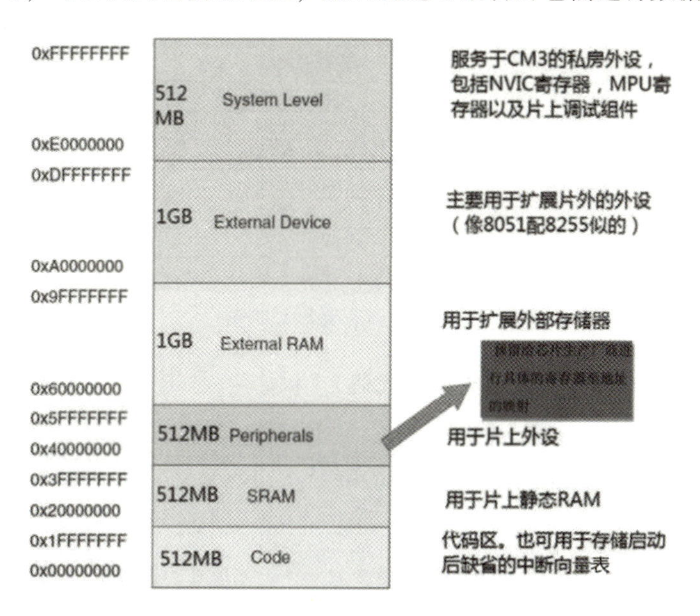

图 3－8　STM32 地址空间划分

存储器本身不具有地址信息，它的地址是由芯片厂商或用户分配的，给存储器分配地址的过程称为存储器映射。

在 4 GB 的地址空间中，ARM 已经粗略地平分成了 8 个块，每块 512 MB，每个块也都规定了用途。

图 3－8 中的箭头标注区块就是留给各个片上外设寄存器的地址空间，每个寄存器的地址都已经在 stm32f10x. h 这个文件里定义好了。

从图 3－8 中，可以看到片上外设基地址从 0x4000 0000 开始，拥有 512 MB 的地址空间，空间很大，但目前实际使用到的地址空间其实很少。图 3－9 展示了寄存器地址映射的过程。

由图 3－9 可见，GPIOB_ODR 的地址＝外设总线基地址＋APB2 相对外设基地址偏移量＋GPIOB 相对 APB2 基地址偏移量＋GPIOB_ODR 相对 GPIOB 的基地址偏移量。

```
1    =0x4000 0000  +0x0001 0000 +x0000 0C00 +0x0c
2    =0x4001 0C0C
```

在代码层面，C 语言是如何完成寄存器的地址映射的呢？STM 官方库文件 stm32f10x. h 有大量关于地址映射的宏定义。代码清单 3－5 截取了部分与 GPIO 相关的代码。

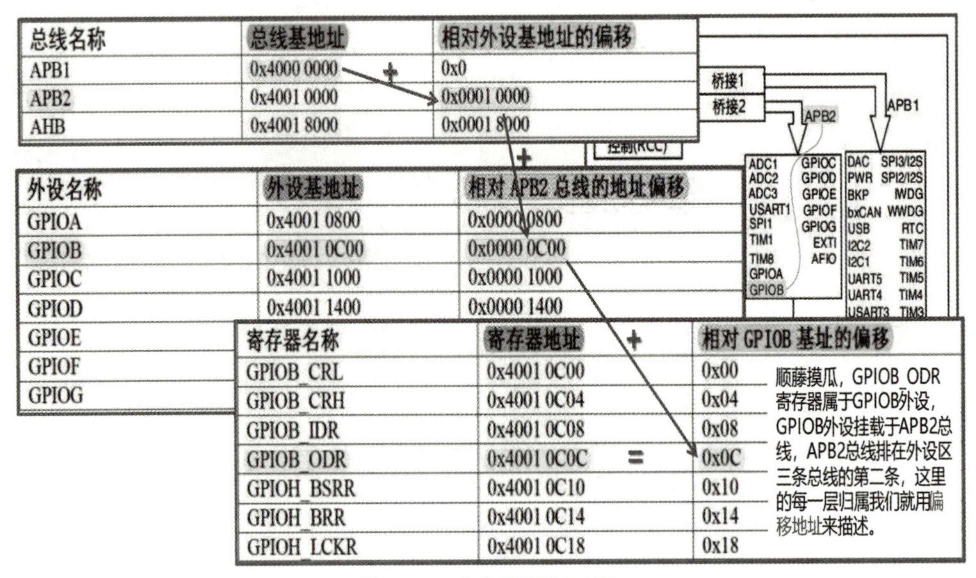

图 3-9　寄存器地址映射

代码清单 3-5　GPIO 地址映射相关代码

```
1    /* 外设基地址 */
2    #define PERIPH_BASE           ((uint32_t)0x40000000)
3    /* < 外设总线地址 */
4    #define APB1PERIPH_BASE        PERIPH_BASE
5    /* APB2 外设基地址 = 外设基地址 + APB2 相对外设基地址的偏移地址 */
6    #define APB2PERIPH_BASE        (PERIPH_BASE + 0x10000)
7    #define AHBPERIPH_BASE         (PERIPH_BASE + 0x20000)
8    /* < GPIO 基地址 */
9    #define GPIOA_BASE            (APB2PERIPH_BASE + 0x0800)
10    /* GPIOB 的基地址 = APB2 基地址 + GPIOB 相对于 APB2 的偏移地址 */
11   #define GPIOB_BASE            (APB2PERIPH_BASE + 0x0C00)
12   #define GPIOC_BASE            (APB2PERIPH_BASE + 0x1000)
13   #define GPIOD_BASE            (APB2PERIPH_BASE + 0x1400)
14   #define GPIOE_BASE            (APB2PERIPH_BASE + 0x1800)
15   #define GPIOF_BASE            (APB2PERIPH_BASE + 0x1C00)
16   #define GPIOG_BASE            (APB2PERIPH_BASE + 0x2000)
```

代码讲解：

第 2 行代码定义了宏 PERIPH_BASE，表示外设基地址 0x40000000。

第 4～6 行的外设总线的地址，等于外设基地址 PERIPH_BASE + 相对偏移量。

第 8～14 行为 GPIOx 的基地址，是 APB2 的基地址 APB2PERIPH_BASE + 相对偏移量。

3.4.3　C 语言对寄存器的封装

固件库并没有继续用宏定义的方式对寄存器进行封装，而是使用 C 语言中的结构体对同类外设的所有寄存器进行了封装，堪称神来之笔。各位可以试想一下，STM32 有 7 组

GPIO 外设，每组 GPIO 又有 7 个寄存器，采用宏定义要写 7×7=49 条语句，再加上其他外设，显然再这样定义就太烦琐了。通过定义结构体，可以巧妙地避开了这一问题。代码清单 3-6 展示了 GPIO 结构体的定义。

代码清单 3-6　GPIO 结构体的定义

```
1  typedef unsignedint uint32_t; /* 无符号 32 位变量 */
2  typedef unsigned shortint uint16_t; /* 无符号 16 位变量 */
3  typedef struct {
4  __IO uint32_tCRL;   /* GPIO 端口配置低寄存器  地址偏移: 0x00 */
5  __IO uint32_tCRH;   /* GPIO 端口配置高寄存器  地址偏移: 0x04 */
6  __IO uint32_tIDR;   /* GPIO 数据输入寄存器  地址偏移: 0x08 */
7  __IO uint32_tODR;   /* GPIO 数据输出寄存器  地址偏移: 0x0C */
8  __IO uint32_tBSRR;   /* GPIO 位设置/清除寄存器  地址偏移: 0x10 */
9  __IO uint32_tBRR;   /* GPIO 端口位清除寄存器  地址偏移: 0x14 */
10 __IO uint16_tLCKR;   /* GPIO 端口配置锁定寄存器  地址偏移: 0x18 */
11 }GPIO_TypeDef;
```

这段代码用 typedef 关键字声明了名为 GPIO_TypeDef 的结构体类型，结构体内有 7 个成员变量，变量名正好对应寄存器的名字。

C 语言的语法规定，结构体内变量的存储空间是连续的，其中 32 位的变量占用 4 字节。这样，每个成员在结构体内的地址偏移就与各寄存器地址偏移一一对应了，只要给结构体设置好首地址，就能把结构体内成员的地址确定下来，然后就能以结构体的形式访问寄存器。在访问寄存器之前，还需要把 GPIOX_BASE 转换成 GPIO_TypeDef 的指针，见代码清单 3-7。

代码清单 3-7　GPIO 寄存器的访问

```
1  /* 需要将 GPIOx_BASE 地址转换为 GPIO_TypeDef 类型的指针 */
2  #define GPIOA ((GPIO_TypeDef *) GPIOA_BASE)
3  #define GPIOB ((GPIO_TypeDef *) GPIOB_BASE)
4  #define GPIOC ((GPIO_TypeDef *) GPIOC_BASE)
5  #define GPIOD ((GPIO_TypeDef *) GPIOD_BASE)
6  #define GPIOE ((GPIO_TypeDef *) GPIOE_BASE)
7  #define GPIOF ((GPIO_TypeDef *) GPIOF_BASE)
8  #define GPIOG ((GPIO_TypeDef *) GPIOG_BASE)
9  #define GPIOH ((GPIO_TypeDef *) GPIOH_BASE)
10 /* 使用定义好的宏直接访问 */
11 /* 访问 GPIOB 端口的寄存器 */
12 GPIOB->BSRR = 0xFFFF; //通过指针访问并修改 GPIOB_BSRR 寄存器
13 GPIOB->CRL = 0xFFFF;  //修改 GPIOB_CRL 寄存器
14 GPIOB->ODR =0xFFFF;  //修改 GPIOB_ODR 寄存器
```

这里仅是以 GPIO 这个外设为例，给大家讲解了 C 语言对寄存器的封装。依此类推，其他外设也同样可以用这种方法来封装。这部分工作固件库已经帮我们完成了，这里我们只是分析了这个封装的过程，让大家知其然，也知其所以然。

习题与测验

1. 在 STM32F103 系列处理器中，不属于它的通用数字 I/O 端口为________。

A. PA　　B. PD　　C. PJ　　D. PG

2. STM32F103RET6 型芯片共有________组 GPIO，完整的一组 GPIO 有________个引脚，________组的 GPIO 引脚不完整，只有三个引脚。

3. STM32 单片机有 8 种输入输出模式，其中输入模式有______种，输出模式有______种。

4. 当程序向外输入 0 时，引脚可以得到低电平；输出 1 时，得到高电平。引脚以默认功能工作，此时需要将引脚配置为________工作模式；当需要使用引脚的默认功能以外的输出功能时，并且期望输出 1 得到高电平，输出 0 得到低电平，需要将引脚配置为________工作模式。在使用输入功能时，如果希望引脚无信号输出时处于高电平状态，需要将引脚配置为________ 工作模式；如果希望引脚无信号输出时处于低电平状态，需要将引脚配置为________ 工作模式；对输入信号值无要求，完全由外部引脚电平决定，此时可将引脚配置为________工作模式。

5. GPIO 引脚有三种不同的输出速度，分别是________Hz、________Hz、________Hz。

6. 每个 GPIO 分组有 ________个寄存器，存放输出数据的寄存器是________。

7. 查看 STM32 系统框架图，在 APB2 总线上挂载了哪些外设？

____

____

____

____

____

8. 片上外设的基地址是____________，APB2 总线的基地址是________，GPIOA 的地址是__________，GPIOA_IDR 的地址是 ________。

9. 端口输入数据寄存器的地址偏移为（　　）

A. 00H　　B. 08H　　C. 0CH　　D. 04H

10. 端口输出数据寄存器的地址偏移为（　　）

A. 00H　　B. 08H　　C. 0CH　　D. 04H

11. 写出下面单词或缩写的含义。

GPIO ________　type ________　initialize ________　define ________　delay ________

mode ________　speed ________　pin ________　enum ________　bit ________

set ________　reset ________　extern ________　command ________　clock ________

structure ________　peripheral ________

12. 观察图 3－10 和图 3－11，回答如下问题：如果 LED1 发光，则 LED_Red 需为________（高或低）电平；如果 LED1 熄灭，则 LED_Red 需为 ________ （高或低）电平。

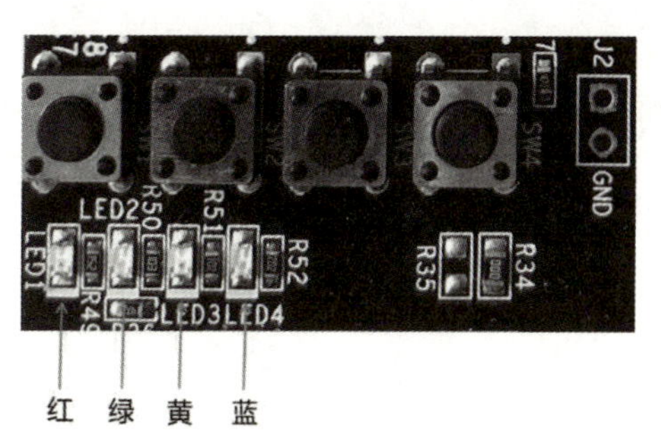

图 3－10　LED 实物图

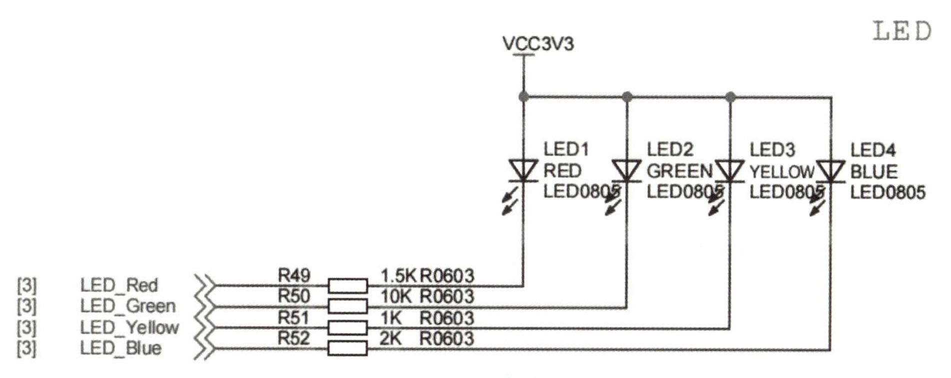

图 3－11　LED 电路原理图

模块 4

中断概览与按键外部中断

中断可以说是单片机的“灵魂”，后续几乎所有实验都会涉及，这里先对中断做概括性的介绍，再对 EXTI（External Interrupt，外部中断）这一常用的一类中断进行讲解，并通过按键外部中断的实验，让读者能对 EXTI 有更好的理解与应用。

学习目标

1. 能从全局角度理解中断机制对单片机的重要性。
2. 明白中断源和中断服务函数在固件库中的规范。
3. 理解中断优先级分组的设计理念。
4. 对于 I/O 口电平变化的检测，理解轮询式和中断式两种检测方式的区别。
5. 学会将 STM32 的 I/O 口配置为外部中断输入。
6. 掌握带中断任务的程序编写。

4.1　按键中断控制实验

EXTI 的理论知识讲完了，下面通过开发板上的一个按键产生外部中断，并在中断任务里完成需要的控制效果。

4.1.1　任务描述

如图 4－1 所示，使用 KEY1 按键作为外部中断源，当完成一次单击动作（按下并松开）时，红色 LED 的状态发生一次变化。该现象与带锁存的按键控制效果一样，但实现的原理是通过触发中断来实现的。

4.1.2　硬件电路

按键和 LED 部分的硬件原理图，如图 4－2 所示，这里只保留了 KEY1 按键部分。

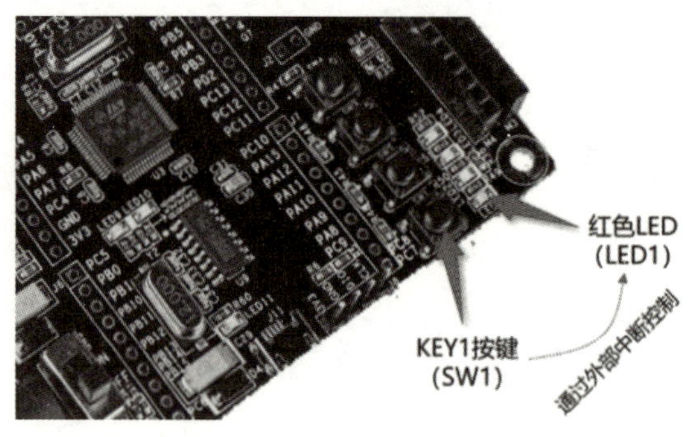

图 4－1　本实验的控制效果

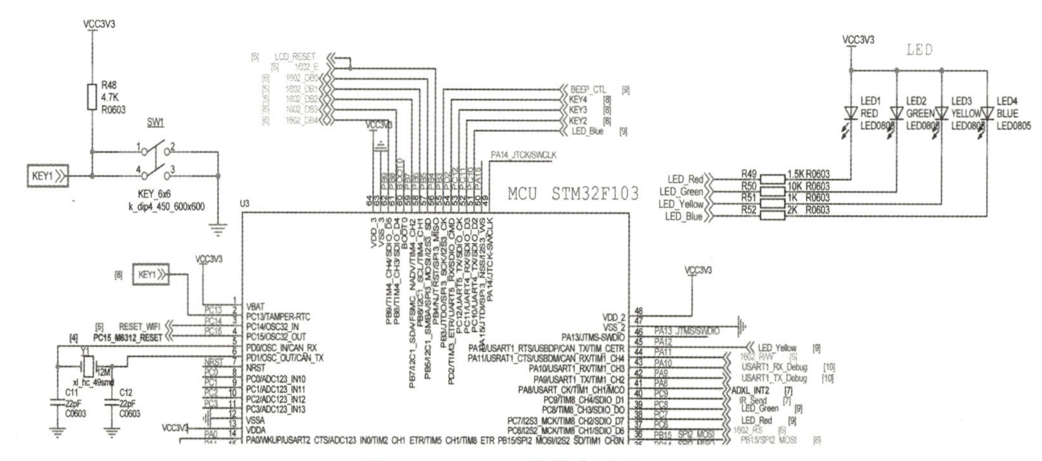

图 4－2　KEY1 按键电路原理图

4.1.3　工程文件清单

如图 4－3 所示，本工程中两个文件 key_exti. c 和 key_exti. h 用来存放 EXTI 驱动程序及相关宏定义，中断服务函数放在 stm32f10x_it. c 文件中。

4.1.4　编程要点

①初始化用来产生外部中断的 GPIO。
②配置 NVIC。
③初始化 EXTI。
④编写中断服务函数。

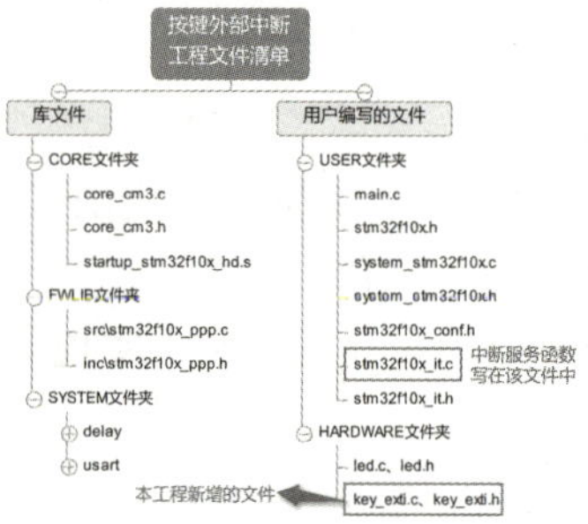

图 4－3　本工程文件清单

4.1.5　工程代码剖析

1. key_exti. h 文件源码

这个头文件主要是按键和 EXTI 的宏定义，以及函数声明。源码见代码清单 4－1。

代码清单4-1　key_exti.h文件源码

```
1   #ifndef__KEY_EXTI_H_
2   #define__KEY_EXTI_H_
3   #include "stm32f10x.h"
4
5   /********* 端口宏定义 *********/
6   #define KEY123_PORT    GPIOC
7   #define KEY4_PORT      GPIOD
8   #define KEY1_PIN       GPIO_Pin_13
9   #define KEY2_PIN       GPIO_Pin_11
10  #define KEY3_PIN       GPIO_Pin_12
11  #define KEY4_PIN       GPIO_Pin_2
12
13  /********* 函数声明 *********/
14  void KEY_EXTI_Init(void);  //按键初始化函数声明
15
16  #endif
```

2. key_exti.c文件源码

该文件里只有一个按键初始化函数，涉及GPIO、NVIC、EXTI三个属性的配置，源码见代码清单4-2。

代码清单4-2　key_exti.c文件源码

```
1   #include "key_exti.h"
2   void KEY_EXTI_Init(void)
3   {
4       GPIO_InitTypeDef    gpio_initstruct;
5       NVIC_InitTypeDef    nvic_initstruct;
6       EXTI_InitTypeDef    exti_initstruct;
7
8       /************* KEY1 按键端口的GPIO初始化 *************/
9       RCC_APB2PeriphClockCmd(RCC_APB2Periph_GPIOC, ENABLE);
10      gpio_initstruct.GPIO_Mode = GPIO_Mode_IPU;
11      gpio_initstruct.GPIO_Pin = KEY1_PIN;
12      GPIO_Init(KEY123_PORT, &gpio_initstruct);
13
14      /***** 按键NVIC初始化 *****/
15      //优先级分组方案2
16      NVIC_PriorityGroupConfig(NVIC_PriorityGroup_2);
17      //PC13对应的中断源
18      nvic_initstruct.NVIC_IRQChannel = EXTI15_10_IRQn;
19      //配置抢占优先级
20      nvic_initstruct.NVIC_IRQChannelPreemptionPriority = 1;
21      //配置响应优先级
22      nvic_initstruct.NVIC_IRQChannelSubPriority = 1;
23      //使能中断通道
24      nvic_initstruct.NVIC_IRQChannelCmd = ENABLE;
25      //执行NVIC初始化
```

```
26      NVIC_Init(&nvic_initstruct);
27
28      /*************** KEY1 按键 EXTI 初始化 ***************/
29      //EXTI 是 GPIO 基础上的复用,需要开复用时钟
30      RCC_APB2PeriphClockCmd(RCC_APB2Periph_AFIO, ENABLE);
31      //配置 GPIO 作为 EXTI 信号线
32      GPIO_EXTILineConfig(GPIO_PortSourceGPIOC, GPIO_PinSource13);
33      //外部中断信号线
34      exti_initstruct.EXTI_Line = EXTI_Line13;
35      //中断模式
36      exti_initstruct.EXTI_Mode = EXTI_Mode_Interrupt;
37      //上升沿触发(松开按键产生)
38      exti_initstruct.EXTI_Trigger = EXTI_Trigger_Rising;
39      //使能外部中断
40      exti_initstruct.EXTI_LineCmd = ENABLE;
41      //执行 EXTI 初始化
42      EXTI_Init(&exti_initstruct);
43  }
```

在以上初始化代码中，从第 28 行到结束是针对 EXTI 的初始化，也是本模块需要重点关注的部分。

首先，第 30 行代码表明用到 EXTI 必须开启 AFIO 时钟。其次，在第 32 行上，使用了 GPIO_EXTILineConfig( )库函数来指定中断/事件线的输入源，是将 GPIO 配置成 EXTI 不可缺少的一个环节。再次，我们的目的是产生中断，执行中断服务函数，EXTI 选择中断模式，KEY1 按键使用上升沿触发，并使能 EXTI 线，这些配置信息即对应第 33 ~ 40 行填充 EXTI 初始化结构体的过程。最后，第 42 行调用 EXTI_Init( )库函数，执行 EXTI 初始化参数的配置。把用到的这两个库函数汇总在表 4 – 1。

表 4 – 1　EXTI 初始化用到的新库函数

GPIO_EXTILineConfig	
函数原形	void GPIO_EXTILineConfig(u8 GPIO_PortSource, u8 GPIO_PinSource)
功能描述	选择 GPIO 引脚用作外部中断线路
输入参数 1	GPIO_PortSource：选择用作外部中断线的 GPIO 端口 可取值为：GPIO_PortSourceGPIOx（x = A ~ G）
输入参数 2	GPIO_PinSource：待设置的外部中断线路 可取值为：GPIO_PinSourcex（x = 0 ~ 15）
返回值	无
EXTI_Init	
函数原形	void EXTI_Init(EXTI_InitTypeDef * EXTI_InitStruct)
功能描述	根据 EXTI_InitStruct 中指定的参数初始化 EXTI 寄存器
输入参数	EXTI_InitStruct：指向结构体 EXTI_InitTypeDef 的指针，包含了外设 EXTI 的配置信息
返回值	无

3. stm32f10x_it.c 文件源码

中断服务函数统一写在该文件中，当 KEY1 按键产生的中断有效时，程序会跳转至对应的中断服务函数执行，源码见代码清单 4－3。

代码清单 4－3　stm32f10x_ it.c 源码

```
1   #include "stm32f10x_it.h"
2   #include "led.h"
3   void EXTI15_10_IRQHandler(void)
4   {
5       if(EXTI_GetITStatus(EXTI_Line13) != RESET)
6       {  //确认信号线上产生中断
7          RED_LED_TOC();//改变红色 LED 状态
8          EXTI_ClearITPendingBit(EXTI_Line13);//清除中断标志
9       }
10  }
```

首先，一般为确保中断发生，会在中断服务函数中调用中断标志位状态读取函数，并判断标志位状态，即第 5 行中的 EXTI_GetITStatus( ) 函数，使用该函数来获取 EXTI 的中断标志位状态，如果 EXTI 线有中断发生，函数返回“SET”，否则，返回“RESET”。我们写的是“! = RESET”，其实写成“ == SET”也是可以的，总之，是确保中断发生了。

其次，在确认中断发生后，就可以执行需要的中断任务了，这里的任务很简单，就是第 8 行的改变 LED0 的状态。

最后，执行中断任务后需要清除中断标志，为下一次中断做好准备，即第 8 行中的 EXTI_ClearITPendingBit( ) 库函数。

同样，把用到的这两个库函数汇总在表 4－2 中。

表 4－2　中断服务程序中用到的库函数

1. EXTI_GetITStatus	
2. 函数原形	3. ITStatus EXTI_GetITStatus(u32 EXTI_Line)
4. 功能描述	5. 检查指定的 EXTI 线路触发请求发生与否
6. 输入参数	7. EXTI_Line：待检查 EXTI 线路的挂起位。可取值为：EXTI_Linex（x =0 ~ 19）
8. 返回值	9. EXTI_Line 的新状态（SET 或者 RESET）
10. EXTI_ClearITPendingBit	
11. 函数原形	12. void EXTI_ClearITPendingBit(u32 EXTI_Line)
13. 功能描述	14. 清除 EXTI 线路挂起位
15. 输入参数	16. EXTI_Line：待清除 EXTI 线路的挂起位。可取值为：EXTI_Linex（x =0 ~ 19）
17. 返回值	18. 无

以上是一个中断服务函数的典型写法，需要从中掌握中断服务函数的基本编写方法，现总结在代码清单 4 –4 中。

代码清单 4 –4　中断服务函数范本

```
1  void PPP_IRQHandler(void)
2  {
3      if(xxx_GetITStatus(xxx_yyy) != RESET)
4      {
5          //中断任务
6          xxx_ClearITPendingBit(xxx_yyy);
7      }
8  }
```

4. main. c 文件源码

主程序完成必要的初始化后，主循环不必做任何事情，等待按键外部中断发生即可，源码见代码清单 4 –5。

代码清单 4 –5　main. c 源码

```
1  #include "stm32f10x.h"
2  #include "led.h"
3  #include "key_exti.h"
4  #include "delay.h"
5  int main()
6  {
7      delay_init();
8      Led_Init();
9      KEY_EXTI_Init();
10     while(1) {
11         //主循环留空,不做任务,等待中断即可
12     }
13 }
```

4.1.6　测试与验证

要保证开发板相关硬件连接正确，把编译好的程序下载到开发板，此时红色 LED1 是灭的，如果按下按键 KEY1 并松开，LED1 变亮，再按下 KEY1 并松开，LED1 又熄灭。按键按下表示上升沿，松开表示下降沿，这跟软件设置是一样的。

4.2　中断的产生背景

在前面的项目实践中，可以看到在经过初始化配置之后，程序会进入一个 while(1)循环，这循环也称为主循环，实现任务功能的代码都是在主循环中完成的。那么可以试想一下，如果往主循环里塞进一大堆各种各样的任务（LED、数码管显示、按键扫描、串口收

发、传感器采集等)，就好比让你一个人同时应付工作、带孩子、做饭、搞卫生，其结果必然是“顾此失彼”，也就无法实现想要的控制效果。

那么要解决上述问题，该怎么办呢？在现实生活中，你可以找保洁、保姆或父母帮忙；在单片机的世界里，能做到分身有术的“魔法”就是中断。中断是 CPU 处理外设（突发）事件的一种手段，当事件发生时，CPU 会暂停当前的程序运行，转而去处理突发事件的程序（即中断服务函数)，处理完之后又返回中断点继续执行原来的程序。从一定程度上讲，中断几乎成了单片机的灵魂。如果没有中断，单片机执行起任务将“无所适从”。

4.3　STM32 强大的中断响应系统

ARM 的 CM3 内核支持 256 个中断，包括 16 个内核中断和 240 个外设中断，拥有 256 个中断优先级别。STM32 中断非常强大的，每个外设都可以产生中断。把所有中断用一个表管理起来，见表 4－3，表中带有灰色背景的为内核异常（10 个)，之后的 60 个称为外设中断，这个表就称为中断向量表。

表 4－3　CM3 内核的 16 个异常（中断）和 STM32 的 60 个外设中断

位置	优先级	优先级类型	名称	说明	地址
—	—	—	—	保留	0x0000_0000
	-3	固定	Reset	复位	0x0000_0004
	-2	固定	NMI	不可屏蔽中断，RCC 时钟安全系统（CSS）连接到 NMI 向量	0x0000_0008
	-1	固定	硬件失效(HardFault)	所有类型失效	0x0000_000C
	0	可设置	存储管理(MemManage)	存储器管理	0x0000_0010
	1	可设置	总线错误(BusFault)	预读取指令失败，存储器访问失败	0x0000_0014
	2	可设置	错误应用(UsageFault)	未定义的指令或非法状态	0x0000_0018
	—	—	—	保留	0x0000_001C ~0x0000_002B
	3	可设置	SVCall	通过 SWI 指令的系统服务调用	0x0000_002C
	4	可设置	调试监控(DebugMonitor)	调试监控器	0x0000_0030
	—	—	—	保留	0x0000_0034

续表

位置	优先级	优先级类型	名称	说明	地址
	5	可设置	PendSV	可挂起的系统服务	0x0000_0038
	6	可设置	SysTick	系统嘀嗒定时器	0x0000_003C
0	7	可设置	WWDG	窗口定时器中断	0x0000_0040
1	8	可设置	PVD	连到 EXTI 电源电压检测（PVD）中断	0x0000_0044
2	9	可设置	TAMPER	侵入检测中断	0x0000_0048
3	10	可设置	RTC	实时时钟（RTC）全局中断	0x0000_004C
4	11	可设置	FLASH	闪存全局中断	0x0000_0050
5	12	可设置	RCC	复位和时钟控制（RCC）中断	0x0000_0054
6	13	可设置	EXTI0	EXTI 线 0 中断	0x0000_0058
7	14	可设置	EXTI1	EXTI 线 1 中断	0x0000_005C
8	15	可设置	EXTI2	EXTI 线 2 中断	0x0000_0060
9	16	可设置	EXTI3	EXTI 线 3 中断	0x0000_0064
10	17	可设置	EXTI4	EXTI 线 4 中断	0x0000_0068
11	18	可设置	DMA1 通道 1	DMA1 通道 1 全局中断	0x0000_006C
12	19	可设置	DMA1 通道 2	DMA1 通道 2 全局中断	0x0000_0070
13	20	可设置	DMA1 通道 3	DMA1 通道 3 全局中断	0x0000_0074
14	21	可设置	DMA1 通道 4	DMA1 通道 4 全局中断	0x0000_0078
15	22	可设置	DMA1 通道 5	DMA1 通道 5 全局中断	0x0000_007C
16	23	可设置	DMA1 通道 6	DMA1 通道 6 全局中断	0x0000_0080
17	24	可设置	DMA1 通道 7	DMA1 通道 7 全局中断	0x0000_0084
18	25	可设置	ADC1_2	ADC1 和 ADC2 的全局中断	0x0000_0088
19	26	可设置	USB_HP_CAN_TX	USB 高优先级或 CAN 发送中断	0x0000_008C
20	27	可设置	USB_LP_CAN_RX0	USB 低优先级或 CAN 接收 0 中断	0x0000_0090
21	28	可设置	CAN_RX1	CAN 接收 1 中断	0x0000_0094
22	29	可设置	CAN_SCE	CAN SCE 中断	0x0000_0098
23	30	可设置	EXTI9_5	EXTI 线［9：5］中断	0x0000_009C
24	31	可设置	TIM1_BRK	TIM1 刹车中断	0x0000_00A0

续表

位置	优先级	优先级类型	名称	说明	地址
25	32	可设置	TIM1_UP	TIM1 更新中断	0x0000_00A4
26	33	可设置	TIM1_TRG_COM	TIM1 触发和通信中断	0x0000_00A8
27	34	可设置	TIM1_CC	TIM1 捕获比较中断	0x0000_00AC
28	35	可设置	TIM2	TIM2 全局中断	0x0000_00B0
29	36	可设置	TIM3	TIM3 全局中断	0x0000_00B4
30	37	可设置	TIM4	TIM4 全局中断	0x0000_00B8
31	38	可设置	I^2C1_EV	I^2C1 事件中断	0x0000_00BC
32	39	可设置	I^2C1_ER	I^2C1 错误中断	0x0000_00C0
33	40	可设置	I^2C2_EV	I^2C2 事件中断	0x0000_00C4
34	41	可设置	I^2C2_ER	I^2C2 错误中断	0x0000_00C8
35	42	可设置	SPI1	SPI1 全局中断	0x0000_00CC
36	43	可设置	SPI2	SPI2 全局中断	0x0000_00D0
37	44	可设置	USART1	USART1 全局中断	0x0000_00D4
38	45	可设置	USART2	USART2 全局中断	0x0000_00D8
39	46	可设置	USART3	USART3 全局中断	0x0000_00DC
40	47	可设置	EXTI15_10	EXTI 线［15：10］中断	0x0000_00E0
41	48	可设置	RTCAlarm	连到 EXTI 的 RTC 闹钟中断	0x0000_00E4
42	49	可设置	USB 唤醒	连到 EXTI 的从 USB 待机唤醒中断	0x0000_00E8
43	50	可设置	TIM8_BRK	TIM8 刹车中断	0x0000_00EC
44	51	可设置	TIM8_UP	TIM8 更新中断	0x0000_00F0
45	52	可设置	TIM8_TRG_COM	TIM8 触发和通信中断	0x0000_00F4
46	53	可设置	TIM8_CC	TIM8 捕获比较中断	0x0000_00F8
47	54	可设置	ADC3	ADC3 全局中断	0x0000_00FC
48	55	可设置	FSMC	FSMC 全局中断	0x0000_0100
49	56	可设置	SDIO	SDIO 全局中断	0x0000_0104
50	57	可设置	TIM5	TIM5 全局中断	0x0000_0108
51	58	可设置	SPI3	SPI3 全局中断	0x0000_010C
52	59	可设置	UART4	UART4 全局中断	0x0000_0110

续表

位置	优先级	优先级类型	名称	说明	地址
53	60	可设置	UART5	UART5 全局中断	0x0000_0114
54	61	可设置	TIM6	TIM6 全局中断	0x0000_0118
55	62	可设置	TIM7	TIM7 全局中断	0x0000_011C
56	63	可设置	DMA2 通道 1	DMA2 通道 1 全局中断	0x0000_0120
57	64	可设置	DMA2 通道 2	DMA2 通道 2 全局中断	0x0000_0124
58	65	可设置	DMA2 通道 3	DMA2 通道 3 全局中断	0x0000_0128
59	66	可设置	DMA2 通道 4_5	DMA2 通道 4 和 DMA2 通道 5 全局中断	0x0000_012C

4.4 STM32 中断的总管家——NVIC

STM32 的中断如此多，配置起来并不容易，因此需要一个强大的“嵌套中断向量控制器（Nested Vectored Interrupt Controller，NVIC）”来对中断进行管理。NVIC 控制着整个芯片中断相关的功能，它跟内核紧密耦合，是内核里面的一个外设，如图 4－4 所示。

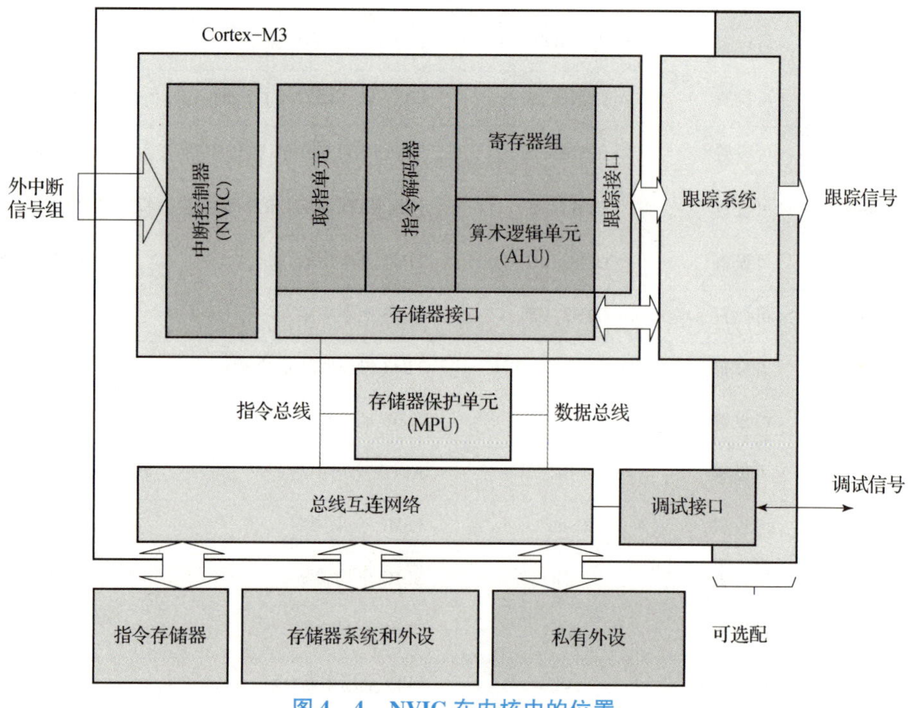

图 4－4　NVIC 在内核中的位置

4.5　中断优先级管理很重要

NVIC 是对中断优先级管理的一种方式。首先，STM32 的中断优先级具有两个属性：一个为抢占优先级（又称主优先级），另一个为响应优先级（又称子优先级），其属性编号越小，表明它的优先级越高。其次，如果有多个中断同时响应，抢占优先级高的中断就会打断抢占优先级低的中断，即中断嵌套。如果抢占优先级相同，就根据响应优先级的高低来决定先处理哪一个。最后，如果抢占优先级和响应优先级都相同，就根据硬件中断编号顺序（表 4－4 中的第一列）来决定哪个先执行，硬件中断编号越小，优先级越高。

4.5.1　优先级管理方案

在 STM32 中，优先级由 NVIC_IPRx 寄存器来配置，这个寄存器是 8 位的，但只用了高 4 位来配置，最多支持 16 种中断优先级，并且有 5 种优先级分组方式，见表 4－4。

表 4－4　STM32 的中断优先级的表示和分组

优先级分组	抢占优先级		优先级控制位					响应优先级	
	取值	位数	bit7	bit6	bit5	bit4	bit3～bit0	位数	取值
NVIC_PriorityGroup_0	0	0	1/0	1/0	1/0	1/0	未使用	4	0～15
NVIC_PriorityGroup_1	0～1	1	1/0	1/0	1/0	1/0		3	0～8
NVIC_PriorityGroup_2	0～3	2	1/0	1/0	1/0	1/0		2	0～4
NVIC_PriorityGroup_3	0～8	3	1/0	1/0	1/0	1/0		1	0～1
NVIC_PriorityGroup_4	0～15	4	1/0	1/0	1/0	1/0		0	0

注：表中加底纹表示抢占优先级的位数。

设置优先级分配方式可调用库函数 NVIC_PriorityGroupConfig( ) 实现，可输入参数为 NVIC_PriorityGroup_0～NVIC_PriorityGroup_4。有关 NVIC 中断相关的库函数都在库文件 misc.c 和 misc.h 中。

4.5.2　通俗理解优先级分组

关于中断优先级分组方案，可以拿生活中排队的场景来进行类比，如图 4－5 所示，其中每个人就好比一个中断源。

1. NVIC_PriorityGroup_0（分组方案 0）

无抢占优先级，即不允许任何人员插队，哪怕是特殊人群。这种情况仅由响应优先级决定，0 号最高，15 号最低，就好比队伍最前和最后那个人。

图 4－5　生活中的排队场景

2. NVIC_PriorityGroup_1（分组方案 1）

有 2 种抢占优先级，可理解为特殊人群（老弱病残孕医军）与非特殊人群两类，特殊人群优先（插队）。每类人群内部的优先权由 8 种响应优先级决定，好比是军人还是孕妇优先。

3. NVIC_PriorityGroup_2（分组方案 2）

有 4 种抢占优先级，比如从高到低依次为军人、医生、老弱病残孕、其他常人。有 4 种响应优先级，比如来了一个残疾人和一个孕妇，同属一类人，按公德伦理，残疾人优先，即响应优先级高于孕妇。

4. NVIC_PriorityGroup_3（分组方案 3）

有 8 种抢占优先级，与分组方案 2 类似，只是把插队人群的类别再细分一下。有 2 种响应优先级，即同类人群中区分度就不明显了。

5. NVIC_PriorityGroup_4（分组方案 4）

有 16 种抢占优先级，无响应优先级，这样就有了更多插队的情况发生。当然，这种情况在现实中是不可接受的，人们彼此也不可能区分出究竟是老太太优先还是老头优先。

4.6　中断编程要点

在配置每个中断的时候，一般有 3 个编程要点：

①使能外设某个中断，这个具体由每个外设的相关中断使能位控制。

②初始化 NVIC_InitTypeDef 结构体，配置中断优先级分组，设置抢占优先级和响应优先级，使能中断请求。这个结构体定义见代码清单 4－6。

代码清单 4－6　NVIC 初始化结构体

```
1  typedef struct {
2      uint8_t NVIC_IRQChannel;                    //中断源
3      uint8_t NVIC_IRQChannelPreemptionPriority;//抢占优先级
4      uint8_t NVIC_IRQChannelSubPriority;      //响应优先级
5      FunctionalState NVIC_IRQChannelCmd;  //中断使能或失能
6  } NVIC_InitTypeDef;
```

➢ NVIC_IRQChannel：用来设置中断源，不同中断源的名称不一样，并且不可写错，即使写错了，程序也不会报错，只会导致不响应中断。具体的成员配置可参考 stm32f10x. h 头文件里面的 IRQn_Type 枚举定义，我们摘录在代码清单 4－7 中。可以看出，中断源名字的命名方式为 ×××_IRQn，记住这个规则很重要。

代码清单 4－7　IRQn_Type 枚举定义

```
1  typedef enum IRQn {
2      /******* CM3 内核异常编号 *******/
3      NonMaskableInt_IRQn = -14,
4      MemoryManagement_IRQn = -12,
5      BusFault_IRQn = -11,
6      //限于篇幅,中间部分代码省略,具体查看库文件 stm32f10x.h
7      /****** STM32 外设中断编号 ******/
8      WWDG_IRQn = 0,
9      PVD_IRQn = 1,
10     TAMPER_IRQn = 2,
11     //限于篇幅,中间部分代码省略,具体查看库文件 stm32f10x.h
12     DMA2_Channel3_IRQn = 58,
13     DMA2_Channel4_5_IRQn = 59
14  }
```

➢ NVIC_IRQChannelPreemptionPriority：抢占优先级，具体的值要根据优先级分组来确定，具体参考表 4－4。

➢ NVIC_IRQChannelSubPriority：响应优先级，具体的值要根据优先级分组来确定，具体参考表 4－4。

➢ NVIC_IRQChannelCmd：中断使能（ENABLE）或失能（DISABLE）。

③编写中断服务函数。在启动文件 startup_stm32f10x_hd. s 中，预先为每个中断都写了一个中断服务函数，只是这些函数都为空，如代码清单 4－8 所示，为的只是初始化中断向量表。从其中可以看出，中断服务函数的命名规则为 ×××_IRQHandler，这才是重点。

代码清单 4－8　启动文件中定义好的中断入口名

```
1                  ;内核异常中断向量
2  __Vectors       DCD     __initial_sp
3                  DCD     Reset_Handler
4                  DCD     NMI_Handler
5  ;限于篇幅,中间部分省略,具体可查看 startup_stm32f10x_hd.s
6
7;                 STM32 外设中断向量
8                  DCD     WWDG_IRQHandler
9                  DCD     PVD_IRQHandler
10                 DCD     TAMPER_IRQHandler
11 ;限于篇幅,中间部分省略,具体可查看 startup_stm32f10x_hd.s
12
13                 DCD     DMA2_Channel1_IRQHandler
14                 DCD     DMA2_Channel2_IRQHandler
15                 DCD     DMA2_Channel3_IRQHandler
16                 DCD     DMA2_Channel4_5_IRQHandler
17 __Vectors_End
```

实际的中断服务函数都需要我们重写，为了方便管理，ST 官方建议（并不强制）把中断服务函数统一写在 stm32f10x_it. c 这个库文件中。最重要的是，中断服务函数的函数名必须与启动文件预设的一样，如果写错，那么系统就在中断向量表中找不到中断服务函数的入口，也就无法实现中断。最重要的是，Keil 编译不报错，这就给排错带来了不小困扰。因此，编写中断代码时务必要注意。代码清单 4-9 是 stm32f10x_it. c 给的中断服务函数的编写模板，编写时只需要将其中的 PPP 换成需要的中断名并取消注释即可。

代码清单 4-9　中断服务程序编写范例

```
1   /**
2    * @briefThis function handles PPP interrupt request.
3    * @param    None
4    * @retval   None
5    */
6   /* void PPP_IRQHandler(void)
7   {
8   } */
```

4.7　EXTI 之按键外部中断

前面已经详细介绍了 NVIC，对 STM32F10x 系列的中断管理系统有全局的了解。记住，只要用到 STM32 的中断，就一定绕不开 NVIC。在众多的中断向量中，EXTI（External Interrupt，外部中断）是比较常用的一类中断，接下来通过开发板上按键的外部中断来掌握 EXIT 的使用。

4.8　按键检测的轮询式和中断式

从 STM32 芯片外部产生中断信号最直接方便的方式就是通过用过的按键，无论按下或弹起，都可以通过其所连接的 GPIO 引脚传递一个外部信号给中断系统，当 STM32 接收到这样的信号时，就可以执行其所对应的中断任务了。

注意，上述按键检测方式与第 7 章的按键扫描机制是不一样的。前者对于 STM32 来说，在无按键动作时是不必关注按键引脚的，只有发生按键动作时才会转到处理按键的任务上。而后者是在 STM32 上电后在主循环中不停地扫描按键引脚的电平变化，无论有无按键动作，扫描都不会停。这就好比老师（STM32）给学生（按键）布置了课堂作业，正常的做法是学生做完或有问题举手报告老师，没人报告的话，老师就在中间过程默默关心学生的答题情况，这就是前者对应的中断式。如果变成老师依次不停地问每个学生“做完了吗？有问题吗？”，就算老师不累，估计学生也烦了，这就是后者所对应的轮询式。

显而易见，中断式提高了软件执行的效率，这一点在处理多任务时体现得尤为明显。因此，从本章安排的实验开始，你就应该逐步建立起这样的意识：如果 STM32 要干的活儿挺多，你就应该想办法分给各个中断去做。这其实与领导给下属分配任务是一个道理，如果对于所有的工作，领导都事必躬亲，其结果必然是又累，并且效率又低。

4.9　解 EXTI 的响应过程

我们都知道，按键是连在某个 GPIO 引脚上的，按下或弹起都会在引脚上发生电平变化（上升沿或下降沿）。既然要用中断，那么诸如此类的信息就得在中断系统里配置好。就好比领导交代 A 干什么、B 何时汇报、C 遇到问题找谁，这些信息秘书都会记录下来形成会议纪要。在 STM32 的世界里，记录这些配置信息的一定是对应的寄存器，于是看懂图 4-6 所示的 EXTI 功能框图就很有必要了。

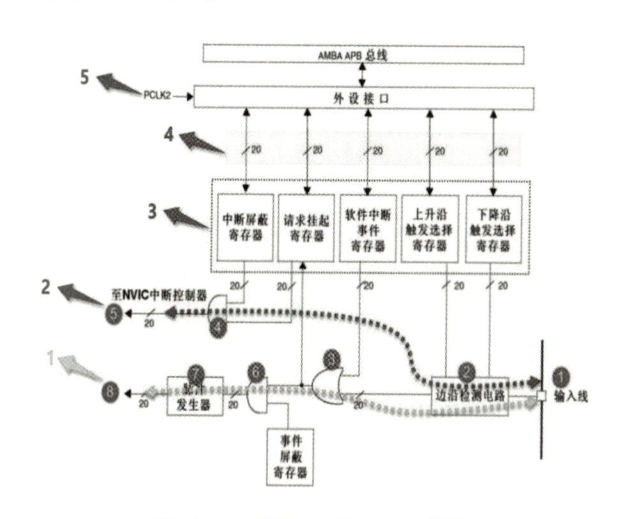

图 4-6　STM32 的 EXTI 框图

这里从下到上把图 4-6 分成了五个部分来解读，即图中的编号 1~5。

编号①浅色虚线代表产生事件（Event）的线路，即①②③⑥⑦⑧。产生事件线路目的就是传输一个脉冲信号给其他外设使用，比如定时器 TIM、模拟数字转换器 ADC 等。这是电路级别的信号传输，属于硬件级的。事件不是本章讨论的重点，可忽略。

编号②深色虚线代表产生中断的线路，即①②③④⑤。产生中断线路的目的是把输入信号送到 NVIC，进一步会运行中断服务函数，属于软件级的，这是本章关注的重点。可以看到，这条线路上会经过红色虚框内的五个寄存器配置，配置好了，EXTI 的初始化也就完成了。

编号③虚线框内从右到左依次是下降沿触发选择寄存器（EXTI_FTSR）、上升沿触发选择寄存器（EXTI_RTSR）、软件中断事件寄存器（EXTI_SWIER）、请求挂起寄存器（EXTI_PR）和中断屏蔽寄存器（EXTI_IMR）。这些寄存器在《STM32 中文参考手册》的 9.3 节有详细介绍，这里不细究，这是因为编程是不直接跟寄存器打交道的，而是借助固件库里的结构体和库函数。我们大致知道需要配置这些功能即可。

编号④信号线上打斜杠并标注“20”字样，表示在控制器内部类似的信号线路有 20

条，这与 EXTI 总共有 20 个中断/事件线是吻合的。所以，只要明白其中一个的原理，那么其他 19 个线路原理也就知道了。

编号⑤EXTI 是在 APB2 总线上的外设，编程开外设时钟的时候需要注意这点。

4.10 明确 GPIO 对应的外部中断源

EXTI 有 20 条中断/事件线，每个 GPIO 都可以被设置为输入线。看到这里不知你是否有这样的疑惑：GPIO 引脚的数量远大于 20 啊，怎么分呢？表 4－5 把每个 GPIO 引脚对应的 EXTI 中断线和 EXTI 中断源做了汇总。

表 4－5　GPIO 引脚与 EXTI 中断线、EXTI 中断源的对应关系

<table>
<tr><th>GPIO 引脚</th><th>EXTI 中断/事件线</th><th>EXTI 中断源</th><th>GPIO 引脚</th><th>EXTI 中断/事件线</th><th>EXTI 中断源</th></tr>
<tr><td>PX0</td><td>EXTI_Line0</td><td>EXTI0_IRQn</td><td>PX10</td><td>EXTI_Line10</td><td rowspan="6">EXTI15_10_IRQn</td></tr>
<tr><td>PX1</td><td>EXTI_Line1</td><td>EXTI1_IRQn</td><td>PX11</td><td>EXTI_Line11</td></tr>
<tr><td>PX2</td><td>EXTI_Line2</td><td>EXTI2_IRQn</td><td>PX12</td><td>EXTI_Line12</td></tr>
<tr><td>PX3</td><td>EXTI_Line3</td><td>EXTI3_IRQn</td><td>PX13</td><td>EXTI_Line13</td></tr>
<tr><td>PX4</td><td>EXTI_Line4</td><td>EXTI4_IRQn</td><td>PX14</td><td>EXTI_Line14</td></tr>
<tr><td>PX5</td><td>EXTI_Line5</td><td rowspan="5">EXTI9_5_IRQn</td><td>PX15</td><td>EXTI_Line15</td></tr>
<tr><td>PX6</td><td>EXTI_Line6</td><td></td><td>EXTI19</td><td>以太网唤醒事件</td></tr>
<tr><td>PX7</td><td>EXTI_Line7</td><td></td><td>EXTI18</td><td>USB 唤醒事件</td></tr>
<tr><td>PX8</td><td>EXTI_Line8</td><td></td><td>EXTI17</td><td>RTC 闹钟事件</td></tr>
<tr><td>PX9</td><td>EXTI_Line9</td><td></td><td>EXTI16</td><td>PVD 输出</td></tr>
<tr><td colspan="5">注：1. X 可为 A、B、C、D、E、F、G。
2. 带有底纹的是 4 条特定的外设中断/事件线，暂可忽略。</td><td>输入源</td></tr>
</table>

看懂这张表的对应关系很有必要，否则，对 EXTI 编程配置时就无从下手。比如，开发板上的 KEY4 按键接在 PD2 引脚上，若要将其配置为外部中断，对应的中断线是 EXTI_Line2，中断源则是 EXTI2_IRQn。而 KEY1、KEY2、KEY3 按键分别接在 PC13、PC11、PC12 引脚上，若要将这三个按键都配置为外部中断，对应的中断线分别是 EXTI_Line13、EXTI_Line11、EXTI_Line12，却对应同一个中断源 EXTI15_10_IRQn。

因此，这里面不全是一一对应的关系，存在部分不同编号引脚共用相同外部中断源的情况，这一点其实在 stm32f10x.h 头文件的 IRQn_Type 枚举里已经明确定义了，现摘录在代码清单 4－10 中。明白了上述对应关系，后面看到 EXTI 初始化代码的时候就能理解为什么

要这样配置了。

代码清单 4－10　IRQn_Type 枚举中对 EXTI 中断源的定义

```
1   typedef enum IRQn {
2       EXTI0_IRQn = 6,      /*!< EXTI Line0 Interrupt */
3       EXTI1_IRQn = 7,      /*!< EXTI Line1 Interrupt */
4       EXTI2_IRQn = 8,      /*!< EXTI Line2 Interrupt */
5       EXTI3_IRQn = 9,      /*!< EXTI Line3 Interrupt */
6       EXTI4_IRQn = 10,     /*!< EXTI Line4 Interrupt */
7       //限于篇幅,中间部分代码省略,具体查看库文件 stm32f10x.h
8       EXTI9_5_IRQn = 23,   /*!< EXTI Line[9:5] Interrupt */
9       //限于篇幅,中间部分代码省略,具体查看库文件 stm32f10x.h
10      EXTI15_10_IRQn = 40, /*!< EXTI Line[15:10] Interrupt */
11  }
```

4.11　EXTI 初始化详解

标准库函数对每个外设都建立了一个初始化结构体，EXTI 也不例外，即 EXTI_InitTypeDef。结构体成员用于设置 EXTI 工作参数，并由 EXTI 初始化配置函数 EXTI_Init()调用，这些设定参数将会设置 EXTI 相应的寄存器，达到配置 EXTI 工作环境的目的。

初始化结构体和初始化库函数配合使用是标准库精髓所在，理解了初始化结构体每个成员的意义就可以对该外设运用自如了。EXTI_InitTypeDef 初始化结构体定义在 stm32f10x_exti.h 文件中，我们将其摘录在代码清单 4－11 中；初始化库函数定义在 stm32f10x_exti.c 文件中。编程时可以结合这两个文件内的注释使用。

代码清单 4－11　EXTI 初始化结构体的定义

```
1   typedef struct {
2       uint32_t EXTI_Line;                      //中断/事件线
3       EXTIMode_TypeDef EXTI_Mode;              //EXTI 模式
4       EXTITrigger_TypeDef EXTI_Trigger;        //触发类型
5       FunctionalState EXTI_LineCmd;            //EXTI 使能
6   } EXTI_InitTypeDef;
```

➢ EXTI_Line：EXTI 中断/事件线选择，可选 EXTI_Line0 ~ EXTI_Line19。

➢ EXTI_Mode：EXTI 模式选择，可选中断模式（EXTI_Mode_Interrupt）或事件模式（EXTI_Mode_Event）。

➢ EXTI_Trigger：EXTI 边沿触发事件，可选上升沿触发（EXTI_Trigger_Rising）、下降沿触发（EXTI_Trigger_Falling）或上升沿下降沿都触发（EXTI_Trigger_Rising_Falling）。

➢ EXTI_LineCmd：控制是否使能 EXTI 线，可选使能（ENABLE）或禁用（DISABLE）。

习题与测验

1. 名词翻译和解释。

interrupt ______________ priority ______________ request ______________

channel ______________ handler ______________ NVIC ______________

IRQ ______________

2. （单选）STM32F103 有（　　）个可屏蔽中断通道。

A. 40　　B. 50　　C. 60　　D. 70

3. （单选）NVIC 和处理器内核接口紧密耦合，主要目的是（　　）。

A. 结构更紧凑，减小芯片的尺寸　　B. 连接更可靠，减小出错的概率

C. 减小延时，高效处理最近发生的中断　　D. 无所谓，没有特别的意思

4. （单选）关于中断嵌套的说法，正确的是（　　）。

A. 只要响应优先级不一样，就有可能发生中断嵌套

B. 只要抢占式优先级不一样，就有可能发生中断嵌套

C. 只有抢占式优先级和响应优先级都不一样，才有可能发生中断嵌套

D. 以上说法都不对

5. （单选）在 STM32103 的 NVIC 控制下，可将中断优先级分为（　　）组。

A. 4　　B. 5　　C. 6　　D. 7

6. （判断）只负责优先级的分配与管理，中断的使能和禁止与它无关。(　　)

模块 5

基本定时器与高级定时器

在本模块中，将利用定时器的 PWM 功能实现呼吸灯实验效果，为大家介绍基本定时器与高级定时器。在这个过程中，将带领大家了解基本定时器的功能及其工作过程，学习基本定时器的初始化、使能定时器、使能定时器中断、配置中断管理器、编写中断处理函数等内容。再介绍高级定时器，通过学习 PWM 输出的原理，认识比较输出初始化结构体，掌握相关函数的使用。

学习目标

1. 能读懂基本定时器的功能框图。
2. 会配置基本定时器的预分频器。
3. 会配置基本定时器的重装载值。
4. 会配置基本定时器初始化结构体。
5. 会配置中断管理器结构体。
6. 会编写中断处理函数。
7. 了解高级定时器的功能。
8. 理解 PWM 的模式。
9. 理解比较输出控制过程。
10. 认识比较输出初始化结构体。
11. 会使用相关函数。

5.1 基本定时器编程实验

5.1.1 任务描述

本实验使用基本定时器中断的方式实现 1 s 间隔的闪灯效果。虽然闪灯实验我们已经很熟悉，但本实验实现方式不同，所以它仍是一个新的学习任务。

5.1.2 硬件设计

本实验使用到 TIM6 基本定时器和 Led 灯。定时器是 STM32 的片上外设，无外部电路图。LED 的硬件电路在以前的项目中讲过，这里省略。

5.1.3 工程文件清单

本项目的工程文件清单如图 5-1 所示，由于在本实验中使用到了 LED 灯，所以，在 HARDWARE 文件夹内包含了 led. c 和 led. h，这两个文件可以从之前的项目中借用。本实验在 HARDWARE 文件夹中增加了 timer. h 和 timer. c 这两个文件。

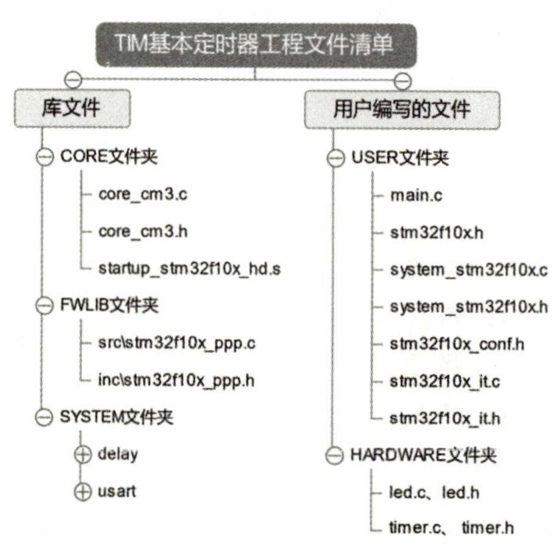

图 5-1 工程代码清单

5.1.4 编程要点

①配置定时器 TIM6（自动重装载周期、预分频器的数值、计数模式）。
②初始化定时器 TIM6。
③使能 TIM6。
④使能 TIM6 的更新中断。
⑤配置中断管理器（中断源、优先级、使能中断管理器）。
⑥初始化中断管理器。
⑦编写 TIM6 的中断处理函数。

5.1.5 源码剖析

1. timer. h 源码剖析

代码清单 5-1 timer. h 文件代码

```
1  #ifndef __TIMER_H_
2    #define __TIMER_H_
3    #include "stm32f10x.h"
4    void Timer6_init(u16 ,u16);
5  #endif
```

第 4 行进行 Timer6_init 函数声明，该函数有两个参数，类型都为 16 位无符号整数。

2. timer. c 源码剖析

代码清单 5－2　timer. c 文件中 Timer6_init 函数代码

```
1  #include "timer.h"
2  void Timer6_init(u16 arr,u16 psc){
3    TIM_TimeBaseInitTypeDef TIM_TimeBaseStructure;
4    NVIC_InitTypeDef NVIC_InitStructure;
5     //时钟使能
6     RCC_APB1PeriphClockCmd(RCC_APB1Periph_TIM6, ENABLE);
7     //定时器 TIM6 初始化
8     //设置在下一个更新事件装入活动的自动重装载寄存器周期的值
9     TIM_TimeBaseStructure.TIM_Period = arr;
10    //设置用来作为 TIMx 时钟频率除数的预分频值
11    TIM_TimeBaseStructure.TIM_Prescaler =psc;
12    //TIM 向上计数模式
13    TIM_TimeBaseStructure.TIM_CounterMode = TIM_CounterMode_Up;
14    //根据指定的参数初始化 TIMx 的时间基数单位
15    TIM_TimeBaseInit(TIM6, &TIM_TimeBaseStructure);
16    //使能指定的 TIM6 中断
17    TIM_ITConfig(TIM6,TIM_IT_Update,ENABLE );  //允许更新中断
18    //中断优先级 NVIC 设置
19    NVIC_InitStructure.NVIC_IRQChannel = TIM6_IRQn;  //TIM6 中断
20    //先占优先级 0 级
21    NVIC_InitStructure.NVIC_IRQChannelPreemptionPriority = 0;
22    //从优先级 3 级
23    NVIC_InitStructure.NVIC_IRQChannelSubPriority = 3;
24    //IRQ 通道被使能
25    NVIC_InitStructure.NVIC_IRQChannelCmd = ENABLE;
26    NVIC_Init(&NVIC_InitStructure);  //初始化 NVIC 寄存器
27    TIM_Cmd(TIM6, ENABLE);  //使能 TIMx
28 }
```

代码第 2 行，函数参数 arr 为重装载寄存器的值，也就是定时器的周期；psc 为预分频器的值。

代码第 3 行和第 4 行进行了结构体变量的定义。注意，变量要在函数头部进行定义。

代码第 6 行使能 TIM6 外设的时钟。

代码第 17 行使用了 TIM_ITConfig 函数，该函数的功能是开启或关闭定时器某类型的中断。该函数的第二个参数 TIM_IT_Update 表示中断类型为更新中断，当计时器到达最大值后，将发生溢出，此时可以产生更新中断。该函数的使用说明见表 5－1。

表 5－1　TIM_ITConfig 使用说明

函数名	TIM_ITConfig
函数原形	void TIM_ITConfig(TIM_TypeDef * TIMx, u16 TIM_IT, FunctionalState NewState)
功能描述	使能或者失能指定的 TIM 中断
输入参数 1	TIMx：x 可以是 1～8，用于选择 TIM 外设
输入参数 2	TIM_IT：待使能或者失能的 TIM 中断源
输入参数 3	NewState：TIMx 中断的新状态 这个参数可以取 ENABLE 或者 DISABLE
输出参数	无
返回值	无

代码 19 行设置中断管理器的中断源。关于中断管理器的中断源，可以在 stm32f10x. h 中查阅 IRQn 枚举类型的定义。

第 27 行代码，函数 TIM_Cmd 的功能是使能或失能定时器。它的使用说明见表 5－2。

表 5－2　TIM_Cmd 使用说明

函数名	TIM_Cmd
函数原形	void TIM_Cmd(TIM_TypeDef * TIMx, FunctionalState NewState)
功能描述	使能或者失能 TIMx 外设
输入参数 1	TIMx：x 可以是 1～8，用于选择 TIM 外设
输入参数 2	NewState：外设 TIMx 的新状态 这个参数可以取 ENABLE 或者 DISABLE
输出参数	无
返回值	无

代码清单 5－3　定时器 6 中断服务程序

```
1   void TIM6_IRQHandler(void)  //TIM6 中断
2   {
3      //检查 TIM6 更新中断发生与否
4      if (TIM_GetITStatus(TIM6, TIM_IT_Update) != RESET)
5      {
6         GPIO_WriteBit(GPIOC,GPIO_Pin_7 ,(BitAction)    /
7         (1 - GPIO_ReadOutputDataBit(GPIOC, GPIO_Pin_7)));
8         //清除 TIMx 更新中断标志
9         TIM_ClearITPendingBit(TIM6, TIM_IT_Update );
10     }
11  }
```

代码第 4 行，TIM_GetITStatus(TIM6，TIM_IT_Update) != RESET，当条件成立时，表示发生了更新中断。TIM_GetITStatus 函数的功能是判断定时器某个中断是否发生。关于这个函数的使用说明，见表 5 – 3。

表 5 – 3　TIM_ GetITStatus 函数使用说明

函数名	TIM_ GetITStatus
函数原形	ITStatus TIM_GetITStatus(TIM_TypeDef * TIMx，u16 TIM_IT)
功能描述	检查指定的 TIM 中断发生与否
输入参数 1	TIMx：x 可以是 1 ~ 8，用于选择 TIM 外设
输入参数 2	TIM_IT：待检查的 TIM 中断源
输出参数	无
返回值	TIM_IT 的新状态
先决条件	无
被调用函数	无

代码第 9 行，TIM_ClearITPendingBit(TIM6，TIM_IT_Update) 这条语句的功能是清除 TIM6 上的更新中断挂起状态位。

当更新中断发生时，定时器的控制寄存器中的“更新请求位”会被自动置为 1，也称为被挂起态，此种状态下，定时器将不响应其他的更新中断请求。这样可以保证当前的中断处理函数执行时，不会被其他的更新中断打断。在中断处理函数执行完毕时，要清除这个挂起位，否则以后的更新中断将不能被响应了。该函数的使用说明见表 5 – 4。

表 5 – 4　TIM_ClearITPendingBit 函数使用说明

函数名	TIM_ ClearITPendingBit
函数原形	void TIM_ClearITPendingBit(TIM_TypeDef * TIMx，u16 TIM_IT)
功能描述	清除 TIMx 的中断待处理位
输入参数 1	TIMx：x 可以是 1 ~ 8，用于选择 TIM 外设
输入参数 2	TIM_IT：待检查的 TIM 中断待处理位
输出参数	无
返回值	无

3. main. c 源码剖析

代码清单 5 - 4　main. c 文件代码

```
1  #include "stm32f10x.h"
2  #include "led.h"
3  #include "timer.h"
4  int main(){
5    Led_init();
6    //中断优先级分组
7    NVIC_PriorityGroupConfig(NVIC_PriorityGroup_2);
8    Timer6_init(10000 ,7199);
9    while(1){
10     //空
11   }
12 }
```

代码的第 8 行，第一个实参 10 000 为定时器的重装载寄存器的值，第二个参数 7 199 为定时器的预分频器的值。

因为 72 MHz/(7 199 + 1) = 10 000 Hz，所以定时器的频率是 10 000 Hz，也就是说，定时器 1 秒内完成 10 000 个时钟周期，而重装载寄存器的值刚好也为 10 000。由此可知，定时器可以 1 秒产生一次溢出中断。

由于闪灯的代码在定时器中断函数中完成，所以 while 循环体可以为空。

5. 1. 6　下载验证

完成编码后，进行编译和调试，排除编程中出现的各种错误，使用 ST - LINK 连接开发板，将编译成功的程序下载到开发板。将开发板断电重启，此时就会发现红色 LED 开始以 1 秒的速度闪烁了。

5. 2　STM32 定时器简介

5. 2. 1　强大的定时器资源

定时器，顾名思义，它的功能就是定时，前面学习过 SysTick 系统滴答定时器，其功能也是定时，但这里讲的定时器比 SysTick 的功能更强大，比如可向上/向下计数、产生 DMA 请求，具有预分频系数，具有捕获/比较通道，具有互补输出功能。STM32F1 系列芯片共有 8 个时钟，具体分类见表 5 - 5。

表5－5　定时器分类

类型	定时器	定时器分辨率	预分频系数	产生DMA请求	计数类型	捕获/比较通道	互补输出
基本定时器	TIM6、TIM7				向上	0	没有
通用定时器	TIM2～TIM5	16位	1～65 535	可以	同上/同下	4	没有
高级定时器	TIM1、TIM8				同上/同下	4	有

虽然大家对表5－5中出现的概念性名词还不理解，但可以看到，基本定时器TIM6、TIM7的功能比较基础，通用定时器增加了捕获比较功能，高级定时器TIM1、TIM8比通用定时器又增加了互补输出功能，互补输出主要应用于电动机控制。大多数情况下，仍将TIM1、TIM8当作通用计时器使用。

5.2.2　关注时定器的时钟源

基本定时器为TIM6和TIM7，从图5－2中可以看到，定时器2～7的时钟TIMXCLK由APB1分频器决定。通常情况下，AHB总线时钟都为72 MHz，所以时钟信号TIMXCLK的时钟频率的算法分为两种情况。

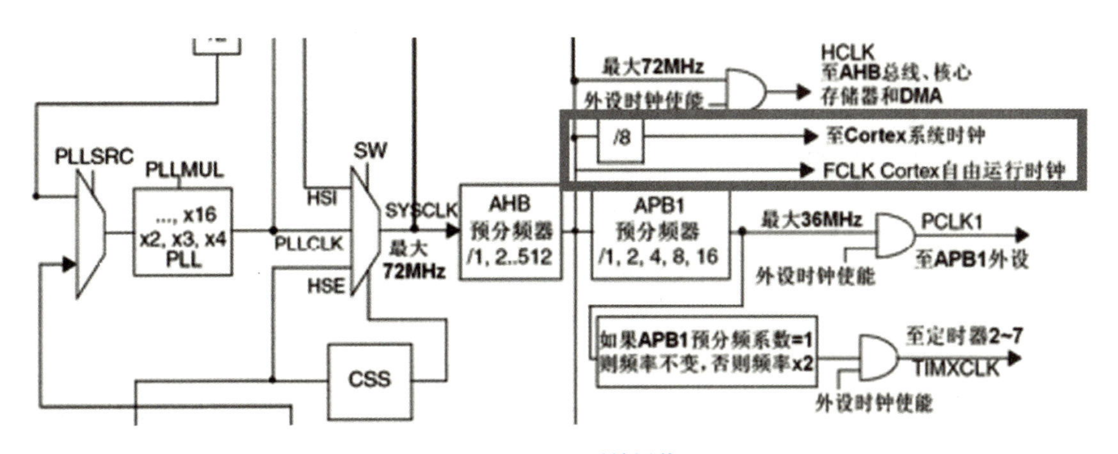

图5－2　STM32时钟树截图

①APB1的分频系数为1时，TIMXCLK的时钟频率等于AHB上的时钟频率。

②APB1的分频系数为2时，TIMXCLK的时钟频率等于APB1上的时钟频率×2。

高级定时器1和定时器8的时钟频率也采用这种算法，不同之处在于定时器1和定时器8的频率由APB2分频器决定。

5.3 基本定时器简介

5.3.1 功能框图分析

图 5－3 为基本定时器的功能框图，下面对基本定时器的功能框图进行讲解。

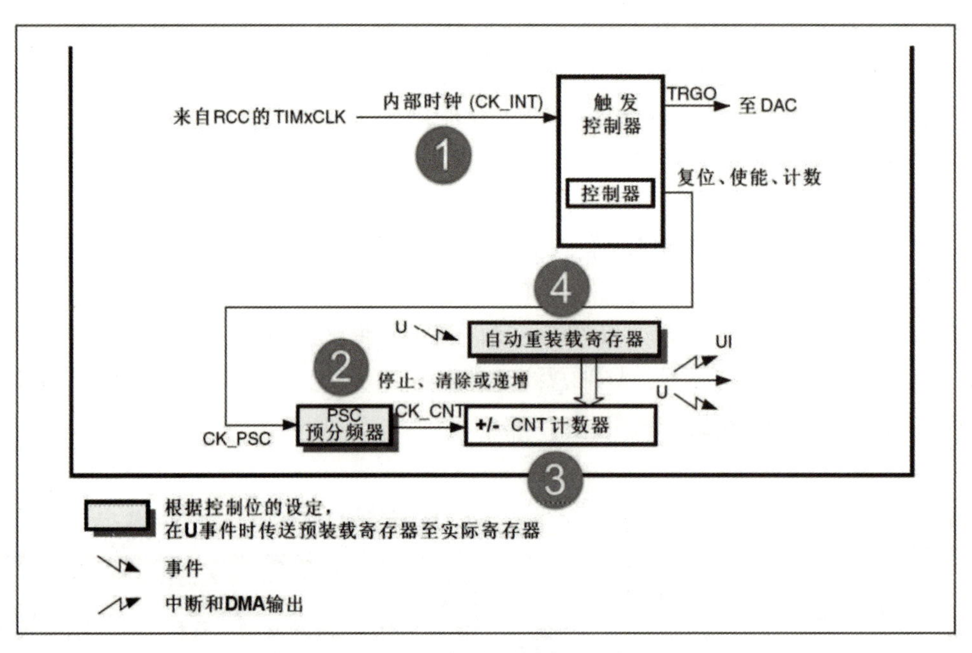

图 5－3　基本定时器功能图

①内部时钟 CK_INT，该时钟表示来自 RCC 的时钟，前面已经进行了介绍。

②定时器不能直接使用 RCC 的时钟，那样的频率（72 MHz）对于定时器来说，速度太快了，需要将频率降下来。PSC 预分频器就是用来降低定时器的时钟频率的，它是一个 16 位的寄存器，最小值为 0，最大值可以为 65 535，共计 65 536 个值。当值为 0 时，表示分频系数是 1；当值为 65 535 时，表示分频系数是 65 536。也就是说，分频系数 = 分频器值 + 1。

比如，如果内部时钟频率为 72 MHz，那么当分频器的值是 71 时，分频后的时钟频率则为 72 MHz/(71 + 1) = 1 MHz。

如果希望得到 10 000 Hz 的频率，则需要配置分频器的值为 7 199，因为 72 MHz/(7 199 + 1) = 10 000 Hz。

③ CNT 计时器。当计时器开始工作时，CNT 计时器内的数值将从 0 开始向上计数。当到达自动重装载寄存器的数值时，则清零，再从头开始计数。

④自动重装载寄存器。该寄存器装载着计数器能达到的最大数值。当 CNT 计数器达到该数值时，如果使能了中断，会产生中断。该寄存器为 16 位，最大数值为 65 535。

⑤定时器的时间计算。

例如：内部时钟为 72 MHz，分频器的值为 71，重载寄存器的值为 1 000，那么产生一次中断需要的时间为多少？

根据前面的讲解可知，定时器的时钟频率 $= \dfrac{72\ \text{MHz}}{71+1} = 1\ \text{MHz} = 1\ 000\ 000\ \text{Hz}$，也就是 1 秒内完成了 1 000 000 个时钟周期，所以 1 个钟周期的时间为 $\dfrac{1}{1\ 000\ 000}$ s，计数的次数为 1 000，所需要的时间为 $1\ 000 \times \dfrac{1}{1\ 000\ 000}\ \text{s} = \dfrac{1}{1\ 000}\ \text{s} = 1\ \text{ms}$。

5.3.2　初始化结构体

在库函数头文件 stm32f10x_tim. h 中，有四个定时器初始化结构体，基本定时器只用到其中的 TIM_TimeBaseInitTypeDef 结构体，我们把它称为时基初始化结构体，如图 5－4 所示。

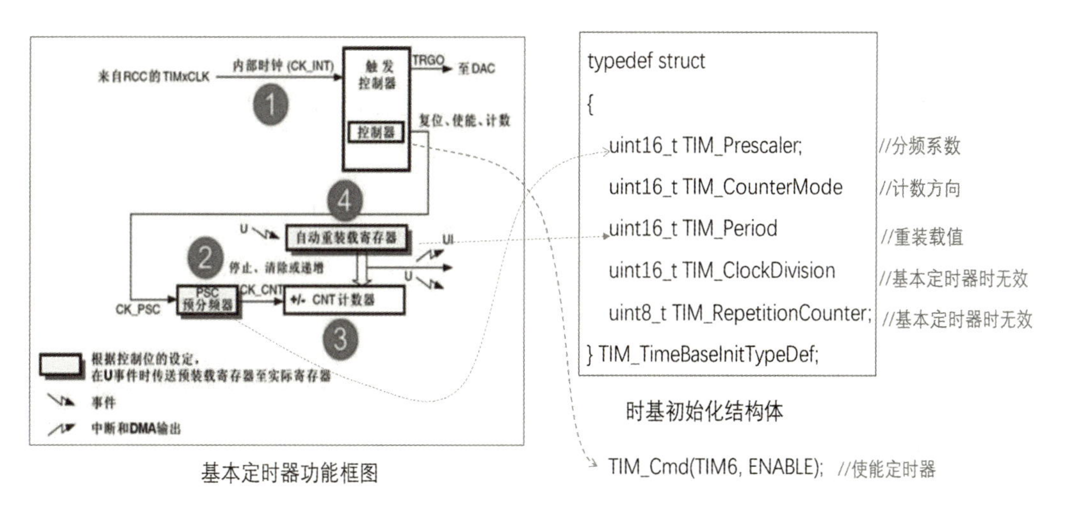

图 5－4　基本定时器功能框图与初始化结构体对照

TIM_Prescaler：该结构体成员是用来存放预分频器的值的。例如，设置分频系数为 72，代码应为 ×××. TIM_Prescaler = 71；（×××为时基初始化结构体类型的变量）。

TIM_CounterMode：该结构体成员表示计数模式，基本定时器只支持向上计数的方式。计数模式可以在 stms32f10x_tim. h 文件中查到，如下所示。

```
#define TIM_CounterMode_Up ((uint16_t)0x0000) //向上计数模式
```

TIM_Period：时基初始化结构体中的 TIM_Period 成员用来设置自动重装载寄存器的数值。

在时基初始化结构体中，TIM_ClockDivision 和 TIM_RepetitionCounter 这两个结构体成员针对高级定时器，使用基本定时器时，无须配置。

在基本定时器框图中有一个控制器，可以控制定时器的复位和使能，在程序中可以使用 TIM_Cmd 函数完成此操作，例如：TIM_Cmd(TIM6，ENABLE)；表示使能 TIM6 定时器。

5.4 定时器 PWM 呼吸灯编程实验

5.4.1 任务描述

我们之前做过一个呼吸灯的实验，是利用 GPIO + 延时技术实现的，本实验使用 PWM 的方式进行呼吸灯实验。这两种实现方式虽然技术不同，但使用的呼吸灯原理却是相同的，即改变周期内高低电平的占空比。

5.4.2 硬件设计

从图 5 - 5 中看到，红灯 LED_Red 使用了 PC8 引脚。观察该引脚上的外设，可以看到该引脚同时也是定时器 8 的 2 号通道 TIM8_CH2。同样，看到 LED_GREEN 使用 PC7 引脚，该引脚同时也是定时器 8 的 3 号通道 TIM8_CH3。通过 LED 电路原理图可知，LED 灯亮起，需要引脚为低电平；LED 灯熄灭，需要引脚为高电平。

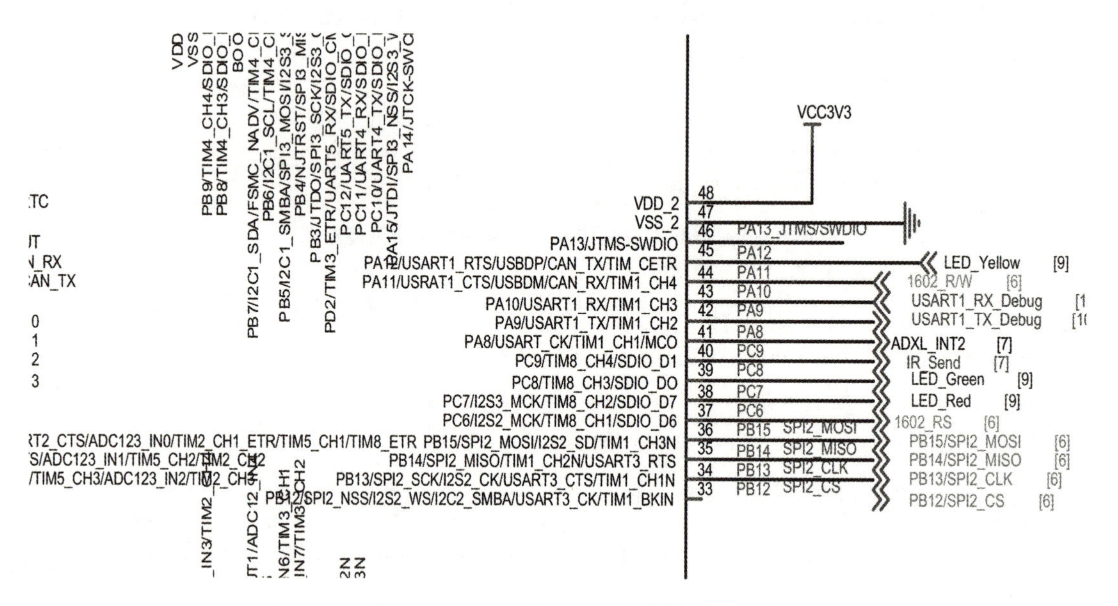

图 5 - 5　LED 和 MCU 电路原理图

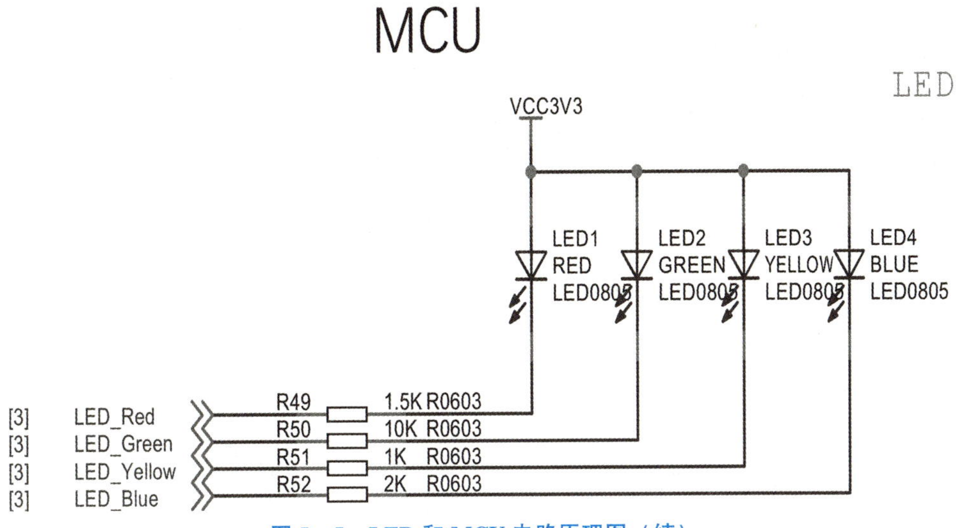

图 5-5 LED 和 MCU 电路原理图（续）

5.4.3 工程文件清单

本项目工程文件清单如下，在模板工程的 HARDWARE 目录下增加 timer. c 和 timer. h 这两个文件，如图 5-6 所示。

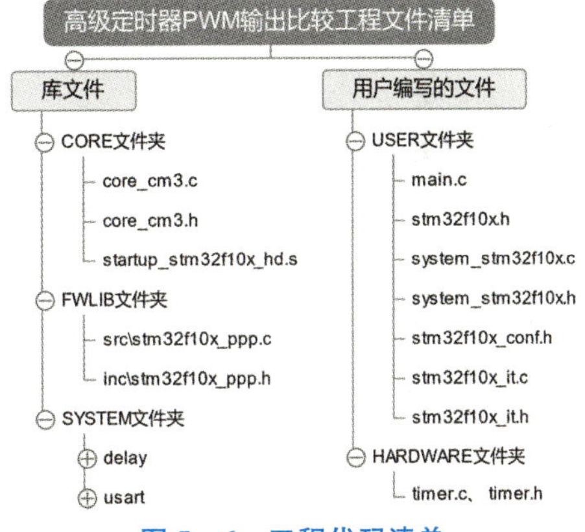

图 5-6 工程代码清单

5.4.4 编程要点

PWM 实现呼吸灯实验的编程要点：

①使能 GPIOC 和 TIM8 的时钟。

②进行时基结构体的初始化，设置周期、分频系数、计数模式。

③进行比较输出结构体的初始化，设置 PWM 模式、输出极性、使能输出，设置初始脉冲宽度。

④开启主输出状态。

⑤使能比较寄存器 CCR 的预装载功能。

⑥使能自动重装寄存器的 ARR 预装载功能。

⑦使能定时器。

5.4.5 源码剖析

1. timer. h 源码剖析

代码清单 5-5 为头文件 timer. h 的代码，该文件中，仅声明了一个函数 Timer8_Init，该函数定义在 timer. c 中，有两个参数，arr 表示重装载寄存器 ARR 的值，psc 表示分频器的值。

代码清单 5-5　timer. h 文件代码

```
1  #ifndef __TIMER_H_
2   #define __TIMER_H_
3   #include "stm32f10x.h"
4   void Timer8_Init(unsigned short arr, unsigned short psc);
5  #endif
```

2. timer. c 源码剖析

代码清单 5-6　timer. c 文件代码

```
1  #include "timer.h"
2  void Timer8_Init(unsigned short arr, unsigned short psc)
3  {
4     GPIO_InitTypeDef gpio_initstruct;
5     TIM_TimeBaseInitTypeDef timer_initstruct;//时基初始化结构体
6     TIM_OCInitTypeDef timer_oc_initstruct;//比较输出初始化结构体
7     RCC_APB2PeriphClockCmd(RCC_APB2Periph_GPIOC | \
8     RCC_APB2Periph_TIM8, ENABLE);
9     //GPIO 初始化
10    gpio_initstruct.GPIO_Mode = GPIO_Mode_AF_PP;
11    gpio_initstruct.GPIO_Pin = GPIO_Pin_7 |GPIO_Pin_8;
12    gpio_initstruct.GPIO_Speed = GPIO_Speed_50MHz;
13    GPIO_Init(GPIOC, &gpio_initstruct);

15    /* 时基初始化 */
16    //定时器频率与数字滤波采样频率的比值
17    timer_initstruct.TIM_ClockDivision = TIM_CKD_DIV1;
18    //向上计数
19    timer_initstruct.TIM_CounterMode = TIM_CounterMode_Up;
20    timer_initstruct.TIM_Period = arr;//自动重装载值
21    timer_initstruct.TIM_Prescaler = psc;//预分频器的值
22    TIM_TimeBaseInit(TIM8, &timer_initstruct);

24    /* 比较输出初始化 */
25    //选择定时器模式:TIM 脉冲宽度调制模式 1
26    timer_oc_initstruct.TIM_OCMode = TIM_OCMode_PWM1;
27    //比较输出的原始信号输出使能
28    timer_oc_initstruct.TIM_OutputState = TIM_OutputState_Enable;
29    //输出极性:TIM 比较输出极性为低电平
30    timer_oc_initstruct.TIM_OCPolarity = TIM_OCPolarity_Low;
31    //将 TIM8 使能通道上的比较寄存器 CCR 中的值
32    timer_oc_initstruct.TIM_Pulse = 0;
33    //初始化 TIM8 定时器的 2 号输出通道
34    TIM_OC2Init(TIM8, &timer_oc_initstruct);
35    //初始化 TIM8 定时器的 3 号输出通道
36    TIM_OC3Init(TIM8, &timer_oc_initstruct);
37    //MOE 主输出使能,输出处于生效状态
38    TIM_CtrlPWMOutputs(TIM8, ENABLE);
```

```
39    //使能 TIMx 在 CCR2 上的预装载寄存器
40    TIM_OC2PreloadConfig(TIM8, TIM_OCPreload_Enable);
41    //使能 TIMx 在 CCR3 上的预装载寄存器
42    TIM_OC3PreloadConfig(TIM8, TIM_OCPreload_Enable);
43    //ARPE 使能
44    TIM_ARRPreloadConfig(TIM8, ENABLE);
45    TIM_Cmd(TIM8, ENABLE);//使能 TIM8
46 }
```

代码第4~6行定义了GPIO变量、时基初始化结构体变量、比较输出初始化结构体变量。

代码第7行，由于本实验使用定时器TIM8，还使用到了PC7和PC8引脚的复用功能，所以要使能GPIOC和TIM8的外设时钟。

代码第9~13行，完成了GPIO的初始化。

代码第17行，timer_initstruct.TIM_ClockDivision = TIM_CKD_DIV1，用于设置时钟分割。其是当使用定时器的输入捕获功能或外部触发功能时，为过滤掉某些高频干扰信号而设置的采样频率。本任务不涉及这些情况，此项配置可以省略。

代码第26行，设置了PWM的工作模式为PWM1，即当计数器的值CNT < 比较寄存器器的值CCR时，PWM参考电平为有效电平。

代码第28行，timer_oc_initstruct.TIM_OutputState = TIM_OutputState_Enable，此行代码的功能是使能TIM8的原始输出信号输出通道。

高级定时器，每个输出通道会输出2路信号（原始信号、反向信号），可以查看MCU引脚，找到这些输出通道。比如TIM8_CH2表示定时器TIM8的2号通道输出的原始信号，TIM8_CH2N表示定时器TIM8的2号通道输出的反向信号。

通过观察电路原理图可知，红灯引脚PC8搭载在TIM8_CH2通道上，绿灯引脚PC7搭载在TIM8_CH3通道上，这两个通道都为原始信号通道，TIM_OutputState_Enable表示使能原始信号输出通道。

代码第30行，timer_oc_initstruct.TIM_OCPolarity = TIM_OCPolarity_Low，此行代码的功能是配置输出电平极性为低电平。由于LED灯在低电平时才亮起，所以将PWM的输出极性设置为低电平，这样就可以在PWM生效时，灯处于亮起状态。

代码第32行，timer_oc_initstruct.TIM_Pulse = 0，这行代码是设置比较寄存器的值为0，在主函数时，将通过函数的方式修改这个值。

代码第34和36行，TIM_OC2Init(TIM8, &timer_oc_initstruct)，TIM_OC3Init(TIM8, &timer_oc_initstruct)，因为红灯使用了TIM8的2号通道，绿灯使用了TIM8的3号通道，这两行代码的功能是分别初始化TIM8定时器的2号输出通道和3号输出通道。

代码第38行，TIM_CtrlPWMOutputs(TIM8, ENABLE)，此行代码的含义是使能主输出功能。对于高级定时器来说，只有配置了该项，输出通道（原始信号输出、反向信号输出）才可以打开，所以，对于高级定时器来说，这行代码是必需的。如果使用通用定时器的比较输出功能，就不能写这行代码，否则程序出错。该函数的使用说明见表5-6。

表 5-6　TIM_CtrlPWMOutputs 函数使用说明

函数名	TIM1_CtrlPWMOutputs
函数原形	void TIM1_CtrlPWMOutputs(TIM_TypeDef * TIMx, FunctionalState Newstate)
功能描述	使能或者失能 TIM1 的主输出
输入参数 1	TIMx：x 可以是 1 或 8，用于选择 TIM 外设
输入参数 2	NewState：外设 TIM1 主输出的新状态 这个参数可以取 ENABLE 或者 DISABLE
输出参数	无
返回值	无

代码第 40、42 行：TIM_OC2PreloadConfig(TIM8, TIM_OCPreload_Enable), TIM_OC3PreloadConfig(TIM8, TIM_OCPreload_Enable)，使能比较寄存器 CCR 的预装载寄存器。

CCR 的预装载寄存器可以看作 CCR 的代理官。如果使能了预装载寄存器，对 CCR 的读写就是和这个代理官打交道。只有在定时器溢出更新时，才将值写入真正的 CCR 内。该函数的使用说明见表 5-7（以 TIM_OC2PreloadConfig 为例）。对于本实验，这两行代码也可以省略。

表 5-7　TIM_OC2PreloadConfig 函数使用说明

函数名	TIM_OC2PreloadConfig
函数原形	void TIM_OC2PreloadConfig(TIM_TypeDef * TIMx, u16 TIM_OCPreload)
功能描述	使能或者失能 TIMx 在 CCR2 上的预装载寄存器
输入参数 1	TIMx：x 可以是 1~5 或者 8，用于选择 TIM 外设
输入参数 2	TIM_OCPreload：输出比较预装载状态 参阅 Section：TIM_OCPreload，查阅更多该参数的允许取值范围
返回值	无

代码第 41 行，TIM_ARRPreloadConfig(TIM8, ENABLE)，该函数的功能为开启自动重装载寄存器的预装载功能，当开启预装载时，对 ARR 的改变将立即生效；禁止预装载时，要等到定时器发生下一次溢出更新时才生效。该函数的使用说明见表 5-8。本实验不需要动态修改预装载寄存器 ARR，所以对于本实验，此行代码也可以省略。

表 5-8　TIM_ARRPreloadConfig 函数使用说明

函数名	TIM_ARRPreloadConfig
函数原形	void TIM_ARRPreloadConfig(TIM_TypeDef * TIMx, FunctionalState Newstate)
功能描述	使能或者失能 TIMx 在 ARR 上的预装载寄存器

续表

函数名	TIM_ARRPreloadConfig
输入参数 1	TIMx：x 可以是 1~8，用于选择 TIM 外设
输入参数 2	NewState：TIM_CR1 寄存器 ARPE 位的新状态 这个参数可以取 ENABLE 或者 DISABLE
输出参数	无
返回值	无

代码第 42 行，TIM_Cmd(TIM8，ENABLE)，此代码的功能是使能定时器 8，也就是让定时器启动，开始计数。该函数的使用说明见表 5-9。

表 5-9　TIM_Cmd 函数使用说明

函数名	TIM_Cmd
函数原形	void TIM_Cmd(TIM_TypeDef * TIMx，FunctionalState NewState)
功能描述	使能或者失能 TIMx 外设
输入参数 1	TIMx：x 可以是 1~8，用于选择 TIM 外设
输入参数 2	NewState：外设 TIMx 的新状态 这个参数可以取 ENABLE 或者 DISABLE
输出参数	无
返回值	无

3. main. c 源码剖析

代码清单 5-7　main. c 文件代码

```
1   #include "stm32f10x.h"
2   #include "delay.h"
3   #include "led.h"
4   #include "timer.h"
5   int main(){
6    delay_init();
7    Timer8_Init(250,71);
8    TIM_SetCompare2(TIM8,0);
9    TIM_SetCompare3(TIM8,0);
10  //NVIC_PriorityGroupConfig(NVIC_PriorityGroup_2);
11    int16_t pwm_value = 0,dir =1;
12    while(1)
13    {
14       delay_ms(6);
15      if(dir) pwm_value ++;//变亮过程(吸气)
```

```
16        else pwm_value --;//变暗过程(呼气)
17        if(pwm_value >250) dir =0;//呼气
18        if(pwm_value ==0) dir =1;//吸气
19        TIM_SetCompare3(TIM8, pwm_value);
20        TIM_SetCompare2(TIM8, pwm_value);
21    }
22 }
```

代码第 7 行，Timer8_Init(250，71)，此函数就是 timer. c 中自定义的 TIM8 初始化函数，它的第一个参数设置重装载寄存器 ARR 的值为 250，第二个参数设置分频器的值为 71。由此可知，定时器的频率为$\frac{72\ \text{MHz}}{71+1}=1\ \text{MHz}$，也就可以算出，定时器的时钟周期为 1 μs。而重装载寄存器 ARR 的值为 250，这样 PWM 方波的周期就是 250 μs。

代码第 15～16 行，修改变量 pwm_value 的值，此值表示脉冲的宽度，它的范围为 0～250，此值将作为比较寄存器 CCR 的值。

代码第 17～18 行，这两行代码用于确定呼吸状态，它决定了 pwm_value 是逐步递增还是逐步递减。

代码 19～20 行中，TIM_SetCompare2、TIM_SetCompare3 这两个函数的作用是将比较寄存器 CCR2 和 CCR3 的值修改为 pwm_value。此函数的使用说明见表 5－10（仅以 TIM_SetCompare2 为例）。

表 5－10　TIM_SetCompare2 函数使用说明

函数名	TIM_SetCompare2
函数原形	void TIM_SetCompare2(TIM_TypeDef * TIMx, u16 Compare2)
功能描述	设置 TIMx 捕获比较 2 寄存器值
输入参数 1	TIMx：x 可以是 1～5 或者 8，用于选择 TIM 外设
输入参数 2	Compare2：捕获比较 2 寄存器新值
输出参数	无
返回值	无

综合以上代码分析，可以看出，在“吸气”过程中，比较寄存器 CCR 的值不断增大，这样在每个周期（250 μs）内，亮灯的时间不断增加，人眼看上去，就会觉得灯在慢慢变亮。

在“呼气”过程中，比较寄存器 CCR 的值不断减小，这样在每个周期（250 μs）内，灯亮的时间在不断减少，人眼看上去，就会觉得灯在慢慢变暗。

5.4.6　下载验证

完成编码后，进行编译和调试，排除编程中出现的各种错误，使用 stlink 连接开发板，

将编译成功的程序下载到开发板。将开发板断电重启，此时就会发现红色 LED 灯和绿色 LED 灯有呼吸灯的效果了。

5.5　通用/高级定时器简介

5.5.1　通用/高级定时器功能框图

在学习 PWM 之前，需要对高级/通用定时器进行必要的了解。高级定时器（TIM1 和 TIM8）和通用定时器（TIM2 ~ TIM5）在基本定时器的基础上引入了外部引脚，可以实现输入捕获和比较输出功能。高级定时器比通用定时器增加了可编程死区互补输出、重复计数器、带刹车（断路）功能，这些功能都是针对工业电机控制方面的。通用/高级定时器的功能框图如图 5 -7 所示。

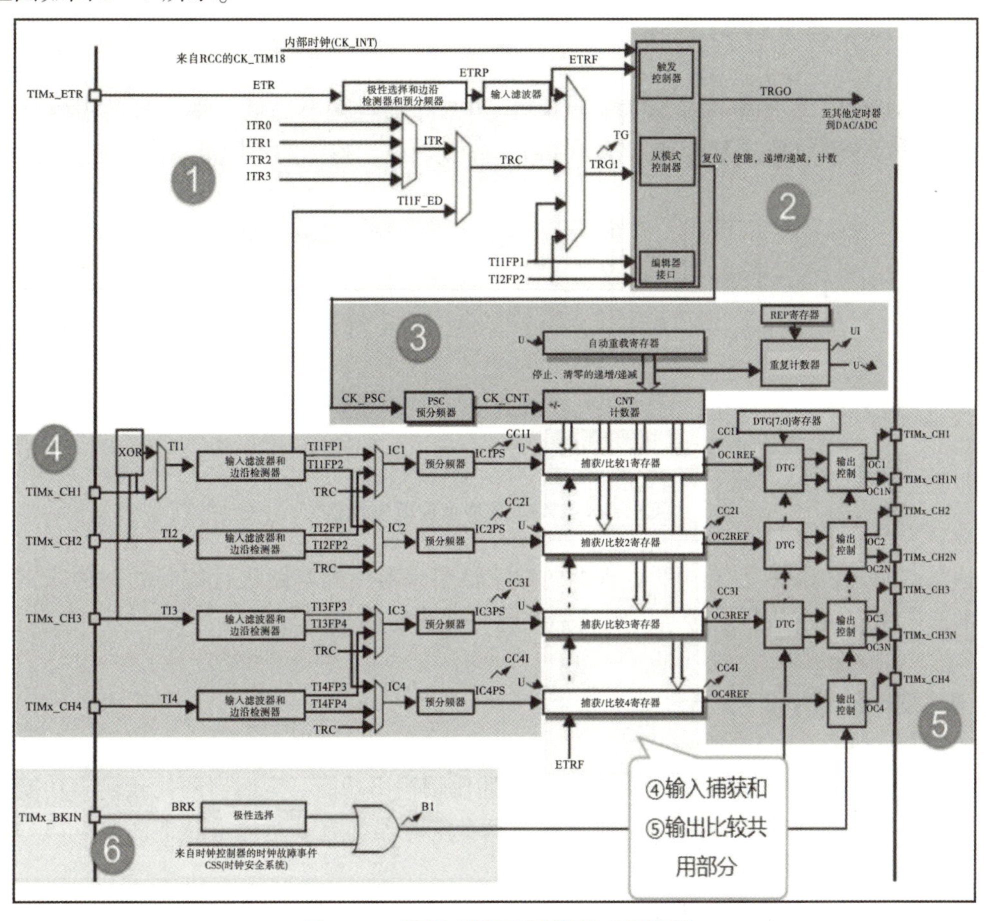

图 5 -7　通用/高级定时器的功能框图

通用/高级定时器的主要功能由六大部分组成，分别是：①时钟源选择、②定时器控制、③时基单元、④输入捕获、⑤输出比较、⑥断路功能。这里重点介绍比较输出这一部分。

5.5.2 时钟源选择

区域 1 为时钟源选择区，定时器要工作，肯定少不了时钟，高级/通用定时器有四个时钟模式可选，下面对时钟源进行说明。

内部时钟源 CK_INT，这个时钟是来自芯片内部的系统时钟，通常为 72 MHz，我们在学习基本定时器时，已经使用到这个时钟源了。在通用或高级定时器的使用中，一般情况下，还是使用这个时钟源。

外部时钟模式 1：外部输入引脚 TIMx(x = 1、2、3、4)，时钟信号来自外部的输入通道。高级定时器和通用定时器的每个定时器都有 4 个输入通道。

外部时钟模式 2：外部触发输入 ETR。

内部触发输入（ITRx）：内部触发是使用一个定时器作为另一个定时器的预分频器。

本项目中，使用内部时钟（CK_INT）作为定时器的时钟来源。

5.5.3 什么是 PWM

什么是 PWM？它的全称是脉冲宽度调制。PWM 通过调节高低电平信号的占空比，形成不同脉宽的波形信号。图 5 –8 就是利用 PWM 调制技术得到的不同形状的方波信号。

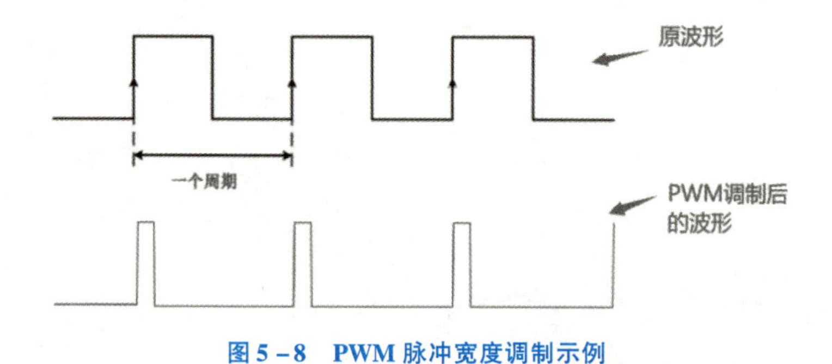

图 5 –8 PWM 脉冲宽度调制示例

脉宽调制（PWM）是利用微处理器的数字输出来对模拟电路进行控制的一种非常有效的技术，广泛应用在从测量、通信到功率控制与变换的许多领域中。

5.5.4 比较输出

要输出 PWM 方波信号，需要用到定时器的比较输出功能。定时器的比较输出功能图如图 5 –9 所示。高级定时器和通用定时器中，每个定时器都有 4 个通道。下面仅以第一个通道为例进行讲解。

图 5 –9 中，①处为自动重载寄存器 ARR，这个寄存器中存放计数器能计数的最大值，该值取值范围为 1 ~ 65 535。在讲基本定时器时，已经对它进行了介绍。

②处为计数器 CNT，用来存放计数器内的当前值，功能与基本定时器中的计数器相同。

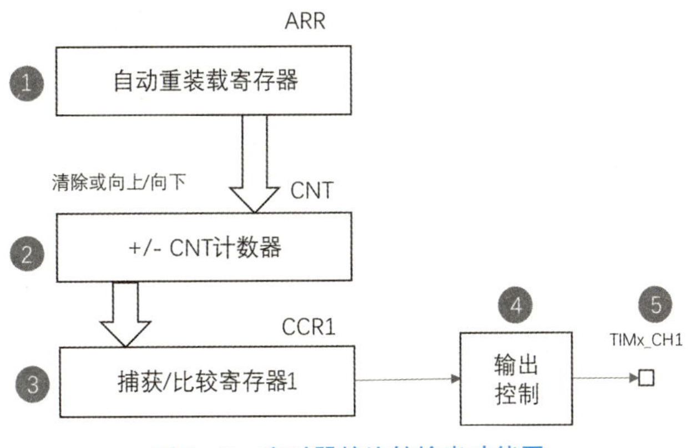

图 5－9　定时器的比较输出功能图

③处为捕获/比较寄存器 CCRx。高级定时器（TIM1、TIM8）和通用定时器（TIM2～TIM5）都有四个输入通道和四个输出通道。每个通道（所谓通道，就好比银行柜台的窗口，每个窗口都可以办理业务）对应一个捕获/比较寄存器。需要使用哪个通道，需要通过程序来确定。

定时器在运行过程中，每当计数器的值 CNT 变化时，都将它与比较寄存器 CCRx 的值进行比较，当 CNT 的值达到 CCRx 的值时，将切换 PWM 参考电平信号，所以 CCRx 的值就决定了 PWM 信号的占空比，ARR 决定了 PWM 的周期，这就是定时器实现 PWM 波形调制的基础构架。

④处是一个比较输出使能电路，相当于电平输出前的最后一道关口。只有输出使能时，引脚上才能得到最终电平信号。

⑤处是定时器的输出通道所在的引脚，大部分的定时器输出通道都是复用了 GPIO 引脚。

5.5.5　比较输出的输出控制

从图 5－10 中可以看出定时器的比较输出的控制过程，首先是在输出控制器中，要配置 PWM 模式，PWM 的参考电平 oc1ref 从输出模式控制器出来后，到达了信号输出电路部分，高级定时器的第 1、2、3 通道有原始信号和反向信号（也称为互补输出）两路信号。通用定时器和高级定时器的第 4 通道没有反向信号。

以原始信号支路为例进行讲解，CC1P 是一个选择器，这个选择器有高电平和低电平两个选择，在这里需要配置引脚的输出极性，也就是说，当 PWM 有效时，原始信号支路将在引脚上输出高电平，还是输出低电平。

配置好输出极性后，信号到达了输出使能电路，只有使能了输出电路，信号才能到达最终的引脚。

在图 5－10 中，提供了比较输出初始化的部分代码，对照代码和框图，就应该看明白，初始化结构体的过程就是对输出控制的配置过程。在编写代码的过程中，脑海中要有这部分的功能框图，编程时就会思路清晰，游刃有余。

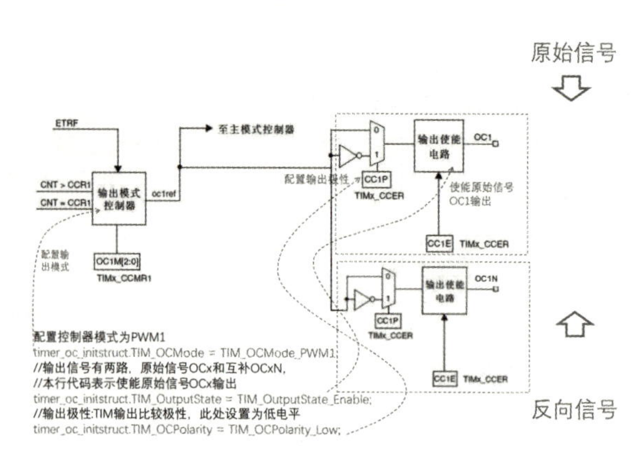

图 5－10　比较输出的输出控制框图

说明：高级定时器 TIM1 和 TIM8 的通道 1、通道 2、通道 3，每个输出通道有 2 路输出信号，即原始输出信号和反向（互补）输出信号。通用定时器 TIM2 ~ TIM5，以及高级定时器的通道 4，没有反向（互补）输出信号，见表 5－11。

表 5－11　高级/通用定时器引脚分布

通道/定时器	高级定时器		通用定时器			
	TIM1	TIM8	TIM2	TIM5	TIM3	TIM4
CH1	PA8/PE9	PC6	PA0/PA15	PA0	PA6/PC6/PB4	PB6/PD12
CH1N	PB13/PA7/PE8	PA7				
CH2	PA9/PE11	PC7	PA1/PB3	PA1	PA7/PC7/PB5	PB7/PD13
CH2N	PB14/PB0/PE10	PB0				
CH3	PA10/PE13	PC8	PA2/PB10	PA2	PB0/PC8	PB8/PD14
CH3N	PB15/PB1/PE12	PB1				
CH4	PA11/PE14	PC9	PA3/PB11	PA3	PB1/PC9	PB9/PD15
ETR	PA12/PE7	PA0	PA0/PA15		PD2	PE0
BKIN	PB12/PA6/PE15	PA6				

5.5.6　PWM 模式

通用/高级定时器的计数器 CNT 有 3 种计数模式，分别是向上计数（0→最大值）、向下计数（最大值→0）、中心对齐（0→最大值→0）。

PWM 有两种模式，分别是 PWM1 和 PWM2，见表 5－12。

表 5－12　PWM1 和 PWM2 的区别

模式	计数器 CNT 计算方式	说明
PWM1	递增	CNT < CCR，通道 CH 为有效，否则为无效
	递减	CNT > CCR，通道 CH 为无效，否则为有效
PWM2	递增	CNT < CCR，通道 CH 为无效，否则为有效
	递减	CNT > CCR，通道 CH 为有效，否则为无效

为了能更直观地解释 PWM1 模式和 PWM2 模式的区别，可以观察图 5－11。

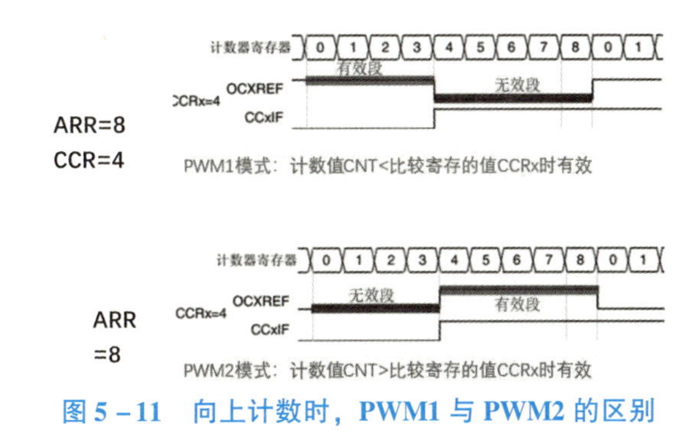

图 5－11　向上计数时，PWM1 与 PWM2 的区别

图 5－11 中，自动重装载寄存器 ARR 的值 = 8，CCR = 4。PWM1 模式下，CNT≤CCR 时，PWM 的参考电平 OCXREF 为有效的高电平；而 PWM2 模式下，PWM 的参考电平 OCXREF 为无效的低电平。到底是选择 PWM1 模式还是选择 PWM2 模式，这要根据需求而定，一般情况下选哪一种模式都可以。图 5－11 中的 CCxIF 是一个中断标志位，当 CNT = CCR 时，这个中断位被标志为 1，也就是说，可以在此刻进行中断处理。本实验中不需要处理这个中断。

5.6　初始化结构体介绍

前面对 PWM 的理论知识进行了铺垫，下面将接触代码部分。PWM 应用需要用到两个结构体，分别是 TIM_TimeBaseInitTypeDef 和 TIM_OCInitTypeDef，分别用于对时基单元和比较输出单元进行配置。其中，TIM_TimeBaseInitTypeDef 在前一个项目中已经使用过，这里再次进行简要概括和补充。

1. TIM_TimeBaseInitTypeDef

时基结构体 TIM_TimeBaseInitTypeDef 用于对定时器的时基单元进行参数设置，它需要与 TIM_TimeBaseInit 函数配合使用完成配置。

代码清单 5－8　定时器基本初始化结构体

```
1   typedef struct
2   {
```

```
3     uint16_t TIM_Prescaler;
4     uint16_t TIM_CounterMode;
5     uint16_t TIM_Period;
6     uint16_t TIM_ClockDivision;
7     uint8_t TIM_RepetitionCounter;
8   } TIM_TimeBaseInitTypeDef;
```

TIM_Prescaler：它是定时器预分频器的值，时钟源经过预分频器后的时钟信号才可以为定时器所用。

TIM_CounterMode：定时器计数方式，可设置为向上计数、向下计数以及中心对齐。通用/高级控制定时器允许选择任意一种。

TIM_Period：定时器周期，它用来设定自动重载寄存器 ARR 的值，可设置范围为 0～65 535。

TIM_ClockDivision：时钟分割，设置定时器时钟 CK_INT 频率与死区发生器以及数字滤波器采样时钟频率分频比。可以选择 1、2、4 分频。滤波的目的是保障输入时钟信号的质量，去除高频噪声信号。当采用内部时钟时，此项不起作用。

TIM_RepetitionCounter：重复计数器，只有 8 位，只用于高级定时器，每完成一轮计数，重复计数器加 1。本实验未使用重复计数器，可不必配置。

2. TIM_OCInitTypeDef

输出比较结构体 TIM_OCInitTypeDef 用来对输出比较功能进行配置，它需要与 TIM_OCxInit 函数配合使用，才能完成某个定时器输出通道的初始化。

代码清单 5－9　定时器比较输出初始化结构体

```
1   typedef struct {
2     uint16_t TIM_OCMode;  //比较输出模式
3     uint16_t TIM_OutputState;  //比较输出使能原始信号
4     uint16_t TIM_OutputNState;  //比较互补输出反向信号使能
5     uint32_t TIM_Pulse;  //脉冲宽度,即比较寄存器的值
6     uint16_t TIM_OCPolarity;  //输出极性
7     uint16_t TIM_OCNPolarity;  //互补输出极性
8     uint16_t TIM_OCIdleState;  //空闲状态下比较输出状态
9     uint16_t TIM_OCNIdleState;  //空闲状态下比较互补输出状态
10  } TIM_OCInitTypeDef;
```

TIM_OCMode：比较输出模式，总共有 8 种，常用的为 PWM1 或 PWM2，其他模式可查阅《STM32 中文参考手册》。

TIM_OutputState：比较输出使能，决定最终的原始输出比较信号 OCx 是否通过外部引脚输出。

TIM_OutputNState：比较互补输出使能，决定 OCx 的反向信号（互补信号）OCxN 是否通过外部引脚输出。只有使用高级定时器 TIM1 和 TIM8 的输出通道 1、2、3 时，该配置才有效。

TIM_Pulse：比较输出脉冲宽度，它设定了比较寄存器 CCR 的值，决定脉冲宽度，可设置范围为 0～65 535。

TIM_OCPolarity：设置原始信号的输出极性，它决定了 PWM 有效时，原始信号支路输出的电平是高电平还是低电平。

TIM_OCNPolarity：设置反向信号的输出极性，它决定了 PWM 有效时，反向信号（也叫互补信号）支路输出的电平是高电平还是低电平。只有使用高级定时器 TIM1 和 TIM8 的输出通道 1、2、3 时，该配置才有效。

TIM_OCIdleState 和 TIM_OCNIdleState：用于配置死区空闲状态的电平状态，无死区控制时不用配置。本实验不使用死区控制，所以不用配置。

习题与测验

1. 单词翻译。

system ____________ tick ____________ enable ____________ source ____________

count ____________ flag ____________ load ____________ value ____________

calibration ____________

2. 配置寄存器 STK_CTRL，要求如下：启动 Sys_Tick 定时器，倒计时到 0 时无动作，时钟源来自 AHB/8。写出此时寄存器的值（以 16 进制形式表示）。

____

____

3. 判断 STK_CTRL 的第 16 位是否是 1（寄存器位都是从第 0 位开始）。写出 C 语言的表达式。

____

____

4. 程序填空。

```
1. //函数功能:延时 1 微秒,要求时钟源为 HCLK/8
2. void delay_us(u32 uS)
3. {
4. SysTick->CTRL =               ; //时钟源 HCLK/8,打开定时器
5. SysTick->LOAD =               ;
6. SysTick->VAL =             ;          //清空定时器的计数器
7. while(                              ); //等待计数到 0
8. SysTick->CTRL =                ; //关闭定时器
9. }
```

模块 6

串口收发通信

通信，按照传统的理解就是信息的传输与交换。对于像 STM32 这样的单片机来说，通信则与传感器、存储芯片、外围控制芯片等技术紧密结合，成为整个单片机系统的“神经中枢”。没有通信，单片机所实现的功能仅仅局限于单片机本身，无法通过其他设备获得有用信息，也无法将自己产生的信息告诉其他设备。如果单片机通信没处理好的话，它和外围器件的合作程度就受到限制，最终整个系统也无法完成强大的功能，由此可见单片机通信技术的重要性。UART（Universal Asynchronous Receiver/Transmitter，即通用异步收发器）串行通信是单片机最常用的一种通信技术，通常用于单片机和电脑之间、单片机和单片机之间、单片机与外围器件的通信。

学习目标

1. 知道通信基本概念的含义。
2. 理解通信机制中物理层和协议层分离的理念。
3. 学会配置 STM32 的串口功能。
4. 了解 printf( ) 函数“打印”至串口的实现过程。
5. 掌握使用串口调试软件对单片机的调试方法。

6.1 USART 收发通信实验

我们经常使用 USART 来实现 STM32 与电脑之间的数据传输，这使得调试程序非常方便，比如可以把一些变量的值、函数的返回值、寄存器标志位等通过 USART 发送到串口调试助手，这样可以非常清楚程序的运行状态，当正式发布程序时，再把这些调试信息去除即可。我们不仅可以将数据发送到串口调试助手，还可以在串口调试助手中发送数据给 STM32，程序根据接收到的数据进行下一步工作。

6.1.1 任务描述

通过本实验，测试和体验串口最基本的发送和接收效果，如图 6－1 所示。

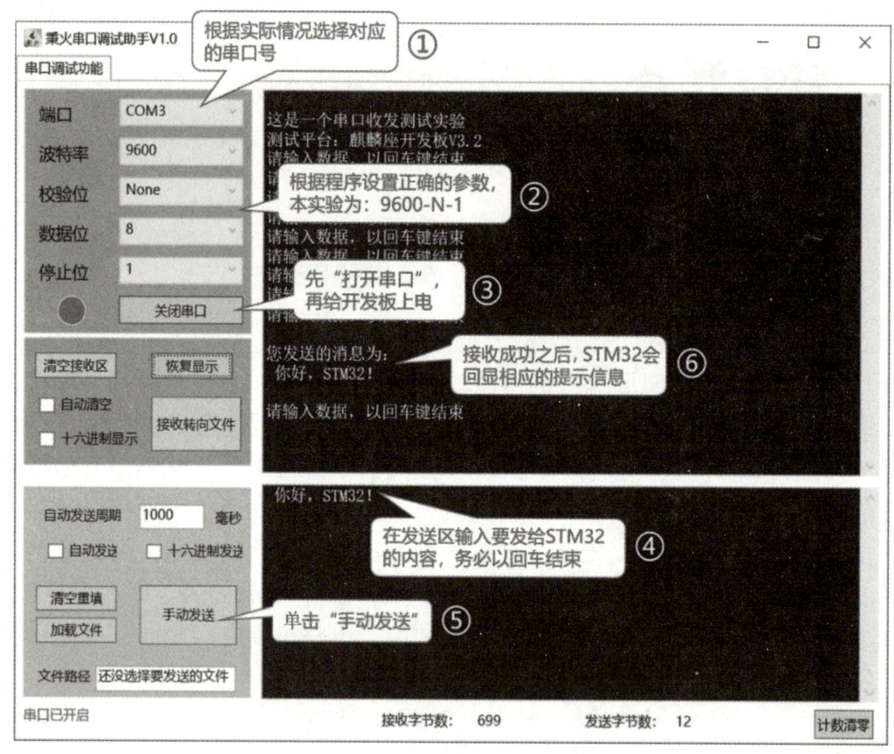

图 6-1　串口收发实验现象

首先，通电之后在串口助手上“打印”开机信息；接着，开发板进入等待接收串口数据的状态，并每隔 2 s“打印”等待数据的提示信息；如果在串口助手发送区域输入任意内容（以回车结束），单击“手动发送”按钮，则在串口助手接收区回显相同的信息。工作期间，绿色 LED 一直闪烁，表明程序正在运行。

6.1.2　工程文件清单

综上所述，串口数据的收发对于 STM32 的开发来说，算得上是一种“标配”功能，这就是为什么从第一个实验开始就在工程 SYSTEM 目录下放了一个 usart 子目录，里面包含了 usart. c 和 usart. h 两个文件，用于串口的初始化和中断接收。现在，是时候结合以上知识来剖析这两个文件里的代码了，我们把本实验的工程文件清单列在图 6-2 中。

USART收发通信工程文件清单
库文件
CORE文件夹
core_cm3.c
core_cm3.h
startup_stm32f10x_hd.s
FWLIB文件夹
src\stm32f10x_ppp.c
inc\stm32f10x_ppp.h
SYSTEM文件夹
delay
usart
usart.c、usart.h
串口初始化与中断配置
用户编写的文件
USER文件夹
main.c
stm32f10x.h
system_stm32f10x.c
system_stm32f10x.h
stm32f10x_conf.h
stm32f10x_it.c
stm32f10x_it.h
HARDWARE文件夹
led.c、led.h
实验效果需要LED配合，故保留

图 6-2　USART 收发通信实验工程文件清单

6.1.3　硬件电路

本实验只用到了 USART1 这个串口，硬件连接和配置上只关注该串口即可。

6.1.4　编程要点

①使能 RX 和 TX 引脚 GPIO 时钟和 USART 时钟；
②初始化 GPIO，并将 GPIO 复用到 USART 上；
③配置 USART 参数；
④配置中断控制器并使能 USART 接收中断；
⑤使能 USART；
⑥在 USART 接收中断服务函数实现数据接收和发送。

6.1.5　代码剖析

usart. c 和 usart. h 这两个文件的源码来自正点原子 STM32 系列的开发板，版权归广州市星翼电子科技有限公司所有。根据笔者自己的开发和教学经验，在 STM32 串口驱动的完整性和可移植性方面，正点原子的确做得非常优秀，我们不妨学习一下其优秀之处。先声明一点，这里只讲解必要代码，去掉了与 UCOSII 有关的内容，完整代码请参考本实验配套的工程。

1. usart. h 源码剖析

如代码清单 6 – 1 所示，usart. h 的代码量很小，但背后的信息量还是挺大的。源码中仅给了简要注释，详细的阐释见代码清单后的注解，阅读时最好结合 usart. c 的源码一起来看。

代码清单 6 – 1　usart. h 源码

```
1   #ifndef __USART_H_
2   #define __USART_H_
3   #include "stdio.h"       //为了使用 printf()函数
4
5   /*********************** 参数宏定义 ***********************/
6   #defineUSART_REC_LEN       200   //定义一次最大接收字节数
7   #defineEN_USART1_RX        1     //使能(1)/禁止(0)串口 1 接收
8
9   /********************** 全局变量声明 *********************/
10  //用来存放一次接收到的数据缓冲区,长度为最大字节数,末字节为换行符
11  extern u8 USART_RX_BUF[USART_REC_LEN];
12  //接收状态标记
13  extern u16 USART_RX_STA;
14
15  /*********************** 函数声明 ************************/
16  void uart_init(u32 bound);        //串口初始化函数声明,参数为波特率
17  #endif
```

第 3 行的 stdio. h 这个头文件大家肯定不陌生，这是标准 C 语言的输入/输出库，我们把它包含进来是为了使用经典的 printf( ) 函数，其用意估计大家也猜到了，那就是“打印”

信息，这不就是本模块的主要目的吗？但这里还有两个问题需要解决：第一，标准库里的 printf()是向显示器这个标准输出设备“打印”信息，而我们却希望向串口这个设备“打印”信息，这里便涉及一个“重定向”的问题；第二，stdio.h 是标准 C 语言库里才有的头文件，但是 STM32 硬件和 Keil 软件究竟是否支持这个库，这里又涉及一个“半主机调试”模式的问题。关于这两个问题，我们会结合 usart.c 的源码来解释。

第 6 行定义的宏用来规定串口一次能接收的长度（即字节数），这个数不宜太大，否则一次接收太多内容可能存在数据包丢失的情况。那么，如果实际接收内容的长度超过了这个规定值，该怎么办呢？我们会在接收数据的中断程序中进行处理，分多次接收即可。

第 7 行定义的宏将配合 usart.c 文件里的条件编译决定是否开启串口接收的功能。一般情况下，如果只是使用串口“打印”调试信息，是不需要启用接收功能的，把这个宏的值改为 0 即可。

第 11 行声明了一个字符数组，用来存放串口一次接收的内容。

第 13 行声明的变量是 u16 类型的，它的 16 个 bit 位表示的信息如图 6－3 所示。这里有必要阐明的一点是，我们习惯的回车效果在 ASCII 码里其实是用“回车＋换行”两个字符表示的，把这两个字符的相关信息汇总到表 6－1 中。结合 USART_RX_STA 变量的含义可知，串口接收的内容如果遇到了回车，表示这次接收的结束。同理，如果想通过 printf()函数“打印”出回车效果，那么就需要“\r\n”连续两个转义字符来实现。

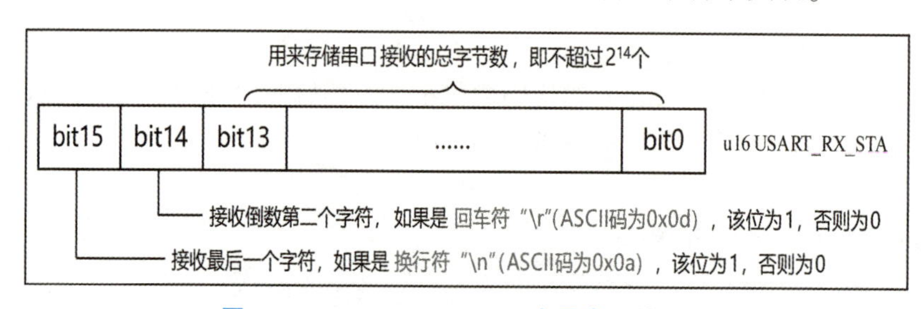

图 6－3　USART_RX_STA 变量表示的信息

表 6－1　ASCII 码中的回车与换行符

ASCII 码值	控制字符	控制效果	在 C 语言里的转义字符
10（0x0a）	LF（line feed）	换行	\n
13（0x0d）	CR（carriage return）	回车	\r

2. usart.c 源码剖析

usart.c 源码较多，为了便于阅读，将其大致分为三个代码段，如代码清单 6－2 所示。下面将分别剖析每个代码段，连续完整的代码请参考本实验配套的工程。

代码清单 6－2　usart.c 的三个代码段

```
1   #include "usart.h"
2   /*** 代码段 1:支持 printf()函数,而不需要选择 use MicroLIB *** /
3   /*** 代码段 2:USART1 串口的 GPIO、NVIC 及本身工作参数的初始化 *** /
4   /*** 代码段 3:USART1 中断服务函数 *** /
```

➤ 代码段 1

这段代码有些抽象，初学者看不懂也不要紧。总之，你只需要明白，有了这段代码，printf( )函数“打印”的信息就到 USART1 串口上去了。

代码清单 6 – 3　usart. c 的代码段 1

```
1   //加入以下代码,支持 printf()函数,而不需要选择 use MicroLIB
2   #if 1
3   #pragma import(__use_no_semihosting)    //关闭"半主机模式"
4
5   //标准库需要的支持函数
6   struct __FILE {
7       int handle;
8   };
9   FILE __stdout;
10
11  //定义_sys_exit(),以避免使用半主机模式
12  void _sys_exit(int x) {
13      x = x;
14  }
15
16  //重定义 fputc 函数
17  int fputc(int ch, FILE * f)
18  {
19      while((USART1 ->SR&0x40) ==0);    //循环发送,直到发送完毕
20      USART1 ->DR = (u8)ch;             //将字符填入数据寄存器
21      return ch;
22  }
23
24  #endif
```

第 3 行声明提到的半主机是这么一种机制：它使得在 ARM 目标上运行的代码，如果电脑运行了调试器，那么该代码可以使用该主机电脑的输入/输出设备。这一点非常重要，因为开发初期，开发者可能根本不知道该 ARM 器件上有什么输出设备，而半主机机制使得你不必知道 ARM 器件的外设，利用电脑的外设就可以实现输出调试。所以要利用目标 ARM 器件的输出设备，首先要关掉半主机机制。然后再将输出重定向到 ARM 器件上，也就是我们期望的 printf( )函数输出重定向到 USART1 串口。

那么如何实现重定向呢？第 16 ~ 22 行重写的 fputc( )函数即可实现，因为如果你研究过 printf( )函数的源码，就会发现其内部调用了标准库里的 fputc( )函数。而我们现在自定义了一个与之同名的函数，那么 printf( )函数会调用哪个呢？标准库里的？自定义的？还是编译报错呢？答案是默认使用自定义的。于是我们在 fputc ( ) 函数内部将输出的字符指向 USART1 的数据寄存器即可。

第 19 行的等待发送完毕是通过读取 USART1 –> SR 状态寄存器里的 TC 位来实现的。我们把手册里对这个寄存器的描述摘录过来，如图 6 – 4 所示。TC 位正好与 0x40 (01000000) 里的那个 1 在相同位置，(USART1 –> SR&0x40) = = 0 意味着 TC 位为 0，说明发送未完成，停在对应的 while 循环里。如果发送完成，TC 位变成 1，while 循环退出。由

此实现了“循环发送，直到发送完毕”。

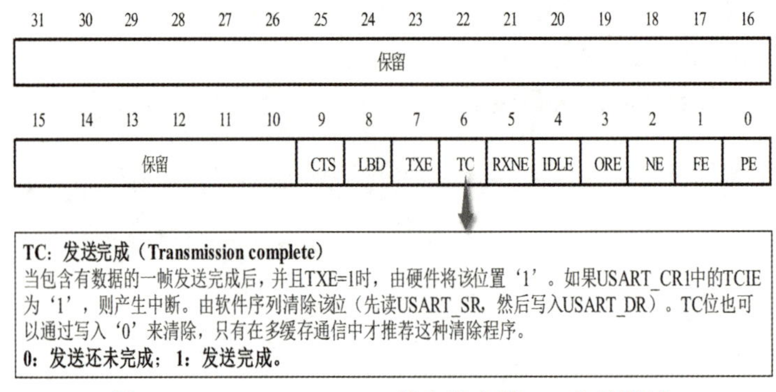

图 6－4　USART1 －> SR 状态寄存器 TC 位的描述

第 20 行的 USART1 －> DR 是数据寄存器，如果是发送，把待发送的字符填入该寄存器，之后会借助移位寄存器将数据一位一位地发送出去；如果是接收，移位寄存器会将接收到的数据一位一位地填入该寄存器。因此，USART1 －> DR 这个数据寄存器是收发共用的，会根据程序的需要自动改变数据方向。关于该寄存器的详细描述，请参考 STM32 数据手册。

我们再回到与“半主机”有关的代码上，为确保没有从 C 语言库链接使用半主机的函数，stdio. h 中有些使用半主机的函数要重新写，于是就有了第 5～14 行代码。至于为何这么写，有兴趣的朋友可以阅读 ARM 官方的两个文档《RealView 编译工具开发指南》和《ARM Developer Suite Compilers and Libraries Guide》，内容较多，理解起来也有难度。

最后，我们再补充一个 Keil 编译中“使用微库”的问题，即第 1 行注释里提到的“use MicroLIB”，它其实是 Keil 编译器的一个配置选项，如图 6－5 所示。若勾选此项，第 1～14 行代码也就不需要了，只需要留下重定向 fputc( ) 函数的代码即可。因此，如果你看到有的 STM32 工程的串口“打印”没有出现类似的代码段，不妨看一下是否勾选了此项。

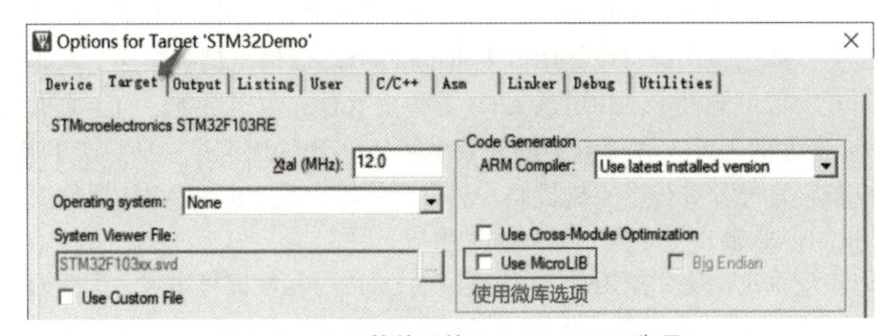

图 6－5　Keil 软件里的 Use MicroLIB 选项

微库可以看作缺省标准 C 语言库的备选库，它用于必须在极少量内存环境下运行的嵌入式应用程序，只保留了标准库里的一些常用功能，在一定程度上方便了程序的开发和移植，毕竟标准库是成熟和通用的。当然，也有弊端，使用微库编译出来的代码量会比较大，感兴趣的朋友可以在做完本实验之后，使用微库再编译一次，看看代码量究竟差了多少。

➢ 代码段 2

这段代码主要是一个串口初始化函数 uart_init( )，完成 USART1_TX 和 USART1_RX 两个引脚的 GPIO 初始化、USART1 串口中断的初始化以及串口自身参数的初始化，源码见代码清单 6－4。

代码清单 6－4　usart.c 的代码段 2

```
1    #if EN_USART1_RX                        //如果使能了 USART1 接收
2    u8 USART_RX_BUF[USART_REC_LEN];         //接收缓冲区
3    u16 USART_RX_STA = 0;     //接收状态标记
4
5    /* --------------- 串口初始化函数 --------------- */
6    void uart_init(u32 baud)
7    {
8        GPIO_InitTypeDef gpio_initstruct;
9        USART_InitTypeDef usart_initstruct;
10       NVIC_InitTypeDef nvic_initstruct;
11
12       /******* USART1 引脚的 GPIO 初始化 *******/
13       //使能 USART1 和 GPIOA 时钟
14       RCC_APB2PeriphClockCmd(RCC_APB2Periph_USART1 | \
15               RCC_APB2Periph_GPIOA, ENABLE);
16       //USART1_TX(PA9)的 GPIO 配置为推挽复用模式
17       gpio_initstruct.GPIO_Pin = GPIO_Pin_9;
18       gpio_initstruct.GPIO_Speed = GPIO_Speed_50MHz;
19       gpio_initstruct.GPIO_Mode = GPIO_Mode_AF_PP;
20       GPIO_Init(GPIOA, &gpio_initstruct);
21       //USART1_RX(PA10)的 GPIO 配置为浮空输入模式
22       gpio_initstruct.GPIO_Pin = GPIO_Pin_10;
23       gpio_initstruct.GPIO_Mode = GPIO_Mode_IN_FLOATING;
24       GPIO_Init(GPIOA, &gpio_initstruct);
25
26       /******* USART1 NVIC 初始化 *******/
27       nvic_initstruct.NVIC_IRQChannel = USART1_IRQn;
28       nvic_initstruct.NVIC_IRQChannelPreemptionPriority = 3;
29       nvic_initstruct.NVIC_IRQChannelSubPriority = 3;
30       nvic_initstruct.NVIC_IRQChannelCmd = ENABLE;
31       NVIC_Init(&nvic_initstruct);
32
33       /******* USART1 串口初始化 *******/
34       //串口波特率
35       usart_initstruct.USART_BaudRate = baud;
36       //字长为 8 位数据格式
37       usart_initstruct.USART_WordLength =USART_WordLength_8b;
38       //一个停止位
39       usart_initstruct.USART_StopBits = USART_StopBits_1;
40       //无奇偶校验位
41       usart_initstruct.USART_Parity = USART_Parity_No;
42       //无硬件数据流控制
43       usart_initstruct.USART_HardwareFlowControl = \
44               USART_HardwareFlowControl_None;
45       //收发模式一体
```

```
46        usart_initstruct.USART_Mode = USART_Mode_Rx | USART_Mode_Tx;
47        //初始化串口1
48        USART_Init(USART1, &usart_initstruct);
49
50        //开启串口接收中断
51        USART_ITConfig(USART1, USART_IT_RXNE, ENABLE);
52        //使能串口1
53        USART_Cmd(USART1, ENABLE);
54    }
```

第 1~3 行，这几个宏和变量的作用已在前面剖析 usart. h 源码时解释过了。

第 12~24 行是对 PA9 和 PA10 两个引脚的 GPIO 初始化。这里需要注意的是复用功能下的 GPIO 模式怎么判定。查看手册得知，见表 6-2，配置全双工的串口 1，那么 TX（PA9）需要配置为推挽复用输出，RX（PA10）配置为浮空输入或者带上拉输入。

表 6-2　串口 GPIO 模式配置

USART 引脚	配置	GPIO 模式
USARTx_TX	全双工模式	推挽复用输出
	半双工同步模式	推挽复用输出
USARTx_RX	全双工模式	浮空输入或带上拉输入
	半双工同步模式	未用，可作为通用 I/O

第 26~31 行，对于 NVIC 中断优先级管理，在第 10 章已有讲解，这里不重复了。需要注意一点，因为使用到了串口的中断接收，必须在 usart. h 里面设置 EN_USART1_RX 为 1（默认设置就是 1），该函数才会配置中断使能，以及开启 USART1 的 NVIC 中断。这里把 USART1 中断放在组 2，优先级设置为组 2 里面的最低。

第 33~48 行，配置 USART1 通信参数为：波特率由参数 baud 传入，字长为 8，1 个停止位，没有校验位，不使用硬件流控制，收发一体工作模式，然后调用 USART_Init( ) 库函数完成配置。

第 52~55 行，配置完 NVIC 之后，调用 USART_ITConfig( ) 函数使能 USART1 接收中断，最后调用 USART_Cmd( ) 函数使能 USART1。把代码段 2 用到的几个库函数列在表 6-3 中。

表 6-3　代码段 2 用到的库函数

USART_ Init	
函数原形	void USART_ Init（USART_ TypeDef * USARTx，USART_ InitTypeDef * USART_ InitStruct）
功能描述	根据 USART_ InitStruct 中指定的参数初始化外设 USARTx 寄存器
输入参数 1	USARTx：x 可以是 1、2 或 3，用于选择 USART 外设
输入参数 2	USART_InitStruct：指向结构 USART_InitTypeDef 的指针，包含了 USART 的配置信息
返回值	无

续表

USART_ITConfig	
函数原形	void USART_ITConfig(USART_TypeDef * USARTx, u16 USART_IT, FunctionalState NewState)
功能描述	使能或者失能指定的 USART 中断
输入参数 1	USARTx：x 可以是 1、2 或者 3，用于选择 USART 外设
输入参数 2	USART_IT：待使能或失能的 USART 中断源，其取值参考表 6-6 中的 USART 中断请求标志
输入参数 3	NewState：USARTx 的状态，该参数可取 ENABLE 或 DISABLE
返回值	无
USART_Cmd	
函数原形	void USART_Cmd(USART_TypeDef * USARTx, FunctionalState NewState)
功能描述	使能或者失能 USART 外设
输入参数 1	USARTx：x 可以是 1、2 或者 3，用于选择 USART 外设
输入参数 2	NewState：USARTx 的状态，该参数可取 ENABLE 或 DISABLE
返回值	无

➢ 代码段 3

这段代码是 USART1 的中断服务函数，处理串口接收到的数据，源码见代码清单 6-5。注意，这个中断服务函数并没有写在 stm32f10x_it. c 文件里。我们讲外部中断的时候提到，ST 官方只是建议把中断服务函数都写在 stm32f10x_it. c 中，而非强制，但函数名还是得遵循启动文件 startup_stm32f10x_hd. s 里面的约定。

代码清单 6-5　USART1 中断服务函数

```
1   /* ---------------- USART1 中断服务函数 ---------------- */
2   void USART1_IRQHandler(void)
3   {
4       u8 Res;
5       if(USART_GetITStatus(USART1, USART_IT_RXNE) != RESET)
6       {   //接收中断(接收到的数据必须是 0x0d、0x0a 结尾)
7           Res = USART_ReceiveData(USART1);    //读取接收到的数据
8           if((USART_RX_STA&0x8000) ==0)     //接收未完成
9           {
10              if(USART_RX_STA&0x4000)    //接收到了 0x0d
11              {
12                  if(Res!=0x0a)
13                          USART_RX_STA=0;    //接收错误,重新开始
14                  else
15                      USART_RX_STA|=0x8000;  //接收完成了
16              }
17              else    //还没收到 0x0d
18              {
19                  if(Res==0x0d)
20                      USART_RX_STA|=0x4000;
```

```
21                    else
22                    {
23                        USART_RX_BUF[USART_RX_STA&0X3FFF] = Res;
24                        USART_RX_STA++;
25                        if(USART_RX_STA>(USART_REC_LEN-1))
26                            USART_RX_STA=0;//接收数据错误,重新开始接收
27                    }
28                }
29            }
30        }
31    }
32    #endif
```

这个函数的实现思路是这样的：当接收到从电脑发过来的数据时，把接收到的数据保存在 USART_RX_BUF 数组中，同时在接收状态寄存器（USART_RX_STA）中计数接收到的有效数据个数，当收到回车的第一个字节 0x0d 时，计数器将不再增加，等待 0x0a 的到来，而如果 0x0a 没有来到，则认为这次接收失败，重新开始下一次接收。如果顺利接收到 0x0a，则标记 USART_RX_STA 的第 15 位，这样完成一次接收，并等待该位被其他程序清除，从而开始下一次的接收。如果没有收到 0x0d，那么在接收数据超过 USART_REC_LEN 的时候，则会丢弃前面的数据，重新接收。

第 32 行的#endif 配对的是代码段 2 的第 1 行#if EN_USART1_RX。当需要使用串口接收的时候，我们只要在 usart. h 里面设置 EN_USART1_RX 为 1 就可以了。不使用时，设置 EN_USART1_RX 为 0 即可。可省出部分 sram 和 flash，默认设置 EN_USART1_RX 为 1，也就是开启串口接收。

我们将该代码段用到的两个库函数汇总在表 6 -4 中。

表 6 -4　代码段 3 用到的库函数

USART_GetITStatus	
函数原形	ITStatus USART_GetITStatus(USART_TypeDef * USARTx, u16 USART_IT)
功能描述	检查指定的 USART 中断发生与否
输入参数 1	USARTx：x 可以是 1、2 或者 3，用于选择 USART 外设
输入参数 2	USART_IT：待检查的 USART 中断源，其取值参考表 6 -6 中的 USART 中断请求标志
返回值	USART_IT 的新状态（SET 或者 RESET）
USART_ReceiveData	
函数原形	u8 USART_ReceiveData(USART_TypeDef * USARTx)
功能描述	返回 USARTx 最近接收到的数据
输入参数	USARTx：x 可以是 1、2 或者 3，用于选择 USART 外设
返回值	接收到的字符

3. main. c 源码剖析

主程序的源码见代码清单 6 - 6。这段代码请结合实验效果来阅读，控制思路已在注释中交代。

代码清单 6 - 6　main. c 文件源码

```
1   #include "usart.h"
2   #include "delay.h"
3   #include "led.h"
4
5   int main(void)
6   {
7       u8 i;               //循环控制数组的下标
8       u8 len;             //存放接收的数据长度
9       u16 times = 0;      //控制刷新的间隔
10
11      NVIC_PriorityGroupConfig(NVIC_PriorityGroup_2);
12      delay_init();         //延时函数初始化
13      uart_init(9600);    //串口初始化,波特率为 9600
14      LED_Init();       //初始化与 LED 连接的硬件接口
15      delay_ms(2000);//上电 2 s 后打印如下开机信息
16      printf("\r\n 这是一个串口收发测试实验\r\n");
17      printf("测试平台:麒麟座开发板 V3.2\r\n");
18
19      while(1)
20      {
21          if(USART_RX_STA&0x8000)
22          {   //如果 USART_RX_STA 最高位为 1,说明完成一次接收
23              len = USART_RX_STA&0x3fff;//得到此次接收到的数据长度
24              printf("\r\n 您发送的消息为:\r\n");
25              for(i=0;i<len;i++)
26              {   //将接收缓冲区的内容逐个填入串口发送数据寄存器
27                  USART1->DR = USART_RX_BUF[i];
28                  while((USART1->SR&0x40)==0);    //等待发送结束
29              }
30              printf("\r\n\r\n");     //插入换行
31              USART_RX_STA = 0;      //清空接收标志变量,为下一次准备
32          }
33          else    //这里处理接收未完成的情况,对应第 21 行的 if
34          {
35              times++;
36              if(times%200==0)    //每 2s 打印如下提示信息
37                  printf("请输入数据,以回车键结束\r\n");
38              if(times%30==0)    //闪烁绿灯的频率,提示系统正在运行
39                  GREEN_LED_TOC();
40              delay_ms(10);
41          }
42      }
43  }
```

6.1.6 验证与测试

把程序下载到麒麟座开发板中，可以看到板上的绿色 LED 开始闪烁，说明程序已经在运行了。我们用的是野火串口调试助手，已经随工程代码一起提供了。串口调试助手软件很多，只是从笔者的使用体验上，这款软件的界面和中文支持不错，至此，就完成了串口“发送”和“接收”实验，后续其他实验也将继续沿用串口功能，尤其是“打印”必要的测量数据和调试信息。

6.2 一些通信的必备知识

6.2.1 并行通信与串行通信

这两种通信方式的示意如图 6－6 所示。并行通信一般是指使用 8、16、32 及 64 根或更多的数据线进行传输的通信方式。并行通信就像多个车道的公路，可以同时传输多个数据位的数据。串行通信是指设备之间通过少量数据信号线（一般是 8 根以下）、地线以及控制信号线，按数据位形式一位一位地传输数据的通信方式。串行通信就像单个车道的公路，同一时刻只能传输一个数据位。

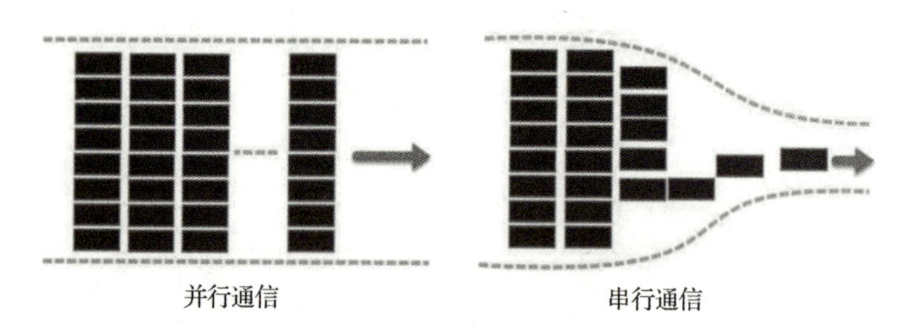

图 6－6　并行通信与串行通信示意

由于并行传输对同步要求较高，并且随着通信速率的提高，信号干扰的问题会显著影响通信性能，现在随着技术的发展，越来越多的应用场合采用高速率的串行差分传输。

6.2.2 全双工、半双工、单工通信

全双工通信是指在同一时刻，两个设备之间可以同时收发数据。就好比一个双向车道，两个方向上的车流互不相干。打电话就是一种全双工通信。

半双工通信是指两个设备可以收发数据，但不能在同一时刻进行。就像乡间小道那样，同一时刻只能让一辆小车通过，另一方向的来车只能等待道路空出来时才能经过。对讲机就是一种半双工通信。

单工通信是指在任何时刻都只能进行一个方向的通信，即一个固定为发送设备，另一个固定为接收设备。就像单行道。

这 3 种通信方式的特点可以用图 6－7 来表示。

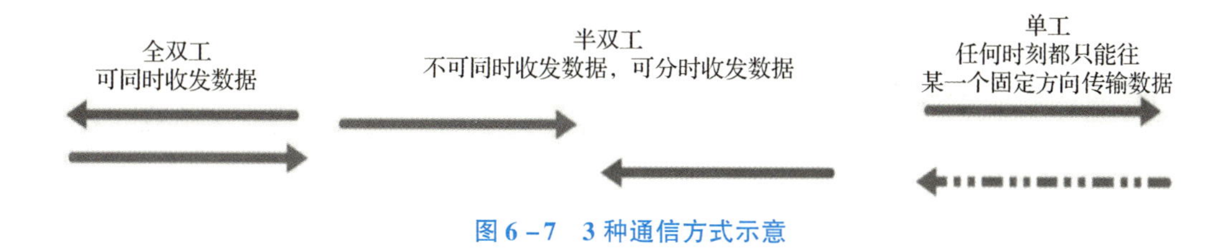

图 6－7　3 种通信方式示意

6.2.3　同步通信与异步通信

在同步通信中，收发设备双方会使用一根信号线表示时钟信号，在时钟信号的驱动下，双方进行协调，同步数据。通信中通常双方会统一规定在时钟信号的上升沿或下降沿对数据线进行采样。

如图 6－8 所示，在同步通信中，数据信号所传输的内容绝大部分就是有效数据，而异步通信中会包含有帧的各种标识符，所以，同步通信的效率更高，但是同步通信双方的时钟允许误差较小，而异步通信双方的时钟允许误差较大。

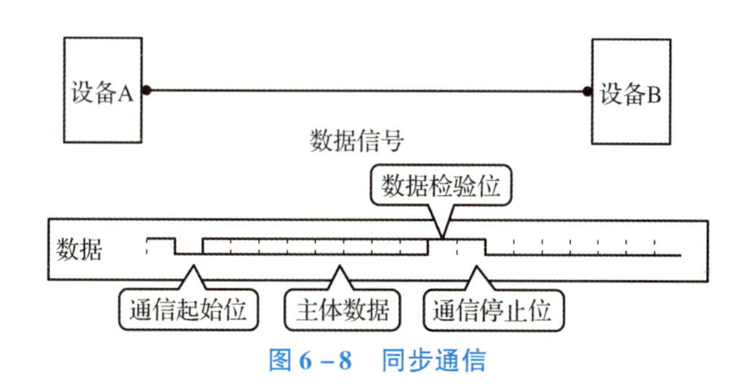

图 6－8　同步通信

如图 6－9 所示，在异步通信中，不使用时钟信号进行数据同步，它们直接在数据信号中穿插一些同步用的信号位，或者把主体数据进行打包，以数据帧的格式传输数据。某些通信中还需要双方约定数据的传输速率，以便更好地同步。

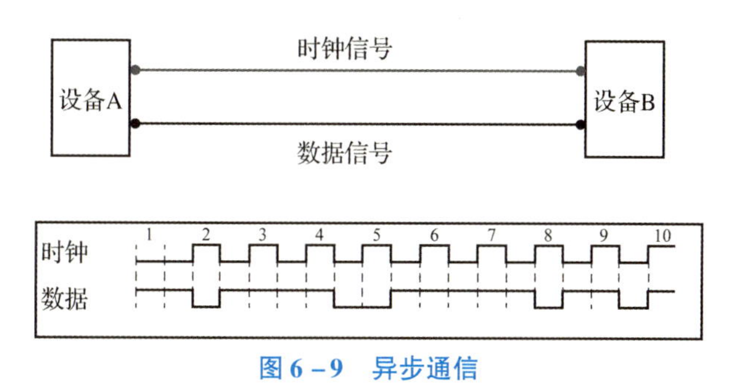

图 6－9　异步通信

6.2.4 通信速率

衡量通信性能的一个非常重要的参数就是通信速率，通常以比特率（bitrate）来表示，即每秒钟传输的二进制位数，单位为比特每秒（b/s）。

容易与比特率混淆的概念是“波特率（baudrate）”，它表示每秒钟传输了多少个码元。而码元是通信信号调制的概念，通信中常用时间间隔相同的符号来表示一个二进制数字，这样的信号称为码元。

很多常见的通信中，一个码元就是一个二进制位，这种情况下比特率等于波特率。人们常常直接以波特率来表示比特率，大多数情况下是没什么问题的，这里只是希望了解一下它们的区别。

6.3 串口通信的电气特性与逻辑协议

串口通信（Serial Communication）是一种设备间非常常用的通信方式，因为它简单便捷，因此大部分电子设备都支持该通信方式，电子工程师在调试设备时也经常使用该通信方式输出调试信息。

6.3.1 通信协议的分层理念

对于通信协议，通常以分层的方式来理解，最基本的是把它分为物理层和协议层。物理层规定通信系统中具有机械、电子功能部分的特性，确保原始数据在物理媒体的传输。协议层主要规定通信逻辑，统一收发双方的数据打包、解包标准。打个比方，物理层规定我们用嘴巴还是用肢体来交流，协议层则规定我们用中文还是英文来交流。

6.3.2 物理层之 RS－232 标准

提到串口，就不得不先聊聊 RS－232 这个古老而经典的有线通信协议。因为无论学习哪一种通信协议，都需要了解其信号的用途、通信接口以及信号的电平标准，而 RS－232 通信协议就是初学者入门的最佳选择。

我们首先得知道，不是所有的电路都是 5 V 代表高电平而 0 V 代表低电平的。对于 RS－232 标准来说，它是个反逻辑，也叫作负逻辑。为何叫负逻辑？如图 6－10 所示，在它的传输线缆中，－3～－15 V 电压代表逻辑 1，＋3～＋15 V 电压代表逻辑 0。即低电平代表的是 1，而高电平代表的是 0，所以称之为负逻辑。至于为什么采用这样“别扭”的负逻辑，这与早期线缆抗干扰性能不足有关，电压高一些、跨度范围大一些，可以适当弥补这个不足。

因此，传统的 RS－232 线缆上传输信号的电平是不能直接被控制器识别的，这些信号会经过一个“电平转换芯片”转换成单片机能够承受和识别的“TTL 标准”的电平信号，才能实现通信。看到这里，大家似乎慢慢有点明白了，其实 RS－232 串口和单片机 UART

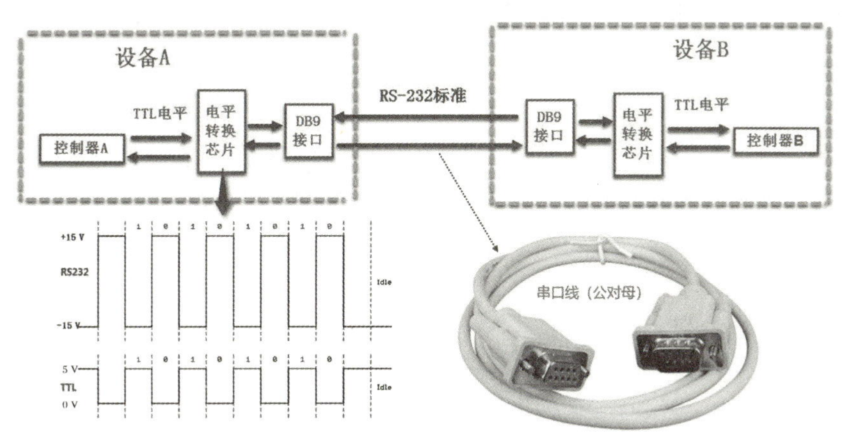

图 6－10　RS－232 通信协议示意

串口的协议类型是一样的，只是电平标准不同而已。

我们再来看一下图 6－11 中的 DB9 接头，虽然它有 9 个针脚（孔），但在目前工业控制使用的串口通信中，一般只使用 RXD（接收）、TXD（发送）以及 GND（接地）三条线，其他信号都被裁剪掉了。因此，即使不使用这种形状的接头，单独接三根导线也能完成通信，如图 6－12 所示，这就是通信物理层和协议层分离思想的体现。

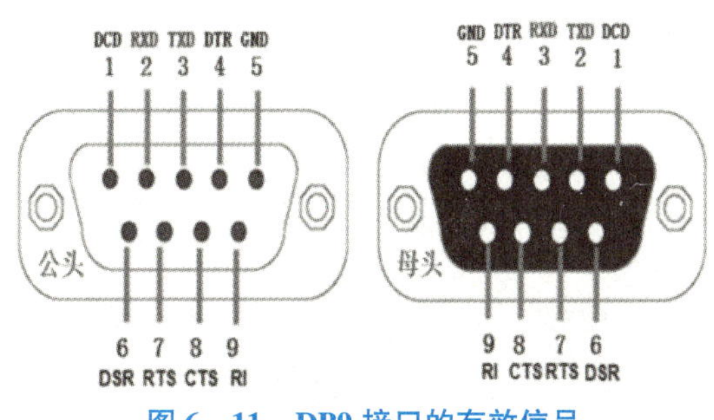

图 6－11　DB9 接口的有效信号

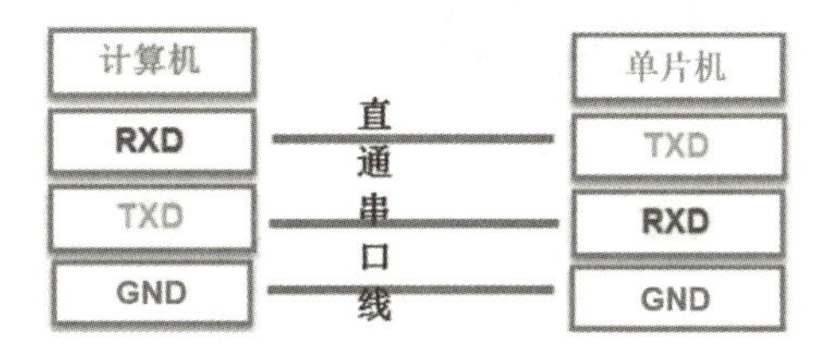

图 6－12　直通串口线缆

6.3.3　USB 转串口通信

随着技术的发展，工业上还有 RS－232 串口通信的大量使用，但是商业技术的应用上，已经慢慢使用 USB 转 UART 技术，取代了 RS－232 串口，绝大多数台式机和笔记本电脑已经没有串口了。那么要实现单片机和电脑之间的通信，该怎么办呢？只需要在电路上添加一个 USB 转串口芯片，就可以成功实现 USB 通信协议和标准 UART 串行通信协议的转换。

在我们的开发板上，使用的是 CH340G 这个芯片，电路原理如图 6－13 所示，开发板上的实物如图 6－14 所示。

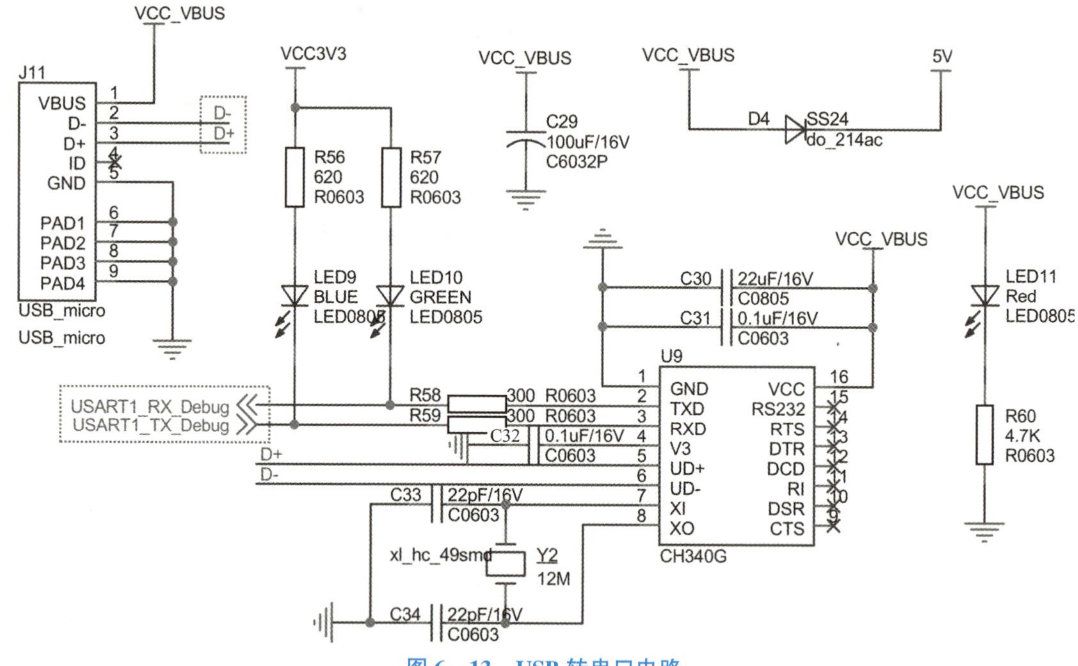

图 6－13　USB 转串口电路

图 6－14　开发板上的 USB 转串口实物

CH340G 这个电路结构和原理我们不做分析，只需要知道 6 脚和 7 脚的 D＋和 D－分别接 micro－USB 口的 2 个数据引脚上去，2 脚和 3 脚接到了 STM32 芯片的 USART1_RX 和 USART1_TX 上，配合必要的外围电路，就能通过 USB 线缆实现电脑与开发板的串口通信。

6.3.4　协议层之数据包格式

串口通信的数据包由发送设备通过自身的 TXD 接口传输到接收设备的 RXD 接口。在串口通信的协议层中，规定了数据包的内容，它由起始位、主体数据、校验位以及停止位组成，通信双方的数据包格式要约定一致，才能正常收发数据，其组成如图 6－15 所示。

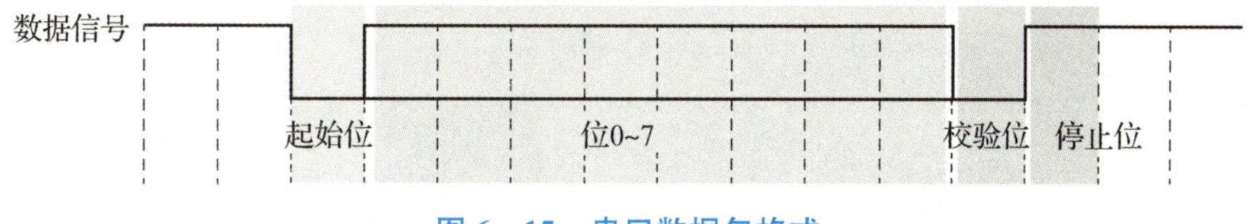

图 6－15　串口数据包格式

➢ 波特率：两个通信设备之间需要约定好波特率，即每个码元的长度，以便对信号进行解码，用虚线分开的每一格就是代表一个码元。常见的波特率有 4 800、9 600、115 200 等。

➢ 通信的起始位和停止位：串口通信的一个数据包从起始信号开始，直到停止信号结束。数据包的起始信号由一个逻辑 0 的数据位表示，而数据包的停止信号可由 0. 5、1、1. 5 或 2 个逻辑 1 的数据位表示，只要双方约定一致即可。

➢ 有效数据：在数据包的起始位之后，紧接着的就是要传输的主体数据，也称为有效数据，有效数据的长度常被约定为 5、6、7 或 8 位。

➢ 数据校验位：由于数据通信容易受到外部干扰，导致传输数据出现偏差，可以在传输过程加上校验位来解决这个问题。校验方法有奇校验、偶校验、0 校验、1 校验以及无校验。

6. 4　STM32 串口必知的关键信息

STM32 的串口资源相当丰富的，功能也相当强劲。我们所使用的 STM32F103RET6 最多可提供 5 路串口，有分数波特率发生器、支持同步单线通信和半双工单线通信、支持 LIN、支持调制解调器操作、智能卡协议和 IrDA SIR ENDEC 规范、具有 DMA 等。对于初学者，暂时不必去硬啃这些复杂的功能，关注最基本的用法和配置即可。

6. 4. 1　用串口“打印”调试信息

虽然 STM32 的串口功能异常强大，但应用最多的莫过于“打印”程序信息，一般在硬件设计时都会预留一个串口连接电脑，用于在调试程序时把一些信息“打印”在电脑端的串口助手软件上，从而了解程序运行是否正确，如果出错了，具体哪里出错等。图 6－16 展示了通过串口“打印”调试程序的场景。

6. 4. 2　USART 与 UART

通用同步异步收发器（Universal Synchronous Asynchronous Receiver and Transmitter，USART）是一个串行通信设备，可以灵活地与外部设备进行全双工数据交换。它有别于 USART，还有一个通用异步收发器（Universal Asynchronous Receiver and Transmitter，UART），它是在 USART 基础上裁剪掉了同步通信功能，只有异步通信。简单区分同步和异步就是看通信时需不需要对外提供时钟输出，我们平时用的串口通信基本都是 UART。

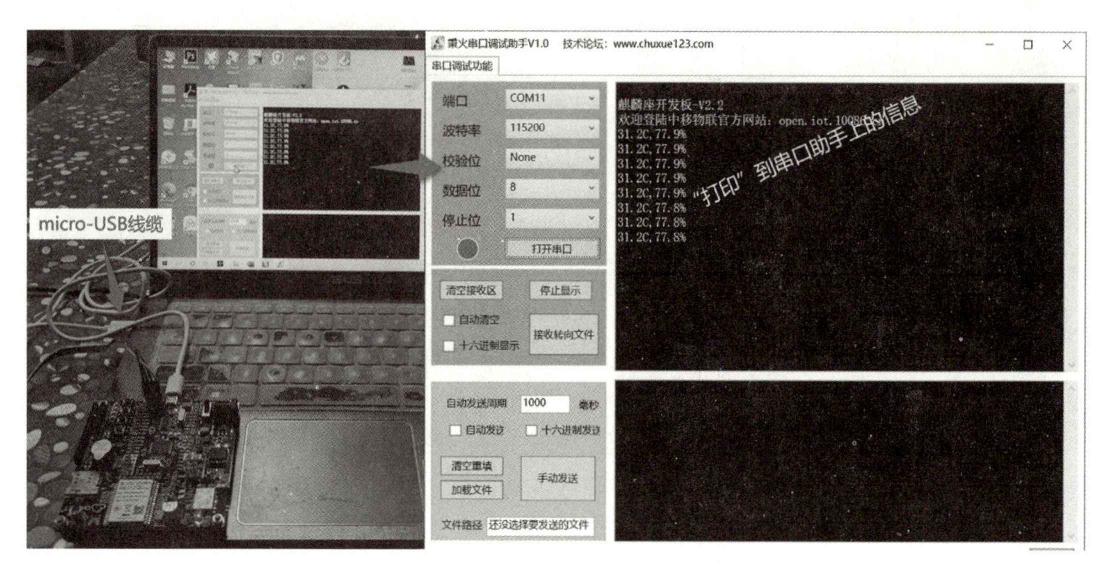

图 6－16　串口调试场景

6.4.3　STM32 串口引脚分布

STM32F103RET6 有三个 USART 和两个 UART，引脚分布见表 6－5。其中，USART1 时钟来源于 APB2 总线（最高 72 MHz），其他四个的时钟来源于 APB1 总线（最高 36 MHz）。UART 只有异步传输功能，所以没有 SCLK、nCTS 和 nRTS 功能引脚。

表 6－5　STM32F103RET6 芯片串口引脚分布

引脚	APB2 总线	APB1 总线			
	USART1	USART2	USART3	UART4	UART5
TX	PA9	PA2	PB10	PC10	PC12
RX	PA10	PA3	PB11	PC11	PD2
SCLK	PA8	PA4	PB12		
nCTS	PA11	PA0	PB13		
nRTS	PA12	PA1	PB14		

如图 6－17 所示，我们的开发板使用了 USART1 和 USART2，前者用来“打印”调试信息，后者用来与开发板上的 WiFi 或 GPRS 模块通信。这里我们只关注前者，并在表 6－5 中做了底纹标注，这两个引脚的配置会在下面讲解串口初始化的时候体现出来。

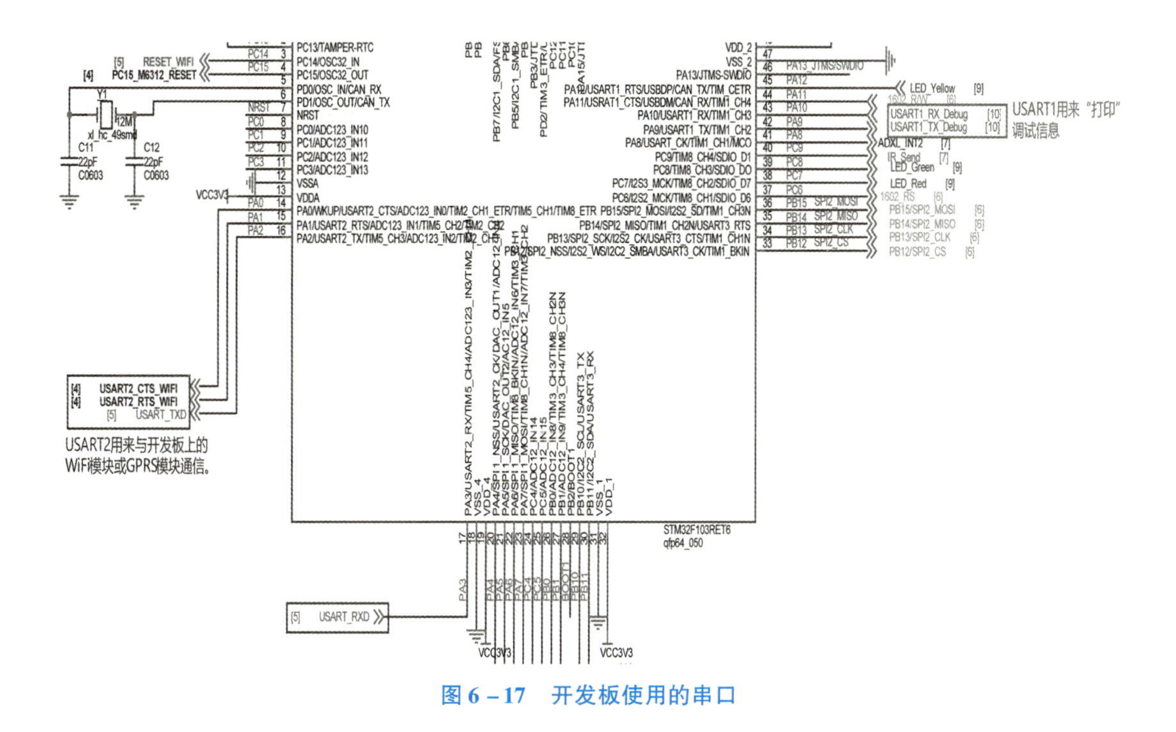

图 6－17　开发板使用的串口

6.5　USART 编程准备

6.5.1　USART 初始化结构体详解

通过前面的实验已经知道，标准库函数对每个外设都建立了一个初始化结构体，串口也不例外，即 USART_InitTypeDef，结构体成员用于设置串口工作参数，并由串口初始化配置函数 USART_Init( )调用，这些设定参数将会设置串口相应的寄存器，达到配置串口工作环境的目的。

USART 初始化结构体定义在 stm32f10x_usart. h 中，将其摘录在代码清单 6－7 中。初始化库函数定义在 stm32f10x_usart. c 中，编程时可以结合这两个文件内注释使用。

代表清单 6－7　USART 初始化结构体

```
1  typedef struct {
2      uint32_t USART_BaudRate;                    //波特率
3      uint16_t USART_WordLength;                  //字长
4      uint16_t USART_StopBits;                    //停止位
5      uint16_t USART_Parity;                      //校验位
6      uint16_t USART_Mode;                        //USART 模式
7      uint16_t USART_HardwareFlowControl;         //硬件流控制
8  } USART_InitTypeDef;
```

➢ USART_BaudRate：波特率，一般设置为 2 400、9 600、19 200、115 200。

➢ USART_WordLength：数据帧字长度，可选择 USART_WordLength_8b（8 位）或 USART_WordLength_9b（9 位）。如果没有使能奇偶校验控制，一般使用 8 数据位；如果使能了奇偶校验，则一般设置为 9 数据位。

➢ USART_StopBits：停止位设置，可选择 USART_StopBits_0_5（0.5 个）、USART_StopBits_1（1 个）、USART_StopBits_1_5（1.5 个）和 USART_StopBits_2（2 个）停止位，一般选择 1 个停止位。

➢ USART_Parity：奇偶校验控制选择，可选择的值为 USART_Parity_No（无校验）、USART_Parity_Even（偶校验）、USART_Parity_Odd（奇校验）。

➢ USART_Mode：USART 模式选择，有 USART_Mode_Rx 和 USART_Mode_Tx，允许使用逻辑或运算选择两个。

➢ USART_HardwareFlowControl：硬件流控制选择，一般选择不使能硬件流。

6.5.2 串口通信与中断控制

在使用串口进行数据收发时，往往需要配合中断来进行控制，尤其是当 STM32 接收到从 PC 端发来的信息时，程序跳转至相应的中断服务函数中运行。当然，STM32 为串口规划了很多中断请求事件，见表 6－6。可以说，STM32 串口通信过程中的任何风吹草动都可以引起中断，就看你程序需不需要而已。其实，常用的也就是表中第 1、2 两个。

表 6－6 USART 中断请求标志

中断请求事件	事件标志
发送完成（发完一帧数据）	USART_IT_TC
接收数据寄存器非空(收到一帧数据)	USART_IT_RXNE
发送数据寄存器为空	USART_IT_TXE
CTS 标志	USART_IT_CTS
检测到上溢错误	USART_IT_ORE
检测到空闲线路	USART_IT_IDLE
奇偶校验错误	USART_IT_PE
断路标志	USART_IT_LBD
多缓冲通信中的噪声标志、上溢错误和帧错误	USART_IT_NF/ORE/FE

习题与测验

1. 翻译与解释。

communication ____________ serial port ____________ baud rate ____________

asynchronous ____________ synchronous ____________ receive（RX） ____________

transmit（TX） ____________

2. 在初始化 STM32 串口引脚的 GPIO 属性时，需要注意哪些方面？

____

____

3. （编程）如果要把 USART2 配置成收发一体，波特率为 115 200，8 – N – 1（8 个数据位/无校验/1 个停止位），请在代码清单 6 – 8 中完成串口初始化。

代码清单 6 – 8

```
1  //定义 USART 初始化结构体变量
2  ______________________________________________
3  //开 USART2 外设时钟
4  ______________________________________________
5  //配置波特率
6  ______________________________________________
7  //8 位数据格式
8  ______________________________________________
9  //一个停止位
10 ______________________________________________
11 //无奇偶校验位
12 ______________________________________________
13 //无硬件数据流控制
14 ______________________________________________
15 //收发模式一体
16 ______________________________________________
17 //初始化串口 2
18 ______________________________________________
```

4. 如果串口助手上可以“打印”，但出现的都是乱码，请分析可能是哪些原因导致的。

____

____

____

5. （编程）请在本实验工程上改写主程序，通过串口给开发板发指令，实现对 LED 的控制：发送 blue_on，点亮蓝灯；发送 blue_off，熄灭蓝灯；发送 blue_blink，闪烁蓝灯，闪烁期间发任意内容可以停止闪烁。

模块 7

I^2C 通信入门

I^2C（Inter - Integrated Circuit，常读作“I 方 C”）是飞利浦公司最早于 1982 年开发的一种双向二线制同步串行总线，经过多年的发展和更新，现在已成为很多存储器、传感器、显示屏与处理器之间的通信方式。开发板上的 SHT20 温湿度传感器和 AT24C02 存储器芯片采用的都是 I^2C 通信接口。可以说，只要某一个器件或模块采用的是 I^2C 通信接口，那么就能“以不变的 I^2C 应万变的模块”，从而进行学习和开发了。

相较于串口通信，I^2C 通信涉及的底层协议、硬件连接、上层应用、驱动程序都比较复杂。但这个过程必须得经历，因为后续还有 SPI、CAN 等更复杂的通信要学习。

学习目标

1. 透彻理解 I^2C 的通信时序。
2. 领悟软件模拟时序的思路和方法。

7.1 编写 I^2C 驱动文件实验

7.1.1 任务描述

我们将使用“软件模拟协议”编写一套 I^2C 驱动文件，大家可以领悟通信时序在代码层面是如何分解和体现的。理解了这里的 I^2C 驱动文件，后面在学习 SHT20 传感器或 AT24C02 存储器编程时，直接调用这里的 I^2C 驱动函数即可。这是一个准备实验，没有具体的实验现象，保证 I^2C 驱动文件编写无误且编译通过即可。工程文件清单如图 7 - 1 所示。

7.1.2 软件模拟 I^2C 代码剖析

1. i2c_sim. h 源码剖析

把 I^2C 硬件相关的配置都以宏的形式定义在“i2c_sim. h”文件中。另外，由于使用软件模拟 I^2C 通信时序的方式，因此需要编写的驱动函数比较多，大家从这些函数名便可知其大致功能，也可以体会到分解通信时序的理念。i2c_sim. h 的源码见代码清单 7 - 1。

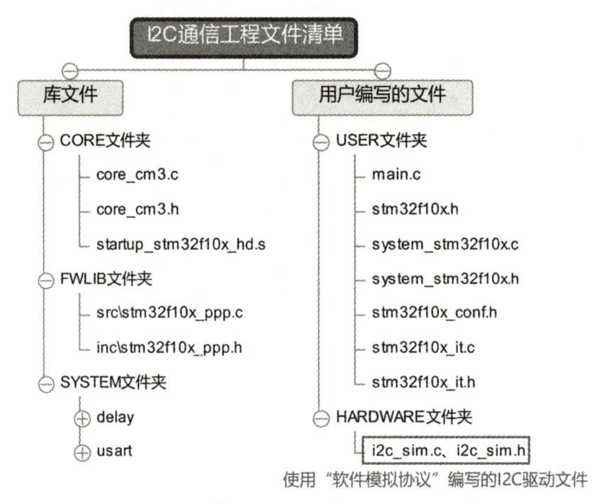

图 7-1　I^2C 驱动准备工程文件清单

代码清单 7-1　i2c_sim. h 源码

```
1   #ifndef __I2C_H_
2   #define __I2C_H_
3   #include "stm32f10x.h"
4   #define IIC_OK0
5   #define IIC_Err1
6
7   /* ------------- I2C 总线电平操作宏定义 -------------- */
8   #define SDA_H GPIO_SetBits(GPIOB, GPIO_Pin_11)
9   #define SDA_L GPIO_ResetBits(GPIOB, GPIO_Pin_11)
10  #define SCL_H GPIO_SetBits(GPIOB, GPIO_Pin_10)
11  #define SCL_L GPIO_ResetBits(GPIOB, GPIO_Pin_10)
12  #define READ_SDA()GPIO_ReadInputDataBit(GPIOB, GPIO_Pin_11)
13
14  /* -------------------- I2C 驱动函数声明 ------------------- */
15  void IIC_Init(void);
16  void IIC_Start(void);
17  void IIC_Stop(void);
18  void IIC_SendByte(u8 byte);
19  _Bool IIC_WaitAck(u16 timeOut);
20  void IIC_Ack(void);
21  void IIC_NAck(void);
22  _Bool I2C_WriteByte(u8 slaveAddr, u8 regAddr, u8 *byte);
23  _Bool I2C_ReadByte(u8 slaveAddr, u8 regAddr, u8 *val);
24  _Bool I2C_WriteBytes(u8 slaveAddr, u8 regAddr, u8 *buf, u8 num);
25  _Bool I2C_ReadBytes(u8 slaveAddr, u8 regAddr, u8 *buf, u8 num);
26  u8 IIC_RecvByte(void);
27
28  #endif
```

2. i2c_sim. c 源码剖析

i2c_sim. c 文件里便是各个驱动函数的定义，下面逐个剖析。

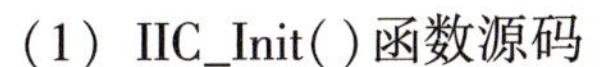

（1） IIC_Init( )函数源码

该函数对 I²C 总线的 I/O 端口进行了初始化，并将 SDA 和 SCL 置于空闲就绪状态，源码见代码清单 7 -2。

代码清单 7 -2　IIC_Init( )函数源码

```
1    #include "i2c_sim.h"
2    #include "delay.h"   //模拟时序需要控制延时
3    #include "usart.h"   //必要的地方"打印"提示信息
4
5    void IIC_Init(void)
6    {
7        GPIO_InitTypeDef gpio_initstruct;
8        RCC_APB2PeriphClockCmd(RCC_APB2Periph_GPIOB, ENABLE);
9        //开漏输出模式,这样不用去切换输出输入方向
10       gpio_initstruct.GPIO_Mode = GPIO_Mode_Out_OD;
11       gpio_initstruct.GPIO_Pin = GPIO_Pin_10 |GPIO_Pin_11;
12       gpio_initstruct.GPIO_Speed = GPIO_Speed_50MHz;
13       GPIO_Init(GPIOB, &gpio_initstruct);
14
15       SDA_H;       //拉高 SDA,处于空闲状态
16       SCL_H;       //拉高 SCL,处于空闲状态
17   }
```

需要注意的是，GPIO 被配置成了开漏输出模式（GPIO_Mode_Out_OD），因为 SDA 线上的数据是双向传输的，配置成该模式可以不用切换 I/O 口的输入输出方向了。

（2） IIC_Start( )函数源码

这个函数是按 I²C 通信起始信号（S）的要求编写的，源码见代码清单 7 -3。

代码清单 7 -3　IIC_Start( )函数源码

```
1    void IIC_Start(void)
2    {
3        SDA_H;             //拉高 SDA 线
4        SCL_H;             //拉高 SCL 线
5        delay_us(5);       //为配合通信速度的必要延时
6        SDA_L;             //当 SCL 为高时,SDA 一个下降沿代表开始信号
7        delay_us(5);       //为配合通信速度的必要延时
8        SCL_L;             //钳住 SCL,以便发送数据
9    }
```

如图 7 -2 所示。

上面函数中的延时有必要解释一下。I²C 通信分为低速模式 100 kb/s、快速模式 400 kb/s 和高速模式 3.4 Mb/s，所有的 I²C 器件都支持低速，但却未必支持另外两种速度，所以作为通用的 I²C 程序，选择 100 kb/s 这个速率来实现，也就是说，实际程序产生的时序必须不高于 100 kb/s 的时序参数，这要求 SCL 的高低电平持续时间都不短于 5 μs，因此，在时序函数中通过插入 delay_us(5)延时函数来达到这个速度限制。如果以后

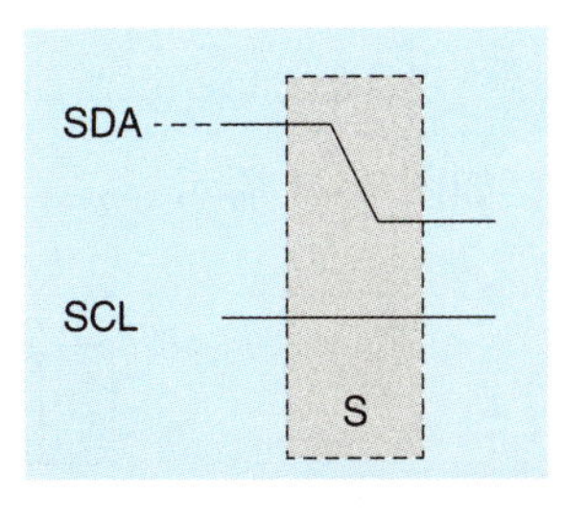

图 7 -2　起始信号

需要提高速度，那么只需要减小这里的延时时间即可。

(3) IIC_Stop( )函数源码

这个函数是按 I^2C 通信结束信号（P）的要求编写的，源码见代码清单 7 -4。

代码清单 7 -4　IIC_Stop( )函数源码

```
1   void IIC_Stop(void)
2   {
3       SDA_L;              //拉低 SDA
4       SCL_L;              //拉低 SCL
5       delay_us(5);        //为配合通信速度的必要延时
6       SCL_H;              //拉高 SCL 线
7       SDA_H;              //当 SCL 为高时,SDA 一个上升沿代表停止信号
8       delay_us(5);        //为配合通信速度的必要延时
9   }
```

如图 7 -3 所示。

(4) IIC_SendByte( )函数源码

这个函数实现主机发送一个字节的数据到从机，源码见代码清单 7 -5。参数 byte 是待发送的字节，通过循环将 byte 中的每一位从高到低逐位发出，因此，循环内部有对 byte 的左移操作，保证每次要发的那一位都出现在最高位上。该函数的用意有两方面，一是为了发送"7 位从机地址 +1 位读/写控制"到从机，二是以字节为单位发送有效数据到从机。

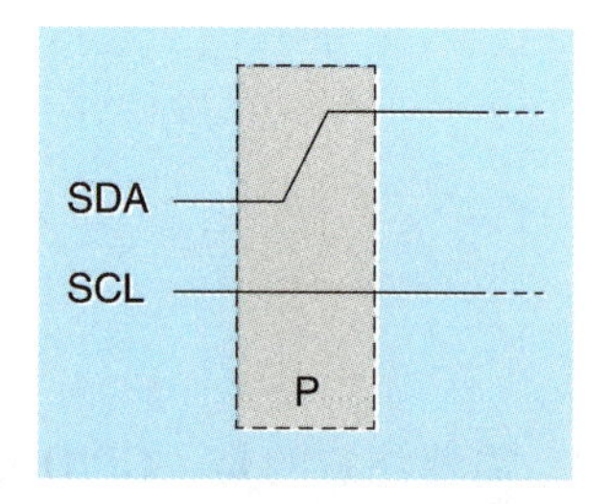

图 7 -3　停止信号

代码清单 7 -5　IIC_SendByte( )函数源码

```
1   void IIC_SendByte(u8 byte)
2   {
3       u8 count = 0;
4       SCL_L;       //拉低时钟开始数据传输
5       for(; count <8; count ++)     //循环 8 次,每次发送一个 bit
6       {
7           if(byte & 0x80)    SDA_H;     //最高位为 1,则发送 1
8           else               SDA_L;     //否则,发送 0
9           byte <<= 1;      //byte 左移 1 位
10          delay_us(2);
11          SCL_H;           //拉高 SCL,SDA 上数据有效
12          delay_us(2);
13          SCL_L;           //拉低 SCL,准备发送下一位数据
14          delay_us(2);
15      }
16  }
```

如图 7 -4 所示。

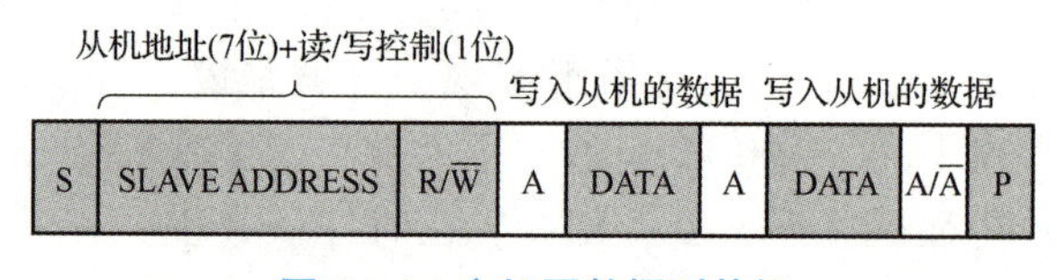

图 7 -4　主机写数据到从机

(5) IIC_RecvByte()函数源码

该函数用于主机接收来自从机一个字节的数据，源码见代码清单7-6。该函数的实现思路与上面的IIC_SendByte()函数类似，不同之处在于数据传输方向变了，逐位接收的数据保存在rec变量中，并作为最后的返回值。

代码清单7-6 IIC_RecvByte()函数源码

```
1   u8 IIC_RecvByte(void)
2   {
3       u8 count = 0, rec = 0;
4       SDA_H;        //开漏状态下,拉高SDA以便读取数据
5       for(; count <8; count ++)       //循环8次,每次接收一个bit
6       {
7           SCL_L;
8           delay_us(2);
9           SCL_H;
10          rec <<= 1;      //左移一位
11          //如果SDA为1,则rec变量自增,每次自增都是对bit0的+1
12          //然后下一次循环会先左移一次
13          if(READ_SDA())rec ++;
14          delay_us(1);
15      }
16      return rec;
17  }
```

如图7-5所示。

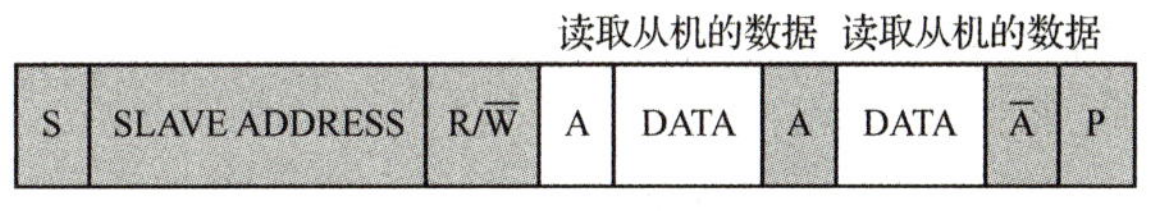

图7-5 主机读从机中的数据

(6) IIC_WaitAck()函数源码

前面提到，当传输完一个字节数据时，接收方会向发送方回复“应答（ACK)”或“非应答（NACK)”信号。作为发送方，则需要等待该信号的到来，该函数就是用于等待期间的处理，源码见代码清单7-7。如果在规定时间内（参数timeOut，单位us）收到了ACK或NACK信号，则返回成功；否则，超时返回失败，结束本次通信。

代码清单7-7 IIC_WaitAck()函数源码

```
1   _Bool IIC_WaitAck(u16 timeOut)
2   {
3       SDA_H; delay_us(1);     //拉高SDA
4       SCL_H; delay_us(1);     //拉高SCL
5       while(READ_SDA())    //如果读到SDA为1,则等待,应答信号为0
6       {
7           if( --timeOut == 0)
8           {
9               printf("\r\n等待应答超时\r\n");
```

```
10              IIC_Stop();     //超时未收到应答,则停止总线
11              return IIC_Err;//返回失败
12          }
13          delay_us(1);
14      }
15      SCL_L;                  //拉低 SCL,以便继续收发数据
16      return IIC_OK; //返回成功
17  }
```

（7）IIC_Ack( )函数源码

根据前面图 14－6 的响应规则，当 SDA 为低时，SCL 一个上升沿代表发送一个应答（ACK）信号，该函数即用于产生应答信号。源码见代码清单 7－8。

代码清单 7－8　IIC_Ack( )函数源码

```
1   void IIC_Ack(void)
2   {
3       SCL_L;              //拉低 SCL
4       SDA_L;              //拉低 SDA
5       delay_us(2);
6       SCL_H;              //拉高 SCL,产生上升沿,即应答
7       delay_us(2);
8       SCL_L;              //拉低 SCL
9   }
```

（8）IIC_NAck( )函数源码

同理，当 SDA 为高时，SCL 一个上升沿代表发送一个非应答（NACK）信号，该函数即用于产生非应答信号。源码见代码清单 7－9。

代码清单 7－9　IIC_NAck( )函数源码

```
1   void IIC_NAck(void)
2   {
3       SCL_L;              //拉低 SCL
4       SDA_H;              //拉高 SDA
5       delay_us(2);
6       SCL_H;              //拉高 SCL,产生上升沿,即非应答
7       delay_us(2);
8       SCL_L;              //拉低 SCL
9   }
```

（9）I2C_WriteByte( )函数源码

该函数将写入一个字节的完整过程封装了起来，它有三个参数：slaveAddr 是 I^2C 总线上的从机地址，regAddr 是从机存放数据的地址，＊byte 是缓存写入数据的变量的地址，因为有些寄存器只需要控制寄存器，并不需要写入值。写入成功返回 0，写入失败返回 1。详细源码见代码清单 7－10。

注意，三个参数中前两个参数都是地址，但不是一个概念。打个比方，前者好比你的小区在某某路多少号，这是市政道路层面规划的；而后者好比你家在几号楼几单元几号，

这是小区内部规划的，对外不具有通用性。因此，这三个参数就好比外卖员把餐送到你家，先找到小区（slaveAddr），再根据门牌号（regAddr）找到你家，最后把餐（*byte）交到你手上。

代码清单7-10 I2C_WriteByte()函数源码

```
1   _Bool I2C_WriteByte(u8 slaveAddr, u8 regAddr, u8 *byte)
2   {
3       u8 addr = 0;
4       //IIC地址是7位,这里需要左移1位,bit0是读(1)/写(0)控制位
5       //左移1位,最低位补0,正好对应写操作
6       addr = slaveAddr << 1;
7       IIC_Start();                  //起始信号
8       IIC_SendByte(addr);           //发送设备地址和写控制位
9       if(IIC_WaitAck(5000))
10          return IIC_Err;           //应答失败
11      IIC_SendByte(regAddr);        //发送存放数据的地址
12      if(IIC_WaitAck(5000))
13          return IIC_Err;           //应答失败
14
15      if(byte)
16      {
17          IIC_SendByte(*byte);      //发送数据
18          if(IIC_WaitAck(5000))
19              return IIC_Err;       //应答失败
20      }
21      IIC_Stop();      //停止信号
22      return IIC_OK;
23  }
```

（10）I2C_ReadByte()函数源码

该函数与I2C_WriteByte()函数的操作类似，不同之处在于写完地址参数后需要改变数据方向，变为读操作，变换方向之前还要再来一次起始信号（S）。读到的数据存在参数*val指向的缓冲区里。同样，读取成功返回0，读取失败返回1。具体源码见代码清单7-11。

代码清单7-11 I2C_ReadByte()函数源码

```
1   _Bool I2C_ReadByte(u8 slaveAddr, u8 regAddr, u8 *val)
2   {
3       u8 addr = 0;
4       //IIC地址是7位,这里需要左移1位,bit0是读(1)/写(0)控制位
5       addr = slaveAddr << 1;
6       IIC_Start();                  //起始信号
7       IIC_SendByte(addr);           //发送设备地址(写)
8       if(IIC_WaitAck(5000))
9           return IIC_Err;           //应答失败
10      IIC_SendByte(regAddr);        //发送寄存器地址
11      if(IIC_WaitAck(5000))
12          return IIC_Err;           //应答失败
```

```
13      IIC_Start();                  //重启信号
14      IIC_SendByte(addr + 1);       //发送设备地址(读)
15      if(IIC_WaitAck(5000))
16          return IIC_Err;           //应答失败
17
18      *val = IIC_RecvByte();        //接收
19      IIC_NAck();             //产生一个非应答信号,代表停止接收
20      IIC_Stop();             //停止信号
21      return IIC_OK;
22  }
```

（11） I2C_WriteBytes( )函数源码

I2C_WriteByte( )函数实现的是一个字节的写入，而 I2C_WriteBytes( )函数则完成若干个字节的写入，待写入的数据在参数 * buf 指向的缓冲区中，数据长度由参数 num 决定。同样，写入成功返回 0，写入失败返回 1。具体源码见代码清单 7 - 12。

代码清单 7 - 12　I2C_WriteBytes( )函数源码

```
1   _Bool I2C_WriteBytes(u8 slaveAddr, u8 regAddr, u8 *buf, u8 num)
2   {
3       u8 addr = 0;
4       addr = slaveAddr << 1;
5       IIC_Start();                  //起始信号
6       IIC_SendByte(addr);     //发送设备地址(写)
7       if(IIC_WaitAck(5000))
8           return IIC_Err;
9       IIC_SendByte(regAddr); //发送寄存器地址
10      if(IIC_WaitAck(5000);
11          return IIC_Err;
12      while(num--)           //循环写入数据
13      {
14          IIC_SendByte(*buf);       //发送数据
15          if(IIC_WaitAck(5000))
16              return IIC_Err;
17          buf++;         //数据指针偏移到下一个
18          delay_us(10);
19      }
20      IIC_Stop();        //停止信号
21      return IIC_OK;
22  }
```

（12） I2C_ReadBytes( )函数源码

I2C_ReadByte( )函数实现的是一个字节的读取，而 I2C_ReadBytes( )函数则完成若干个字节的读取，读到的数据在参数 * buf 指向的缓冲区中，数据长度由参数 num 决定。同样，读取成功返回 0，读取失败返回 1。具体源码见代码清单 7 - 13。

代码清单 7 - 13　I2C_ReadBytes( )函数源码

```
1   _Bool I2C_ReadBytes(u8 slaveAddr, u8 regAddr, u8 *buf, u8 num)
2   {
```

```
3        u8 addr = 0;
4        addr = slaveAddr << 1;
5        IIC_Start();                    //起始信号
6        IIC_SendByte(addr);       //发送设备地址(写)
7        if(IIC_WaitAck(5000))
8            return IIC_Err;
9        IIC_SendByte(regAddr);  //发送寄存器地址
10       if(IIC_WaitAck(5000))
11           return IIC_Err;
12       IIC_Start();                   //重启信号
13       IIC_SendByte(addr + 1);    //发送设备地址(读)
14       if(IIC_WaitAck(5000))
15           return IIC_Err;
16       while(num--)
17       {
18           *buf = IIC_RecvByte();
19           buf++;                    //偏移到下一个数据存储地址
20           if(num == 0)
21               IIC_NAck();  //最后一个数据需要回 NACK
22           else
23               IIC_Ack();  //回应 ACK
24       }
25       IIC_Stop();
26       return IIC_OK;
27   }
```

至此，完成了“软件模拟 I²C 协议”所有底层驱动代码的解读，后续在学习 SHT20 温湿度传感器和 EEPROM 存储器编程时将调用这里的驱动函数。

3. main.c 源码剖析

本工程的 main.c 文件不做具体操作，仅为后面的 I²C 模块实验做好准备。因此，这里 main.c 的源码仅作为框架，如代码清单 7－14 所示。

代码清单 7－14　main.c 文件源码

```
1    #include "stm32f10x.h"
2    #include "delay.h"
3    #include "usart.h"
4    #include "i2c_sim.h"
5    //包含其他必要的硬件驱动头文件
6    int main(void)
7    {
8        IIC_Init();//I2C 总线初始化
9        //除 I2C 之外必要的硬件初始化
10       while(1){
11           //主循环留空,后续填充 I2C 模块的控制代码
12       }
13   }
```

7.2 再谈通信协议

随着单片机系统的功能越来越多，有一些功能是通过专用的芯片/模块来实现的。如果芯片/模块与单片机之间需要交换的数据太多，这时就需要在两者之间做专门用于通信的接口，它们都按照一个固定的格式规范来通信，这种通信的格式规范叫作“通信协议”。

针对不同的场合和应用需要，很多行业协会或大公司都会做出自己的通信协议，每种协议都会有自己的名字。比如飞利浦做出了《I²C 总线协议》，英特尔联合多家同行发布了《USB 接口协议》。由于行业巨头的引领，很多芯片厂商都用各种通信协议来生产芯片，包括 ST 在内的很多公司都会把最常用的通信协议加入单片机内部。单片机用户想外接芯片时，就能很方便地完成通信功能的开发。STM32 与电脑之间的串口通信，其本质就是用 UART 这种通信协议来完成的。

每一种通信功能都包括硬件和软件两个层面。在硬件上的是通信接口，即通信需要几条连接线，单片机与芯片之间怎样连接。在软件上的是协议规范，也就是以什么样的逻辑电平方式通信。比如发送高电平代表什么，连发 3 个高电平代表什么，只有收发双方使用相同的规范，通信才能进行。各通信功能没有高低贵贱之分，它们是依不同的场合和应用而设计的，各有各的优势。

7.3 I²C 通信的物理层

I²C 总线是飞利浦公司发布的一款通信总线标准。所谓总线，是指在一条数据线上同时并联多个设备。设备是指连接在数据线上的芯片或模块。

7.3.1 主设备与从设备

在 I²C 总线上的设备分为主设备和从设备。每一组 I²C 总线上只能有 1 个主设备，主设备是主导通信的，它能主动读取各个从设备上的数据；而从设备只能等待主设备对自己读写，如果主设备无操作，从设备自己不能操作总线。I²C 总线理论上可挂接几百个从设备，每个从设备都有一个固定的 7 位或 10 位从设备地址，相当于身份证号码。主机想读写哪个从设备，就向所有从设备发送一个从设备地址，只有号码一致的从设备才会回应主设备。

7.3.2　SCL 时钟线与 SDA 数据线

如图 7－6 所示，STM32 单片机在 I²C 总线上是主设备，3 个 I²C 设备是从设备。I²C 总线由 SCL 和 SDA 两条线路构成，SCL 是时钟线，用于主设备与从设备之间的计数同步。SDA 是双向串行数据线，用于收发数据。另外，主设备和从设备都必须共地（GND 连在一起）。

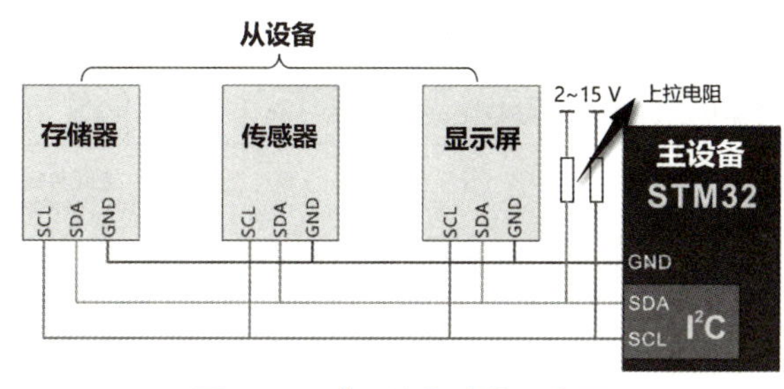

图 7－6　I²C 总线连接示意图

7.3.3　上拉电阻

当 I²C 设备空闲时，会输出高阻态，而当所有设备都空闲，都输出高阻态时，需要由图 7－6 中的上拉电阻把总线拉成高电平。阻值在 1 ~ 10 KΩ 之间，具体要根据电路板布线的实际情况确定。

7.3.4　通信速度

I²C 总线的通信速度分为 3 挡：低速模式 100 kHz、快速模式 400 kHz 以及高速模式 3.4 MHz。但在实际使用中，I²C 在快速和高速模式下都不稳定，经常出现总线出错卡死的问题，所以目前 I²C 总线主要应用于单片机周边芯片/模块的低速通信。I²C 的优点是协议简单易学，相关的芯片模块成本低，在只占用 2 个 I/O 端口的情况下可挂接上百个从设备。

7.4　I²C 通信的协议层

I²C 通信协议定义了通信的起始信号和停止信号、数据有效性、响应、仲裁、时钟同步和地址广播等环节，也就是我们常说的通信时序。学习一种通信协议，核心就是看懂它的通信时序。简单的串口通信时序我们已经学习过了，现在就开始提高一个段位，开始学习有点复杂的 I²C 通信时序。

7.4.1 基本读写过程

先来看 I^2C 通信过程的基本结构，如图 7－7 所示。图 7－7 表示的是主机和从机通信时，SDA 线的数据包序列。

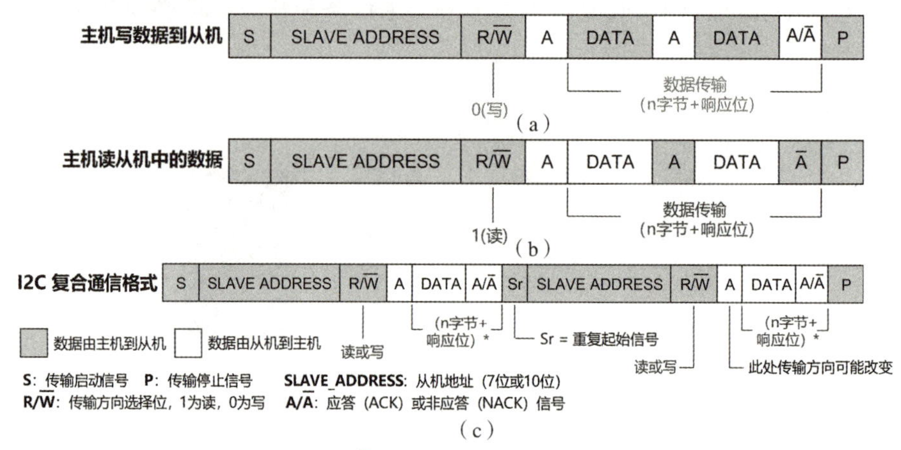

图 7－7 I^2C 通信过程的三种基本结构

其中，S 表示由主机产生的传输起始信号（S），这时连接到 I^2C 总线上的所有从机都会接收到这个信号。

起始信号产生后，所有从机就开始等待主机接下来广播的从机地址信号（SLAVE_ADDRESS）。在 I^2C 总线上，每个设备的地址都是唯一的，当主机广播的地址与某个设备地址相同时，这个设备就被选中了，没被选中的设备将会忽略之后的数据信号。根据 I^2C 协议，这个从机地址可以是 7 位或 10 位，常用的是 7 位地址。

在地址位之后，是传输方向的选择位，该位为 0 时，表示后面的数据传输方向是由主机传输至从机，即主机向从机写数据；该位为 1 时，则相反，即主机由从机读数据。从机接收到匹配的地址后，主机或从机会返回一个应答（ACK）或非应答（NACK）信号，只有接收到应答信号后，主机才能继续发送或接收数据。

1. 写数据

若配置的方向传输位为“写数据”方向，即图 7－7（a）所示的情况，广播完地址，接收到应答信号后，主机开始正式向从机传输数据（DATA），数据包的大小为 8 位，主机每发送完一个字节数据，都要等待从机的应答信号（ACK）。重复这个过程，可以向从机传输 N 个数据，这个 N 没有大小限制。当数据传输结束时，主机向从机发送一个停止传输信号（P），表示不再传输数据。

2. 读数据

若配置的方向传输位为“读数据”方向，即图 7－7（b）所示的情况，广播完地址，接收到应答信号后，从机开始向主机返回数据（DATA），数据包大小也为 8 位，从机每发送完一个数据，都会等待主机的应答信号（ACK）。重复这个过程，可以返回 N 个数据，这个 N 也没有大小限制。当主机希望停止接收数据时，就向从机返回一个非应答信号（NACK），则从机自动停止数据传输。

3. 读和写数据

除了基本的读写，I²C 通信更常用的是复合格式，即图 7－7（c）所示的情况，该传输过程有两次起始信号（S）。一般在第一次传输中，主机通过 SLAVE_ADDRESS 寻找到从设备后，发送一段“数据”，这段数据通常用于表示从设备内部的寄存器或存储器地址（注意区分它与 SLAVE_ADDRESS 的区别）；在第二次的传输中，对该地址的内容进行读或写。也就是说，第一次通信是告诉从机读写地址，第二次则是读写的实际内容。

以上是 I²C 通信协议的基本结构，理解了这里面的逻辑，下面看一下每个部分分解后的具体信号。

7.4.2　起始信号和停止信号

如图 7－8 所示，SCL 为高电平时，SDA 从高电平向低电平切换，这个情况表示通信的起始（S）。当 SCL 为高电平时，SDA 由低电平向高电平切换，表示通信的停止。

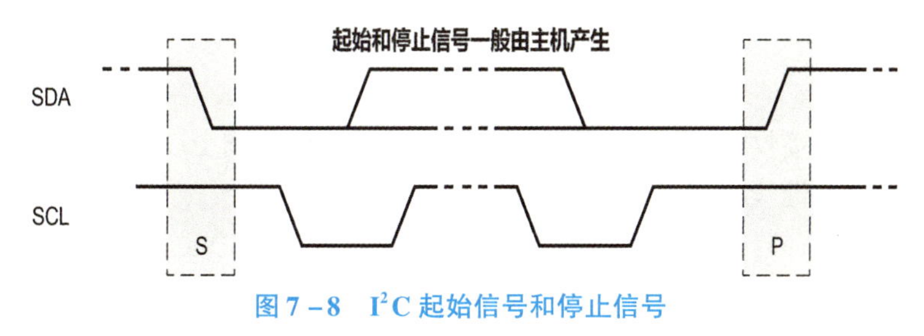

图 7－8　I²C 起始信号和停止信号

7.4.3　数据有效性

I²C 使用 SDA 线来传输数据，使用 SCL 线进行数据同步。如图 7－9 所示，SDA 在 SCL 的每个时钟周期传输一位数据。传输时，当 SCL 为高电平时，SDA 的数据有效，即此时的 SDA 为高电平时，表示数据“1”，为低电平时，表示数据“0”。当 SCL 为低电平时，SDA 的数据无效，一般在这个时候 SDA 进行电平切换，为下一次表示数据做好准备。每次数据传输都以字节为单位，每次传输的字节数不受限制。

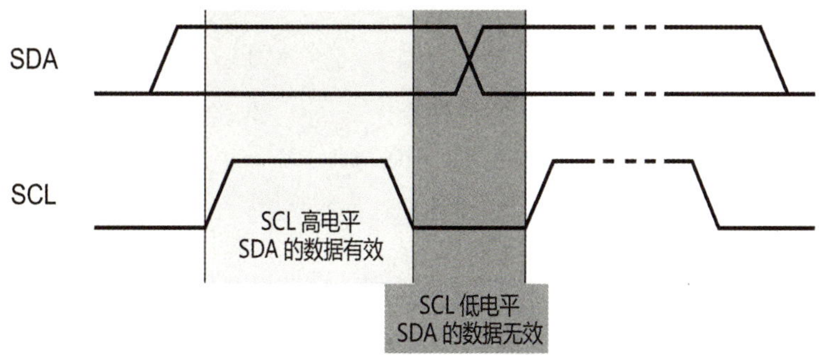

图 7－9　I²C 数据传输的有效性

7.4.4 地址与数据方向

7 位从设备地址与传输方向正好是 1 字节数据，如图 7－10 所示。读数据时，主机会释放对 SDA 的控制，由从机控制 SDA，主机接收信号；写数据时，SDA 由主机控制，从机接收信号。

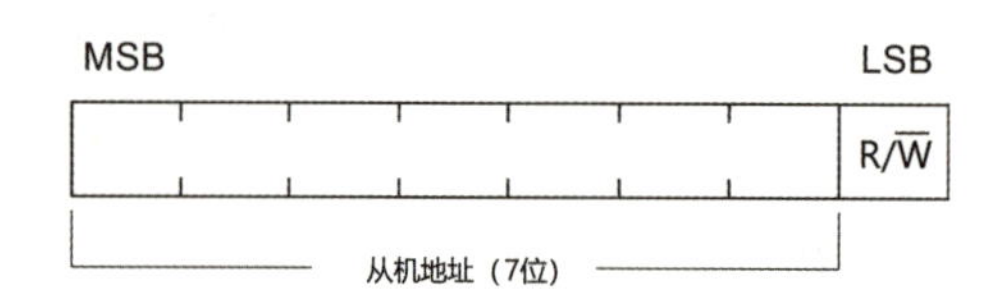

图 7－10　从设备地址（7 位）与数据传输方向

7.4.5 响应

I²C 的数据和地址传输都带响应，响应包括“应答（ACK）”和“非应答（NACK）”两种信号。作为数据接收端时，当设备（无论主从机）接收到 I²C 传输的一个字节数据或地址后，若希望对方继续发送数据，则需要向对方发送“应答（ACK）”信号，发送方会继续发送下一个数据；若接收端希望结束数据传输，则向对方发送“非应答（NACK）”信号，发送方接收到该信号后，会产生一个停止信号，结束信号传输，如图 7－11 所示。传输时，主机产生时钟，在第 9 个时钟时，数据发送端会释放 SDA 的控制权，由数据接收端控制 SDA，若 SDA 为高电平，表示非应答 NACK，低电平表示应答 ACK。

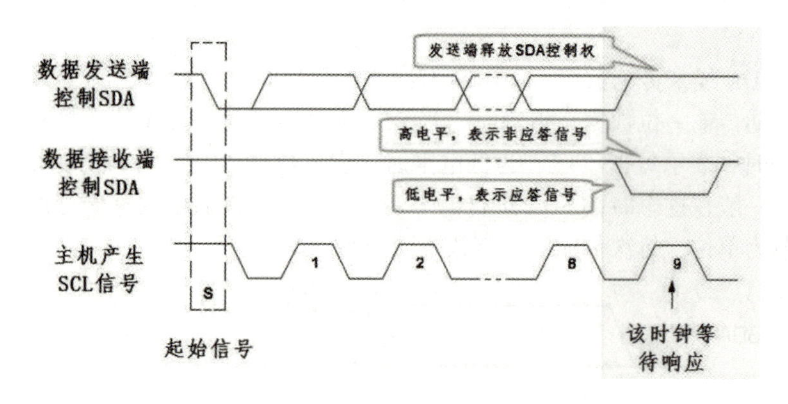

图 7－11　应答与非应答

7.5 STM32 的 I²C 概览

STM32 的 I²C 外设可用作通信的主机及从机，支持 100 kb/s 和 400 kb/s 的速率，支持 7 位、10 位设备地址，支持 DMA 数据传输，并具有数据校验功能。它的 I²C 外设还支持

SMBus 2.0 协议，SMBus 协议与 I^2C 类似，主要应用于笔记本电脑的电池管理中。图 7－12 是从 STM32 官方手册摘录过来 I^2C 功能架构，这里不是要对各部分展开详细描述，只要对其有个大概印象即可。

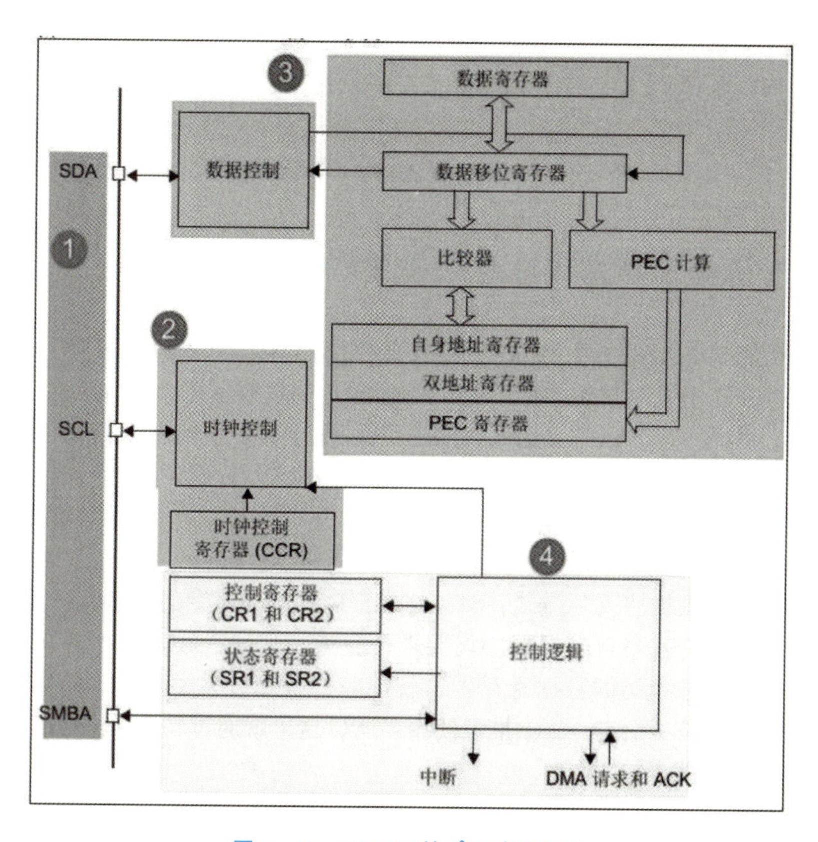

图 7－12 STM32 的 I^2C 功能架构

7.5.1 STM32 的 I^2C 引脚

我们所使用的 STM32F10x 系列芯片有两组 I^2C，使用时必须了解它们配置到哪些引脚上了。当然，这样的信息肯定是能在手册里找到的，将其摘录在表 7－1 中。查看开发板 SHT20 温湿度传感器和 AT24C02 存储芯片的原理图（图 7－13）可知，这两个 I^2C 模块连接的是 STM32 的 I^2C2 组。

表 7－1 STM32F10x 的 I^2C 引脚

引脚	I^2C1	I^2C2
SDA	PB5/PB8（重映射）	PB10
SCL	PB6/PB9（重映射）	PB11

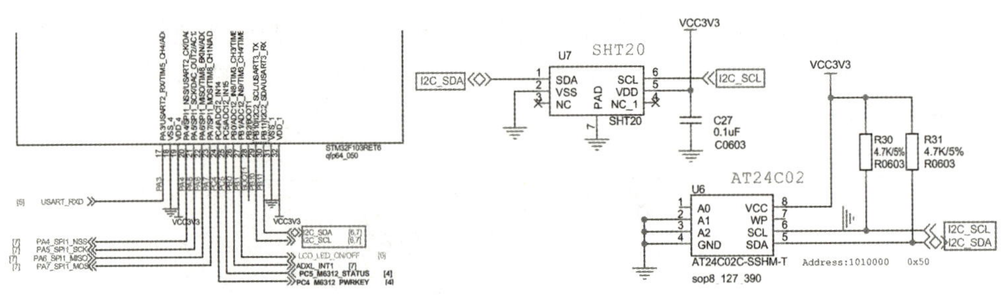

图 7－13　SHT20 和 AT24C02 部分原理图

7.5.2　通信协议的软件模拟与硬件实现

如果直接控制 STM32 的两个 GPIO 引脚，分别用作 SCL 及 SDA，按照上述 I^{2}C 信号的时序要求，直接控制引脚的输入/输出，就可以实现 I^{2}C 通信。同样，假如按照 USART 的要求去控制引脚，也能实现 USART 通信。所以，只要遵守协议，就是标准的通信，不管如何实现它，不管是 ST 的控制器还是其他公司的传感器或存储器，都能按通信标准交互。由于直接控制 GPIO 引脚电平产生通信时序时，需要由单片机控制每个时刻的引脚状态，所以称之为“软件模拟协议”方式。

相对地，还有“硬件协议”方式，STM32 的 I^{2}C 片上外设专门负责实现 I^{2}C 通信协议，只要配置好该外设，它就会自动根据协议要求产生通信信号，收发数据并缓存起来，CPU 只要检测该外设的状态和访问数据寄存器，就能完成数据收发。但是，STM32 的硬件 I^{2}C 比较复杂，更重要的是不稳定，故不推荐使用。所以这里就通过软件模拟来实现。

习题与测验

1. 翻译与解释。

master ____________　slave ____________　acknowledge ____________

2. 与并行总线相比，串行总线有哪些优势？

____

____

3. 在 I^{2}C 总线中，主机和从机是如何确定的？它们在总线工作时起什么作用？

____

____

4. 对照图 7－4 和图 7－5，简述 I^{2}C 总线的数据传输过程。

____

____

5. 简述 I^{2}C 总线的从机地址格式，在工作过程中，器件如何识别对它的读写？

____

____

模块 8

I^2C 通信之读写 EEPROM

前面我们详细分析了 I^2C 通信的协议和规范，并编写了驱动程序。接下来我们就该使用这些驱动函数，与开发板上的 I^2C 器件进行通信了。本模块我们关注开发板上的 AT24C02 芯片，它是一个采用了 EEPROM 工艺的存储器，读写操作通过 I^2C 接口完成。因此从现在开始，I^2C 这类通用的协议与 AT24C02 这个具体的存储器就要合体了。不过，大家一定要分清楚，I^2C 是一种通信协议，有着严密的通信时序逻辑要求，而 AT24C02 是一个器件，只是这个器件采用了 I^2C 协议的接口与 STM32 单片机相连而已，二者并没有必然的联系，存储器芯片可以用其他接口，I^2C 也可以用在其他很多器件上。

学习目标

1. 了解常用存储器的类型及其特征。
2. 加深对 I^2C 通信时序的理解。
3. 领悟 I^2C 驱动与应用的分层理念和相互关联。

8.1 单字节读写实验

8.1.1 任务描述

下面写一个程序，读取 AT24C02 的 0x02 这个地址里的数据，不管这个数据之前是多少，都将读出来的数据加 1，再写回到 0x02 这个地址里。为了配合效果展示，将读出和写入数据都显示在液晶屏上，如图 8 - 1 所示。

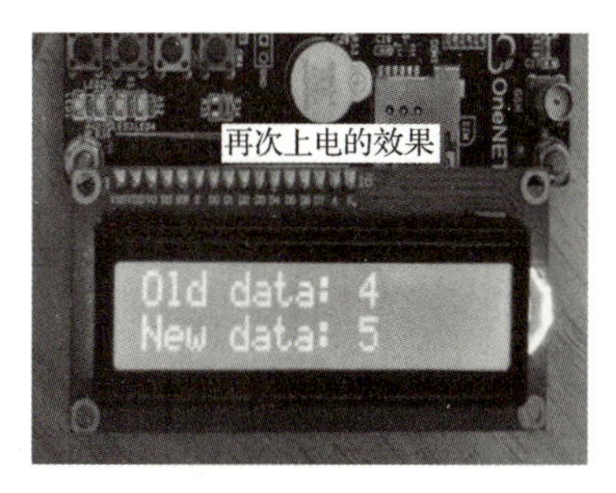

图 8 - 1　单字节读写的实验效果

8.1.2 工程文件清单

与之前一样，先给出工程文件清单，如图 8－2 所示。at24c02. h 和 at24c02. c 是 EEPROM 的驱动文件，也是我们剖析的重点。当然，肯定不能少了 I^2C 驱动文件，上一模块已经编好并分析过了。此外，由于需要液晶显示，因此要把编好的 LCD1602 驱动文件也加进本工程。

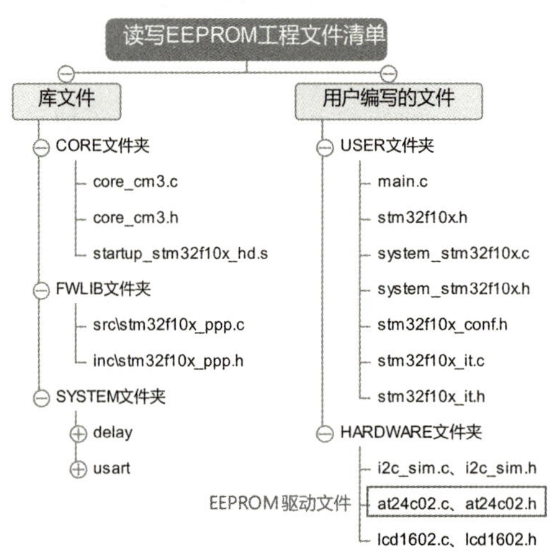

图 8－2 读写 EEPROM 工程文件清单

8.1.3 at24c02. h 源码剖析

这个头文件比较简单，定义了一个宏，声明了两个函数，如代码清单 8－1 所示。

代码清单 8－1 at24c02. h 文件源码

```
1  #ifndef _AT24C02_H_
2  #define _AT24C02_H_
3  #define AT24C02_ADDRESS 0x50        //AT24C02 设备地址
4  /* -------------------- 驱动函数声明 --------------------- */
5  void AT24C02_WriteByte(u8 regAddr, u8 byte);   //写单字节的函数
6  void AT24C02_ReadByte(u8 regAddr, u8 *byte);   //读单字节的函数
7  #endif
```

8.1.4 at24c02. c 源码剖析

由于 I^2C 读写的基本操作已经在上一模块准备好了，所以这里对 EEPROM 的读写代码就变得非常简单了，直接调用所需的驱动函数即可，如代码清单 8－2 所示。对于 AT24C02_WriteByte( )函数来说，往 EEPROM 的哪个地址写由参数 regAddr 决定，具体写什么数据由参数 byte 决定；对于 AT24C02_ReadByte( )函数来说，从 EEPROM 的哪个地址读取由参数

regAddr 决定，读到的数据存到 byte 指向的地址里。

代码清单 8 -2　at24c02. c 文件源码

```
1   #include "i2c_sim.h"
2   #include "at24c02.h"
3   /* 写一个字节到 EEPROM 的函数 */
4   void AT24C02_WriteByte(u8 regAddr, u8 byte)
5   {
6       //直接调用 I2C 驱动里的写单字节函数即可
7       I2C_WriteByte(AT24C02_ADDRESS, regAddr, &byte);
8   }
9
10  /* 从 EEPROM 读取一个字节的函数 */
11  void AT24C02_ReadByte(u8 regAddr, u8 *byte)
12  {
13      //直接调用 I2C 驱动里的读单字节函数即可
14      I2C_ReadByte(AT24C02_ADDRESS, regAddr, byte);
15  }
```

8. 1. 5　main. c 源码剖析

对于主程序来说，完成必要的初始化后，就可以对 0x02 这个地址先读后写了，如代码清单 8 -3 所示。

代码清单 8 -3　单字节读写程序的 main. c 文件源码

```
1   #include "delay.h"
2   #include "usart.h"
3   #include "i2c_sim.h"
4   #include "at24c02.h"
5   #include "lcd1602.h"

6   int main()
7   {
8       u8 dat;     //存放读出的数据
9
10      NVIC_PriorityGroupConfig(NVIC_PriorityGroup_2);
11      delay_init();          //延时初始化
12      uart_init(115200);     //串口初始化
13      IIC_Init();            //I2C 总线端口初始化
14      Lcd1602_Init();//液晶屏初始化
15      AT24C02_ReadByte(0x02, &dat);       //读出指定地址里的数据
16      Lcd1602_Printf(0, 0, "Old data: %d", dat);//原数据显示在第一行
17      if(dat ==0xff)dat = 0;    //若是 0xff, +1 后则回 0
18      elsedat ++;                //不是 0xff,正常 +1 即可,不会溢出
19      AT24C02_WriteByte(0x02, dat);     //新数据写回原地址
20      Lcd1602_Printf(1, 0, "New data: %d", dat);//新数据显示在第二行
21
22      while(1);
23  }
```

8.2 浅谈存储器的种类

存储器是计算机系统必备的组成部分，用来存储程序和数据。它是一个庞大的家族，存储技术和制造工艺也是日新月异。限于篇幅，本模块不可能把各类存储器的器件特点和工作原理都介绍一遍，这里仅对一些必要的术语和类型稍作阐述。

依据存储介质特性来分类，分为“易失性存储器”和“非易失性存储器”。其中的“易失/非易失”是指存储器断电后，数据是否会丢失的特性。由于一般易失性存储器存取速度快，而非易失性存储器可长期保存数据，所以它们都在计算机系统中占据重要地位。PC 机中易失性存储器最典型的代表就是内存条，非易失性存储器的代表则是硬盘。

8.2.1 RAM 存储器

RAM 是 Random Access Memory 的缩写，被译为随机存储器。所谓随机存取，指的是当存储器中的数据被读取或写入时，所需要的时间与数据所在的存储位置无关。实际上，现在 RAM 已经专门指代那些作为计算机内存的易失性半导体存储器。

根据 RAM 的存储机制，又分为动态随机存储器 DRAM（Dynamic RAM）以及静态随机存储器 SRAM（Static RAM）两种。如图 8－3 所示，SRAM 中的存储单元相当于一个锁存器，只有 0、1 两个稳态（当然，如果断电了，数据还是会丢失的）；DRAM 则是利用电容存储电荷来保存 0 和 1 两种状态，如图 8－4 所示，因此，需要定时对其进行刷新，否则随着时间的推移，电容中存储的电荷将逐渐消失。

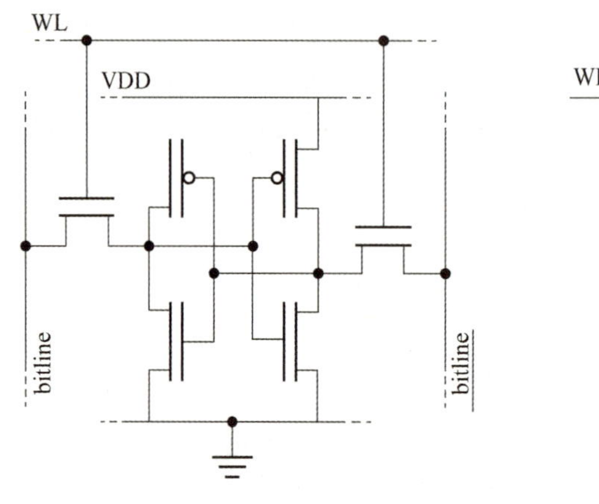

图 8－3　SRAM 存储单元

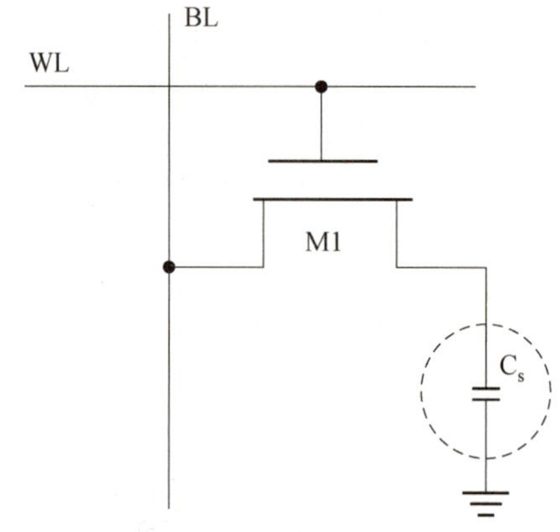

图 8－4　DRAM 存储单元

SRAM 比 DRAM 昂贵得多，但速度更快、功耗极低（特别是在空闲状态）。因此，SRAM 首选用于带宽要求高，或者功耗要求低，或者二者兼而有之的场景。由于复杂的内部结构，SRAM 比 DRAM 占用的面积更大，因而不适合更高储存密度、低成本的应用。表 8 - 1 给出了这两类存储器的特性对比。

表 8 - 1　SRAM 与 DRAM 特性对比

对比指标	SRAM	DRAM
存储信息	触发器	电容
破坏性读出	否	是
需要刷新	不要	需要
送行列地址	同时送	分两次送
运行速度	快	慢
集成度	低	高
发热量	大	小
存储成本	高	低

所以，在实际应用场合中，SRAM 一般只用于 CPU 内部的高速缓存（Cache），而外部扩展的内存一般使用 DRAM。在 STM32 系统的控制器中，只有 STM32F429 型号或更高级的芯片才支持扩展 DRAM，其他型号如 STM32F1、STM32F2 及 STM32F407 等只能扩展 SRAM。

8.2.2　非易失性存储器

非易失性存储器种类很多，芯片类的有 ROM 和 FLASH，其他的则包括光盘、硬盘等。

1. ROM 存储器

ROM 是 Read Only Memory 的缩写，意为只读存储器。由于技术的发展，后来设计出了可以方便写入数据的 ROM，而这个 Read Only Memory 的名称被沿用下来了，现在一般用于指代非易失性半导体存储器，包括后面介绍的 FLASH 存储器，有的地方也把它归到 ROM 类里边。表 8 - 2 汇总了一些常见的 ROM 类型及其特点。

表 8 - 2　常见 ROM 的种类

种类	名称	特点
MASK ROM	掩膜 ROM	正宗的 Read Only Memory，存储在它内部的数据是在出厂时使用特殊工艺固化的，生产后就不可修改，其主要优势是大批量生产时成本低
OTPROM	One Time Programable ROM 一次可编程存储器	这种存储器出厂时内部并没有资料，用户可以使用专用的编程器将自己的资料写入，但只能写入一次，被写入后，它的内容也不可再修改

续表

种类	名称	特点
EPROM	Erasable Programmable ROM 可重复擦写的存储器	它解决了 ROM 芯片只能写入一次的问题。这种存储器使用紫外线照射芯片内部擦除数据，擦除和写入都要专用的设备，现已基本淘汰
EEPROM	Electrically Erasable Programmable ROM 电可擦除存储器	EEPROM 可以重复擦写，它的擦除和写入都是直接使用电路控制，不需要再使用外部设备来擦写。而且可以字节为单位修改数据，无须整个芯片擦除。现在主要使用的 ROM 芯片都是 EEPROM。

2. FLASH 存储器

FLASH 存储器又称为闪存，它也是可重复擦写的储器，但容量一般比 EEPROM 大得多，并且在擦除时，一般以多个字节（如 4 KB）为最小擦除单位，称为页或扇区。根据存储单元电路的不同，FLASH 存储器又分为 NOR FLASH 和 NAND FLASH，两者对比见表 8 –3。

表 8 –3　NOR FLASH 与 NAND FLASH 的对比

对比的特性	NOR FLASH	NAND FLASH
同容量存储器成本	较贵	较便宜
集成度	较低	较高
介质类型	随机存储	连续存储
地址线和数据线	独立分开	共用
擦除单元	以“扇区/块”擦除	以“扇区/块”擦除
读写单元	可以基于字节读写	必须以块为单位读写
读取速度	较高	较低
写入速度	较低	较高
坏块	较少	较多

由于两种 FLASH 存储器特性的差异，NOR FLASH 一般应用在代码存储的场合，如嵌入式控制器内部的程序存储空间；而 NAND FLASH 一般应用在大数据量存储的场合，包括 SD 卡、U 盘以及固态硬盘等。

8.2.3　开发板上的 EEPROM

在实际的应用中，保存在单片机 RAM 中的数据，掉电后就丢失了，保存在单片机的 FLASH 中的数据，又不能用它来记录变化的数值。但是在某些场合，又确实需要记录下某些数据，而它们还时常需要改变或更新，掉电之后数据还不能丢失，比如家用电表度数、电视机里边的频道记忆，一般都使用 EEPROM 来保存数据。一般情况下，EEPROM 拥有 30 万~100 万次的写入寿命，而读取次数是无限的。

我们使用的开发板上的 EEPROM 型号是 AT24C02，容量为 256 字节，数据的读写基于 I²C 通信协议来完成。它与 STM32 连接的电路如图 8－5 所示，大家注意一下图中标记了“Address：1010000 0x50”的字样，这 7 位二进制数就是该器件在 I²C 总线上的 7 位地址。

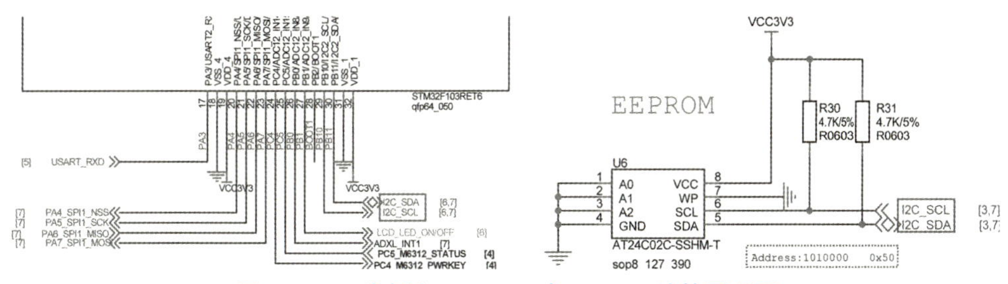

图 8－5　开发板上 AT24C02 与 STM32 连接原理图

图 8－6 是 AT24C02 数据手册中对设备地址的描述。其中高 4 位地址是固定的 1010，而低 3 位地址取决于具体电路的设计，由芯片上 A2、A1、A0 这 3 个引脚的实际电平决定。从图 8－5 中可以很明显看到，这 3 个引脚都接地为 0，因此它在 I²C 总线上的地址就为 0b1010000（0x50）。R/W 是读写方向位，与地址无关。

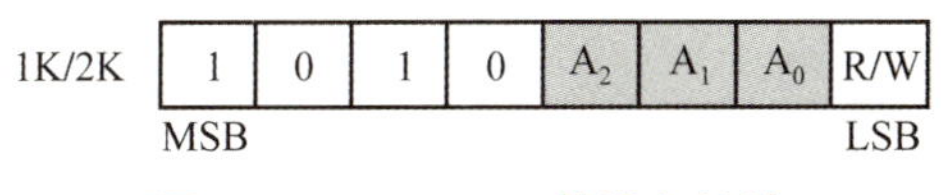

图 8－6　AT24C02 的设备地址

8.3　EEPROM 单字节读写操作

大家需要将 EEPROM 的工作时序 I²C 驱动程序结合起来，理解和领悟底层驱动和上层应用是如何进行结合的。

8.3.1　写数据流程

图 8－7 是 AT24C02 的单字节写入和多字节连续写入的时序，大家可以结合图中的序号和下面的分析来理解写数据的流程。

第一步，首先是 I²C 的起始信号，接着跟上首字节，也就是我们前边讲的 I²C 的器件地址，并且在读写方向上选择“写”操作。

第二步，发送数据的存储地址。AT24C02 一共 256 个字节的存储空间，地址从 0x00 到 0xFF，我们想把数据存储在哪个位置，此刻写的就是哪个地址。

第三步，发送要存储的数据第一个字节、第二个字节……

注意，以上无论是写地址还是写数据，每成功写入一个字节，EEPROM 都会回应一个“应答位（ACK）”，来告诉我们写入成功。如果没有回应答位，说明写入不成功。而在写数据的过程中，每成功写入一个字节，EEPROM 存储空间的地址就会自动加 1，当加到 0xFF 后，再写一个字节，地址会溢出，又变成了 0x00。

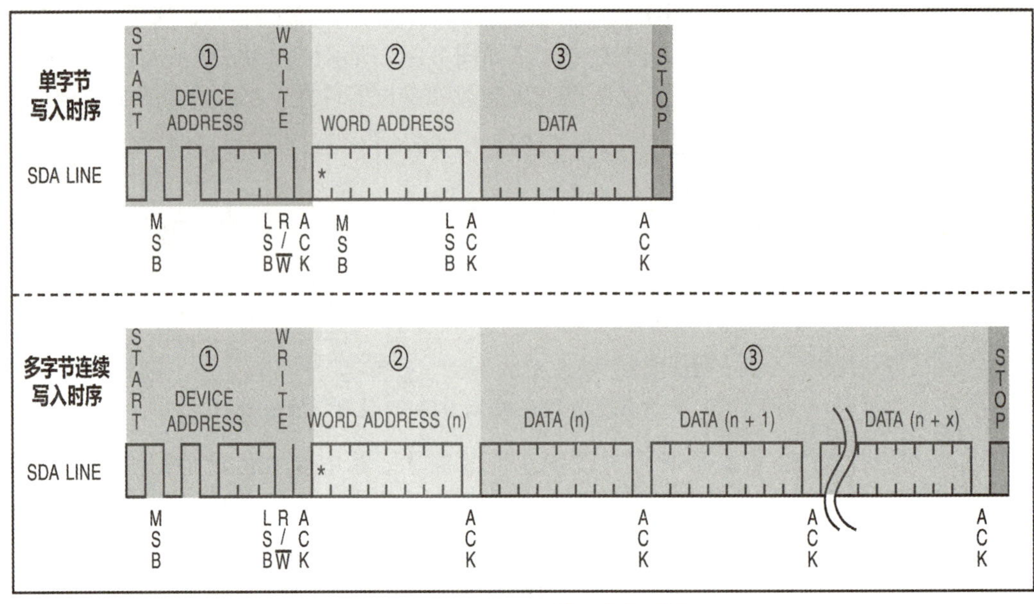

图 8 – 7　AT24C02 的写数据时序

8.3.2　读数据流程

图 8 – 8 是 AT24C02 的单字节读取和多字节连续读取的时序，大家可以结合图中的序号和下面的分析来理解读数据的流程。

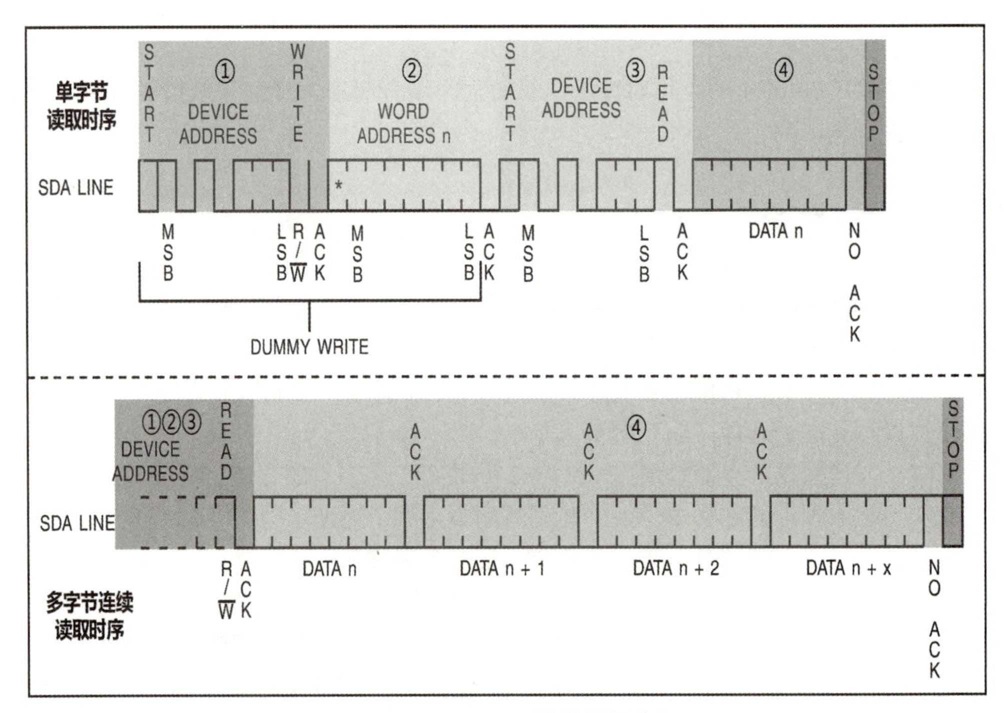

图 8 – 8　AT24C02 的读数据流程

第一步，首先产生 I²C 的起始信号，接着发送首字节，也就是我们前边讲的 I²C 的器件地址，并且在读写方向上选择“写”操作。这个地方可能有同学会诧异，明明是读数据，为何也要选“写”呢？刚才说过了，AT24C02 一共有 256 个地址，选择写操作，是为了把所要读的数据的存储地址先写进去，告诉 EEPROM 要读取哪个地址的数据。这就如同我们打电话，先拨总机号码（EEPROM 器件地址），而后还要继续拨分机号码（数据地址），而拨分机号码这个动作，主机仍然是发送方，方向依然是“写”。

第二步，发送要读取的数据的地址。注意，是地址，而非存在 EEPROM 中的数据，通知 EEPROM 要哪个分机的信息。

第三步，重新发送 I²C 起始信号和器件地址，并且在方向位选择“读”操作。

这三步中，每一个字节实际上都是在“写”，所以每一个字节 EEPROM 都会回应一个“应答位（ACK）”。

第四步，读取从器件发回的数据。读了一个字节，如果还想继续读下一个字节，就发送一个“应答位（ACK）”；如果不想读了，告诉 EEPROM，我不想要数据了，别再发数据了，那么就发送一个“非应答位（NACK）”。

和写操作规则一样，每读一个字节，地址会自动加 1，那么如果想继续往下读，给 EEPROM 一个 ACK 低电平，再给 SCL 完整的时序，EEPROM 会继续往外送数据。如果不想读了，要告诉 EEPROM 不要数据了，那么直接给一个 NACK 高电平即可。

这个地方大家要从逻辑上理解透彻，不能简单地靠死记硬背了，一定要理解明白。梳理一下几个要点：①在本例中，STM32 是主机，AT24C02 是从机；②无论是读还是写，SCL 始终都是由主机控制的；③写的时候，应答信号由从机给出，表示从机是否正确接收了数据；④读的时候，应答信号由主机给出，表示是否继续读下去。

8.4　EEPROM 多字节读写时序

8.4.1　连续读写需要“缓冲”

读 EEPROM 的时候很简单，EEPROM 根据所发送的时序，直接把数据送出来了，但是写 EEPROM 却没有这么简单了。给 EEPROM 发送数据后，先保存在 EEPROM 的缓存，EEPROM 必须要把缓存中的数据搬移到“非易失”的区域，才能达到掉电不丢失的效果。而往非易失区域写，需要一定的时间，每种器件不完全一样，AT24C02 的这个写入时间最高不超过 5 ms。在往非易失区域写的过程中，EEPROM 是不会再响应我们的访问的，不仅接收不到我们的数据，我们即使用 I²C 标准的寻址模式去寻址，EEPROM 也不会应答，就如同这个总线上没有这个器件一样。数据写入非易失区域完毕后，EEPROM 再次恢复正常，可以正常读写了。

上一个实验我们一次只写一个字节的数据进去，等到下次重新上电再写的时候，时间肯定远远超过 5 ms 了，但是如果我们是连续写入几个字节的时候，就必须得考虑到应答位的问题了。写入一个字节后，在写入下一个字节之前，我们必须要等待 EEPROM 再次响应才可以，大家注意下面程序的写法。

8.4.2　多字节读写实验

1. 任务描述

与上一个实验类似，上电之后我们从 AT24C02 中的 0x40 这个地址开始，将连续 4 字节的数据清 0。接着，每隔几秒就读取这 4 字节的数据，每个数据 + n 后再写回原地址（即第一个数据 +1，第二个数据 +2，依此类推），液晶屏用来配合显示这些数据，实验效果如图 8 -9 所示。

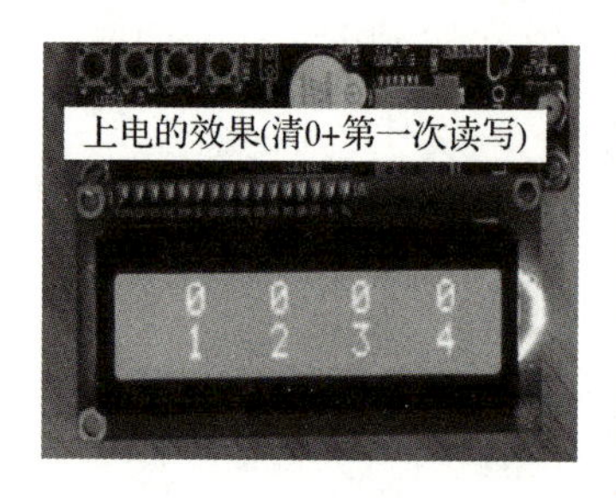

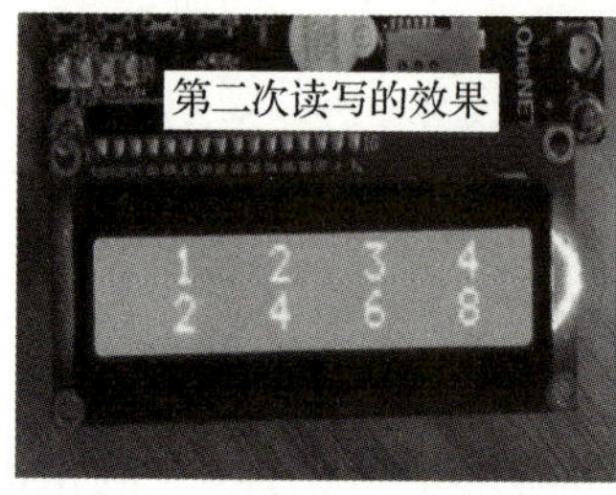

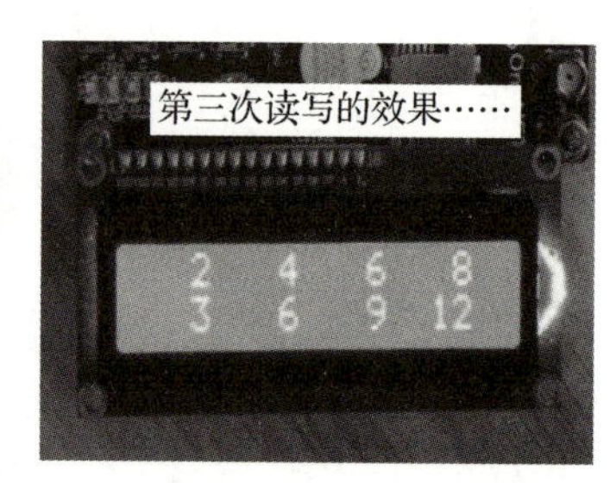

图 8 -9　多字节读写的实验效果

2. 多字节读写函数源码剖析

在 at24c02. c 驱动文件里增加了用于多字节读写的三个函数：AT24C02_WriteBytes( )、AT24C02_ReadBytes( ) 以及 AT24C02_Refresh( )。限于篇幅，上一个实验已分析过的源码就不在此处重复了，记得把这三个函数在 at24c02. h 头文件里进行声明。

（1） AT24C02_WriteBytes( ) 函数源码

该函数可实现写多个字节到 EEPROM，如代码清单 8 -4 所示。它有三个参数：regAddr 为写入的起始地址，* byte 为待写入的数据，len 为待写入的长度。在写入的过程中，每写一个字节就给 5 ms 的“缓冲”时间。

代码清单 8 -4　AT24C02_WriteBytes( ) 函数源码

```
1   void AT24C02_WriteBytes(u8 regAddr, u8 *byte, u8 len)
2   {
3       u8 count = 0;
4       for(; count < len; count ++)
5       {
6           I2C_WriteByte(AT24C02_ADDRESS, regAddr, byte);
7           regAddr ++; //地址自增
8           byte ++; //指向下一个数据
9           delay_ms(5); //必要的写入"缓冲"延时
10      }
11  }
```

（2） AT24C02_ReadBytes( ) 函数源码

该函数可实现连续读取多个数据，中间不需要“缓冲”，也是三个参数：regAddr 为读取的起始地址，* byte 用来存放读到的数据，len 为读取的长度。如代码清单 8 -5 所示。

代码清单 8 -5　AT24C02_ReadBytes( )函数源码

```
1   void AT24C02_ReadBytes(u8 regAddr, u8 *byte, u8 len)
2   {
3       //连续读数据不需要缓冲,直接调用 I2C 读多个字节函数即可
4       I2C_ReadBytes(AT24C02_ADDRESS, regAddr, byte, len);
5   }
```

（3）AT24C02_Refresh( )函数源码

与 AT24C02_WriteBytes( )类似，只不过写入的都是相同数据，同时增加了长度判断，如代码清单 8 -6 所示。

代码清单 8 -6　AT24C02_Refresh( )函数源码

```
1   _Bool AT24C02_Refresh(u8 startAddr, u8 byte, u8 len)
2   {
3       u8 count = 0;
4       if(startAddr + len > 256)        //超出限制则返回失败
5           return 1;
6       for(; count < len; count ++)
7       {
8           I2C_WriteByte(AT24C02_ADDRESS, startAddr, &byte);
9           startAddr ++;                //地址自增
10          delay_ms(5);                 //必要的写入"缓冲"延时
11      }
12      return 0;                        //返回成功
13  }
```

3. main. c 源码剖析

主程序源码见代码清单 8 -7。

代码清单 8 -7　多字节读写程序的 main. c 文件源码

```
1   #include "delay.h"
2   #include "usart.h"
3   #include "i2c_sim.h"
4   #include "at24c02.h"
5   #include "lcd1602.h"
6
7   int main()
8   {
9       u8 buf[4];      //存放读出的数据
10      u8 i;           //循环下标控制
11      NVIC_PriorityGroupConfig(NVIC_PriorityGroup_2);
12      delay_init();          //延时初始化
13      uart_init(115200); //串口初始化
14      IIC_Init();            //I2C 总线端口初始化
15      Lcd1602_Init();        //液晶屏初始化
16
17      //先将 EEPROM 的指定空间刷新,刷新失败则不再继续
```

```
18      while(AT24C02_Refresh(0x40, 0, sizeof(buf)));
19
20      while(1)
21      {
22          AT24C02_ReadBytes(0x40, buf, sizeof(buf));//连续读取多个字节
23          Lcd1602_Printf(0, 0, "%3d %3d %3d %3d", \
24                               buf[0],buf[1],buf[2], buf[3]);
25          for(i =0; i < sizeof(buf); i ++)
26          {
27              if(buf[i] ==0xff) buf[i]  = 0;
28              elsebuf[i]  =      buf[i] +i +1;
29          }
30          AT24C02_WriteBytes(0x40, buf, sizeof(buf)); //连续写入多个字节
31          Lcd1602_Printf(1, 0, "%3d %3d %3d %3d", \
32                               buf[0], buf[1], buf[2], buf[3]);
33          delay_ms(3000);    //下一轮读写的时间间隔
34      }
35  }
```

8.5 EEPROM 的页写入

8.5.1 分页管理提高写入效率

在向 EEPROM 连续写入多个字节的数据时，如果每写一个字节都要等待几毫秒的话，整体上的写入效率就太低了。因此厂商就想了一个办法，把 EEPROM 分页管理。AT24C01/02 这两个型号是 8 字节一页，而 AT24C04/08/16 是 16 字节一页。我们的开发板上用的是 AT24C02，一共是 256 字节，8 字节一页，那么就一共有 32 页。

分配好页之后，如果在同一个页内连续写入几字节后，再发送停止位的时序，EEPROM 检测到这个停止位后，就会一次性把这一页的数据写到非易失区域，就不需要像上个实验那样写一个字节检测一次了，并且页写入的时间也不会超过 5 ms。如果写入的数据跨页了，那么写完了一页之后，要发送一个停止位，然后等待并且检测 EEPROM 的空闲模式，一直等到把上一页数据完全写到非易失区域后，再进行下一页的写入，这样就可以在很大程度上提高数据的写入效率。顺便提一下，读操作与分页无关。

8.5.2 页写入实验

1. 任务描述

与上一个实验类似，上电之后，从 AT24C02 中 0x8e 这个地址开始，连续读取 16 个数据，每个数据 +n 后再写回原地址（即第一个数据 +1，第二个数据 +2，依此类推）。这里选择的起始地址不在页边界上，这样连续 16 个地址肯定会跨页，既有整页，也有不满一页。我

们把这些数据显示在串口助手上（液晶屏的显示空间有限），实验效果如图 8－10 所示。

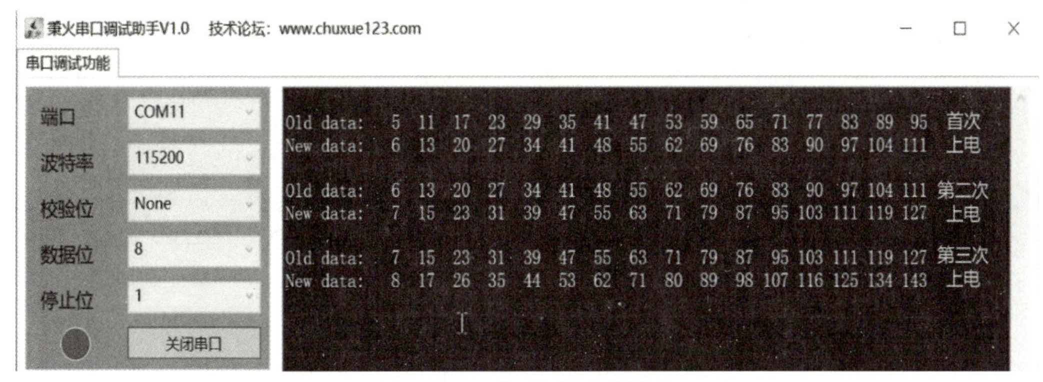

图 8－10　页写入的实验效果

2. 页写入函数源码剖析

我们在 at24c02. c 驱动文件里又增加了一个页写入函数 AT24C02_WritePages( )，如代码清单 8－8 所示。该函数参照了 I²C 的驱动函数 I2C_WriteBytes( )，在循环写入的过程中增加了对页的判断和跨页的操作，具体实现过程参见注释。

代码清单 8－8　AT24C02_WritePages( ) 函数源码

```
1   _Bool AT24C02_WritePages(u8 regAddr, u8 *byte, u8 len)
2   {
3       while(len>0)
4       {
5           IIC_Start();     //每写完一页需要重新开始
6           IIC_SendByte(AT24C02_ADDRESS<<1);   //发送设备地址+写命令
7           if(IIC_WaitAck(5000))
8               return IIC_Err;       //超时返回失败
9          IIC_SendByte(regAddr);    //发送数据存储地址
10          if(IIC_WaitAck(5000))
11              return IIC_Err;       //超时返回失败
12
13          while(len>0)      //循环写入数据
14          {
15              IIC_SendByte(*byte);     //发送数据
16              if(IIC_WaitAck(5000))
17                  return IIC_Err;       //超时返回失败
18              byte++;          //下一个数据
19              len--;           //待写入的长度递减
20              regAddr++;       //数据存储地址递增
21              if((regAddr&0x07)==0)     //检查地址是否到达页边界
22                  break;                //到达则跳出循环
23          }
24
25          IIC_Stop();      //若是写完一页退出循环,则需要结束本次写入
26                           //若是写完所有数据退出循环,也需要结束信号
27          delay_ms(5);     //写完一页需要缓冲时间
28      }
29      return IIC_OK;       //全部写完,返回成功
30  }
```

3. main. c 源码剖析

主程序源码见代码清单 8 - 9。

代码清单 8 - 9　按页写入程序的 main. c 文件源码

```
1  #include "delay.h"
2  #include "usart.h"
3  #include "i2c_sim.h"
4  #include "at24c02.h"
5
6  int main()
7  {
8      u8 buf[16];       //存放读出的数据
9      u8 i;             //循环下标控制
10     NVIC_PriorityGroupConfig(NVIC_PriorityGroup_2);
11     delay_init();       //延时初始化
12     uart_init(115200); //串口初始化
13     IIC_Init();         //I2C 总线端口初始化
14
15     AT24C02_ReadBytes(0x8e, buf, sizeof(buf));//连续读取多个字节
16     printf("\r\nOld data: ");
17     for(i =0;i <sizeof(buf);i ++)       //打印读出的旧数据
18         printf("% 3d ", buf[i]);
19     for(i =0;i <sizeof(buf);i ++)       //每个数据依次 +n
20     {
21         if(buf[i] ==0xff)buf[i] = 0;
22         elsebuf[i] = buf[i] +i +1;
23     }
24
25     AT24C02_WritePages(0x8e, buf, sizeof(buf));     //按页写入多字节
26     printf("\r\nNew data: ");
27     for(i =0;i <sizeof(buf);i ++)     //打印写入的新数据
28         printf("%3d ", buf[i]);
29     printf("\r\n");
30
31     while(1);
32 }
```

8. 6　EEPROM/串口收发/液晶显示的综合实验

8. 6. 1　任务描述

本节的实验例程，有点儿类似于广告屏。上电后，液晶屏的第一行显示固定标题（内容自定），第二行显示 EEPROM 从 0x20 地址开始的 16 个字符，即第 2、3 两页里的内容。我们可以通过串口通信来改变 EEPROM 这两页的数据，并且下次上电的时候，液晶屏直接

会显示更新过的内容。此外，如果向串口发送的消息是“RESET”，则写入一串代表复位的信息。具体效果如图 8 – 11 所示。

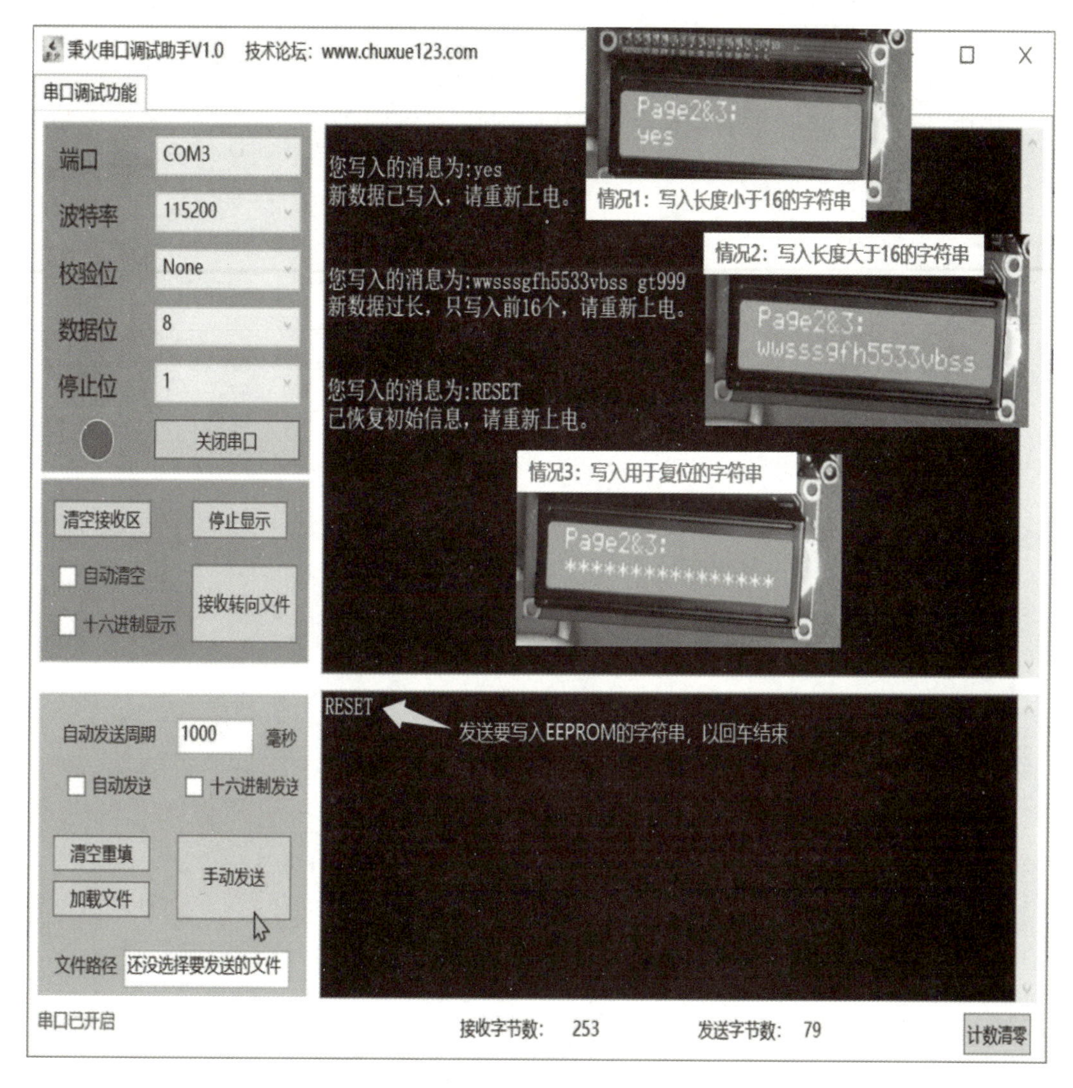

图 8 – 11　综合实验效果

这个实验涉及了 UART 串口通信、EEPROM 读写操作、LCD1602 液晶显示，前面都通过专门的章节分别讲过了，现在我们要把它们综合在一个实验里，就比较考验融会贯通和举一反三的能力了。写个点亮小灯程序很简单，但是我们想真正学好单片机和嵌入式，必须得学会这种综合程序的应用，实现多个模块同时参与工作。

8.6.2　源码剖析

这个综合实验的主程序见代码清单 8 – 10，大家可以结合上面的实验效果和代码中的注释信息来阅读。

代码清单 8-10　综合实验主程序源码

```
1   #include "delay.h"
2   #include "usart.h"
3   #include "i2c_sim.h"
4   #include "at24c02.h"
5   #include "lcd1602.h"
6
7   /*******************************************************************
8   * 名称:Memory_Cmp
9   * 功能:比较两个指针所指向的内存数据是否相同
10  * 参数:*ptr1 --- 待比较指针1 *ptr2 --- 待比较指针2 len --- 待比较长度
11  * 返回:0 --- 相同,1 --- 不同
12  * 说明:相当于库中的strcmp函数,只不过库中的函数要求参数是const char* 类型
13  *******************************************************************/
14  _Bool Memory_Cmp(u8 *ptr1, u8 *ptr2, u8 len)
15  {
16      while(len--)
17      {
18          if(*ptr1++ != *ptr2++)  //遇到不同数据即返回1
19          return 1;
20      }
21      return 0;  //全部比完,相同则返回0
22  }
23
24  int main()
25  {
26      u8 len;           //记录串口接收字符串的长度
27      u8 i;             //循环控制下标
28      u8 str[16];       //字符串缓冲区
29      NVIC_PriorityGroupConfig(NVIC_PriorityGroup_2);
30      delay_init();          //延时初始化
31      uart_init(115200);     //串口初始化
32      IIC_Init();            //I2C总线端口初始化
33      Lcd1602_Init();        //液晶屏初始化
34
35      /* --------- 上电之后读取两页空间里的字符并显示 --------- */
36      Lcd1602_Printf(0, 0, "Page2&3:");  //第一行显示固定标题
37      AT24C02_ReadBytes(0x20, str, 16);  //读取两页的数据
38      Lcd1602_Printf(1, 0, "%s", str);  //第二行显示读到的字符
39
40      /* -------------- 主循环接收串口消息并处理 -------------- */
41      while(1)
42      {
43          if(USART_RX_STA & 0x8000)          //串口接收完一次
44          {
45              len = USART_RX_STA & 0x3fff;     //bit13~bit0为接收数据的长度
46              printf("\r\n您写入的消息为:");
47              for(i=0; i<len; i++)
48              {
49                  //收到的内容再填入发送缓冲区,即回显
```

```
50                  USART1->DR = USART_RX_BUF[i];
51              while((USART1->SR&0x40)==0);  //等待发送结束
52              }
53              printf("\r\n");     //插入换行
54              USART_RX_STA = 0;   //接收状态标记清0,准备下一次接收
55
56              if(Memory_Cmp(USART_RX_BUF, "RESET", 5)==0)//如果是复位消息
57              {
58                  printf("已恢复初始信息,请重新上电。\r\n\r\n");
59                  AT24C02_Refresh(0x20, '*', 16);   //写入16个*号
60              }
61              else if(len<=16)    //不是复位信息,且数据长度不超过16
62              {
63                  for(i=0; i<len; i++)
64                      str[i] = USART_RX_BUF[i];  //保留串口接收的消息
65                  for(i=len; i<16; i++)
66                      str[i] = ' ';              //消息后面补足空格
67                  AT24C02_WritePages(0x20, str, 16); //按页写入新数据
68                  printf("新数据已写入,请重新上电。\r\n\r\n");
69              }
70              else//不是复位信息,但是数据长度超过16
71              {
72                  for(i=0; i<16; i++)
73                      str[i] = USART_RX_BUF[i];   //只保留消息的前16个数据
74                  AT24C02_WritePages(0x20, str, 16);  //按页写入新数据
75                  printf("新数据过长,只写入前16个,请重新上电。\r\n\r\n");
76              }
77          }
78      }
79  }
```

我们在主函数之前（第 7～22 行）补充了一个比较函数 Memory_Cmp( )，用来判断两个字符串是否一致，因为我们的需求里有对“RESET”这个特殊字符串的功能要求。此外，把串口接收的消息保存下来的代码（第 43～54 行）已经在“模块 6 串口收发通信”里详细分析过了。接着，就是根据消息的内容和长度做不同的处理，处理完再把 16 个字符写入 EEPROM 指定的两页里。

至此，有关 EEPROM 的编程实践就全部讲解完了，希望同学们能认真地结合 I²C 的工作时序和驱动程序，把工程代码一行一行编写起来，最终巩固下来。如果你有兴趣，还可以在我们综合实验的基础上再增加 LED、按键和定时器，设计一个简易密码锁。

习题与测验

1. 翻译与解释。

SRAM ______________　DRAM ______________　MASK ROM ______________

EPROM ______________ EEPROM ______________

2. 简要描述一下 AT24C02 读写数据的过程。

____

____

3. AT24C02 是如何进行分页管理的？这样做的好处是什么？

____

____

4. 阅读 AT24C02_WritePages( ) 函数，简要描述一下 AT24C02 页写入的流程和跨页的处理。

____

____

模块 9

I^2C 通信之 SHT20 传感器

SHT20 是一款性价比很高的温湿度传感器模块，内部集成了电容式湿度传感器、带隙温度传感器及专用模拟和数字集成电路，具有良好的精度、长期稳定性和超低功耗。其最受欢迎的地方在于，它是通过 I^2C 总线实现功能配置和送出数据的，数据格式简单，编程方便。

学习目标

1. 继续锻炼阅读器件数据手册的能力。
2. 了解 SHT20 的工作模式和数据规范。
3. 模仿和学习功能时序向驱动代码的转换。

9.1 温湿度采集与显示实验

了解了 SHT20 的关键信息，结合 I^2C 基础，接下来就可以进行编程实践了。

9.1.1 任务描述

实时采集开发板所处环境的温度和湿度数据，并将其显示在 LCD1602 和串口助手上，具体效果如图 9－1 所示。

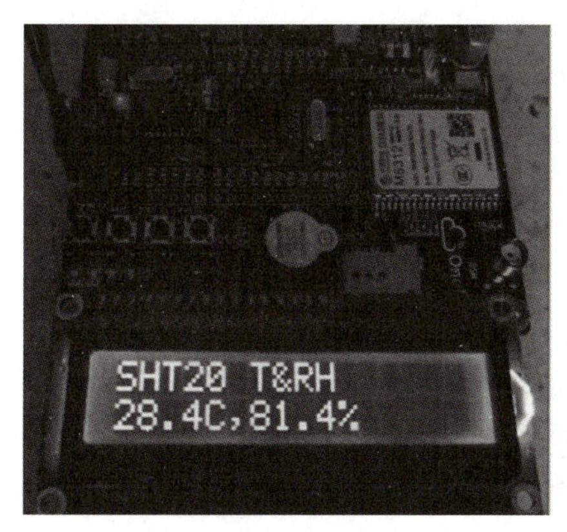

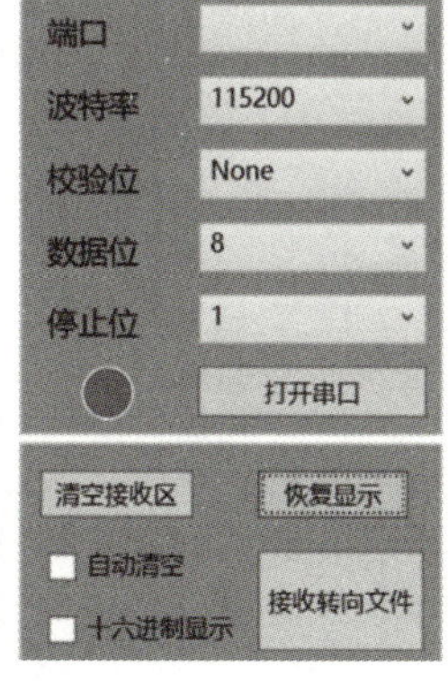

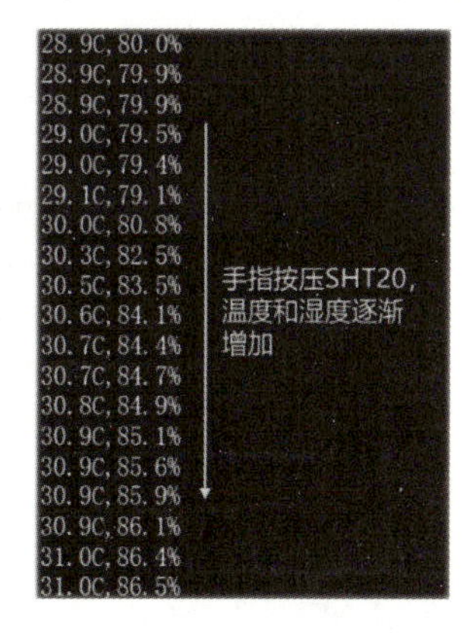

图 9－1 实时采集和显示温湿度

9.1.2 工程文件清单

如图 9 - 2 所示，本工程在“I²C 通信”工程基础上添加了 SHT20 的驱动文件 sht20.c 和 sht20.h，同时将前面用过的 LCD1602 驱动文件也添加进来。

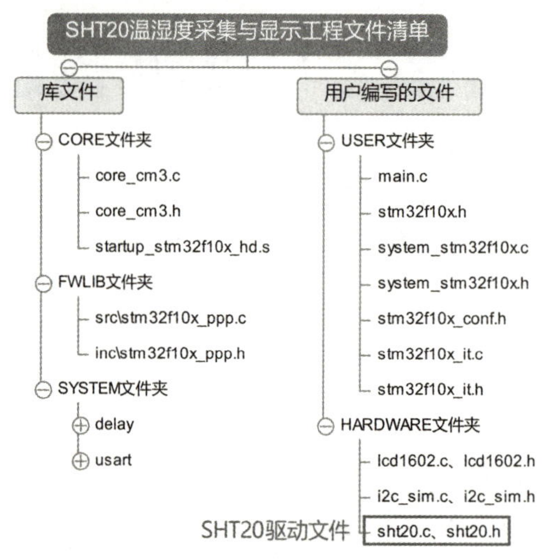

图 9 - 2　温湿度采集与显示工程文件清单

9.1.3 工程代码剖析

这里为了突出源码的功能细节和排版之需，对源码进行了必要的分割处理。连续且完整的源码请阅读本实验配套的工程。

1. sht20.h 源码剖析

该文件源码见代码清单 9 - 1，注释已阐明每行代码功能，这里不再赘述。

代码清单 9 - 1　sht20.h 文件源码

```
1   #ifndef __SHT20_H_
2   #define __SHT20_H_
3   #include "stm32f10x.h"
4
5   /* ---------- SHT20 操作命令相关宏定义,详见表 9 - 4 ---------- */
6   #define SHT20_ADDRESS 0X40                    //I2C 地址
7   #define SHT20_Measurement_RH_HM 0XE5          //测湿度(主机模式)
8   #define SHT20_Measurement_T_HM 0XE3           //测温度(主机模式)
9   #define SHT20_Measurement_RH_NHM 0XF5         //测湿度(非主机模式)
10  #define SHT20_Measurement_T_NHM 0XF3          //测温度(非主机模式)
11  #define SHT20_READ_REG 0XE7               //读用户寄存器
12  #define SHT20_WRITE_REG 0XE6              //写用户寄存器
13  #define SHT20_SOFT_RESET 0XFE             //软复位
14
```

```
15 typedef struct {
16     float temperature;
17     float humidity;
18 } SHT20_INFO;        //将 SHT20 的温湿度数据封装成一个结构体
19 extern SHT20_INFO sht20_info;  //声明 SHT20 结构体变量
20
21 void SHT20_GetValue(void);     //获取温湿度函数声明
22
23 #endif
```

2. sht20.c 源码剖析

该文件是根据前面所述的 SHT20 通信时序来编写的，基本上是每一项功能对应一个函数，下面就由易到难来逐个剖析。

（1） SHT20_reset( ) 函数源码

从名字上很容易看出该函数用于 SHT20 的复位，因为软复位的时序最简单，所以我们把它作为第一个函数。此外，将头文件和全局变量定义一起放进来，见代码清单 9－2。

代码清单 9－2　SHT20_reset( ) 函数源码

```
1  #include "sht20.h"
2  #include "i2c_sim.h"
3  #include "delay.h"
4
5  const int16_t POLYNOMIAL = 0x131;  //多项式常量,用于 CRC8 校验
6  SHT20_INFO sht20_info;        //温湿度数据结构体定义
7
8  void SHT20_reset(void)
9  {
10     I2C_WriteByte(SHT20_ADDRESS, SHT20_SOFT_RESET, (void *)0);
11 }
```

（2） SHT20_read_user_reg( ) 函数源码

该函数用来读 SHT20 用户寄存器，读到的数据即为返回值，源码详见代码清单 9－3。

代码清单 9－3　SHT20_read_user_reg( ) 函数源码

```
1  u8 SHT20_read_user_reg(void)
2  {
3      u8 val = 0;
4      I2C_ReadByte(SHT20_ADDRESS, SHT20_READ_REG, &val);
5      return val;
6  }
```

（3） SHT2x_CheckCrc( ) 函数源码

该函数使用 CRC8 算法检查数据的正确性，它有三个参数：读取到的数据 data、需要校验的数量 nbrOfBytes、读取到的校对比验值 checksum。校验成功返回 0，校验失败返回 1。这个算法已非常成熟，网上很容易获得其源码，这里做了整理，见代码清单 9－4。

代码清单 9-4　SHT2x_CheckCrc( )函数源码

```
1   char SHT2x_CheckCrc(char data[], char nbrOfBytes, char checksum)
2   {
3       char crc = 0;
4       char bit = 0;
5       char byteCtr = 0;
6
7       //数据左移了 8 位,故需要循环计算 8 次
8       for(byteCtr = 0; byteCtr < nbrOfBytes; ++byteCtr)
9       {
10          crc ^= (data[byteCtr]);
11          for(bit = 8; bit > 0; --bit)
12          {
13              //最高位为 1,不需要异或,往左移一位,然后与 0x31 异或
14              //多项式 x8 + x5 + x4 + 1,100110001(0x131)
15              //最高位不需要异或,直接去掉后即 0x31
16              if(crc&0x80) crc = (crc < <1)^POLYNOMIAL;
17              else crc <<= 1;    //最高位为 0 时,不需要异或,数据整体左移一位
18          }
19      }
20      if(crc! = checksum)return 1;
21      elsereturn 0;
22  }
```

(4) float SHT2x_CalcRH( )函数源码

该函数是湿度计算函数，它有一个参数 sRH，代表读取到的湿度原始数据，返回式(9-1) 的计算结果，源码见代码清单 9-5。

代码清单 9-5　SHT2x_CalcRH( )函数源码

```
1   float SHT2x_CalcRH(u16 sRH)
2   {
3       float humidityRH = 0;    //湿度计算结果
4       sRH & = ~0x0003;    //低字节的最后两位是状态位,不能作为计算结果,故清掉
5       humidityRH = -6.0 + 125.0/65536 * (float)sRH;    //式(9-1)
6       return humidityRH;
7   }
```

(5) SHT2x_CalcTemperatureC( )函数源码

该函数是温度计算函数，它有一个参数 sT，代表读取到的温度原始数据，返回式(9-2) 的计算结果，源码见代码清单 9-6。

代码清单 9-6　SHT2x_CalcTemperatureC( )函数源码

```
1   float SHT2x_CalcTemperatureC(u16 sT)
2   {
3       float temperatureC = 0;    //温度计算结果
4       sT & = ~0x0003;  //低字节的最后两位是状态位,不能作为计算结果,故清掉
5       temperatureC = -46.85 + 175.72/65536 * (float)sT;    //式(9-2)
6       return temperatureC;
7   }
```

（6）SHT2x_MeasureHM( )函数源码

该函数是根据测量温湿度的完整时序而编写的，它有两个参数：cmd 表示测量的是温度还是湿度、pMeasured 是保存计算结果的地址，返回值是温度或湿度的测量结果。详细源码见代码清单 9 -7。

代码清单 9 -7　SHT2x_MeasureHM( )函数源码

```
1   float SHT2x_MeasureHM(u8 cmd, u16 *pMeasured)
2   {
3       char checksum = 0;  //校验结果变量
4       char data[2];       //存放测量结果的两个字节
5       u8 addr = 0;
6       u16 tmp = 0;
7       float t = 0;
8
9       addr = SHT20_ADDRESS << 1;
10      IIC_Start();
11      IIC_SendByte(addr);
12      if(IIC_WaitAck(50000))return 0.0;
13      IIC_SendByte(cmd);
14      if(IIC_WaitAck(50000)) return 0.0;
15
16      IIC_Start();
17      IIC_SendByte(addr + 1);
18      while(IIC_WaitAck(50000))  //等待应答
19      {
20          IIC_Start();
21          IIC_SendByte(addr + 1);
22      }
23      delay_ms(70);
24      data[0] = IIC_RecvByte();
25      IIC_Ack();
26      data[1] = IIC_RecvByte();
27      IIC_Ack();
28      checksum = IIC_RecvByte();
29      IIC_NAck();
30      IIC_Stop();
31
32      SHT2x_CheckCrc(data, 2, checksum);
33      tmp = (data[0] < <8) + data[1];
34      if(cmd == SHT20_Measurement_T_HM)
35          t = SHT2x_CalcTemperatureC(tmp);
36      else
37          t = SHT2x_CalcRH(tmp);
38      if(pMeasured)
39          *pMeasured = (u16)t;
40
```

```
41      return t;
42  }
```

(7) SHT20_GetValue()函数源码

经过前面若干个函数的层层迭代和封装，SHT20_GetValue()是最终获取温湿度数据的函数，结果保存在 SHT20 结构体里，即代码清单 9-8 中的第 7~11 行。此外，根据手册对用户寄存器的描述——在进行任何写寄存器的操作之前，必须先读预留位的默认值——因此，可以看到其中有多处读用户寄存器的操作。

代码清单 9-8　SHT20_GetValue()函数源码

```
1   void SHT20_GetValue(void)
2   {
3       u8 val = 0;
4       delay_us(5);
5       SHT20_read_user_reg();
6       delay_us(100);
7       sht20_info.temperature = \
8               SHT2x_MeasureHM(SHT20_Measurement_T_HM, (void *)0);
9       delay_ms(70);
10      sht20_info.humidity = \
11              SHT2x_MeasureHM(SHT20_Measurement_RH_HM, (void *)0);
12      delay_ms(25);
13      SHT20_read_user_reg();
14      delay_ms(25);
15      I2C_WriteByte(SHT20_ADDRESS, SHT20_WRITE_REG, &val);
16      delay_us(100);
17      SHT20_read_user_reg();
18      delay_us(100);
19      SHT20_reset();
20      delay_us(100);
21  }
```

3. main.c 源码剖析

主程序在完成必要的初始化后，每隔一定时间获取一次温湿度数据，在 LCD1602 的第二行显示，同时也“打印”在串口助手上。详见代码清单 9-9。

代码清单 9-9　main.c 文件源码

```
1   #include "stm32f10x.h"
2   #include "delay.h"
3   #include "usart.h"
4   #include "lcd1602.h"
5   #include "i2c_sim.h"
6   #include "sht20.h"
7
```

```
8   int main(void)
9   {
10      NVIC_PriorityGroupConfig(NVIC_PriorityGroup_2);  //中断分组
11      delay_init();              //延时初始化
12      uart_init(115200);  //初始化串口,波特率115200
13      IIC_Init();          //I2C总线初始化
14      Lcd1602_Init();      //LCD1602初始化
15      printf("\r\n麒麟座开发板-V3.2\r\n");
16      printf("SHT20温湿度测量实验\r\n");
17      Lcd1602_Printf(0, 0, "SHT20 T&RH");
18
19      while(1)
20      {
21          SHT20_GetValue();
22          Lcd1602_Printf(1, 0, "%0.1fC,%0.1f%% ", \
23                              sht20_info.temperature, sht20_info.humidity);
24          printf("%0.1fC,% 0.1f%%\r\n", \
25                  sht20_info.temperature, sht20_info.humidity);
26          delay_ms(500);
27      }
28  }
```

9.1.4 实验效果验证

大家在测量时可以将手指轻轻按压在SHT20传感器上，可以看到湿度上升明显（一般皮肤上有汗），温度也缓慢上升至接近体温。

9.2 SHT20关键特性与引脚定义

了解一款传感器，最全面而准确的当然是阅读官方提供的数据手册，这也是学习者应该锻炼的能力。这款传感器已在众多产品上使用，因此，在搜索引擎里很方便就能获得中文数据手册。手册里信息很多，这里摘出一些必要的关键信息。

9.2.1 关键特性

每一个SHT20传感器出厂前都经过了校准和测试，能够输出经过标定的数字信号，且采用标准I²C格式。SHT20的工作电压范围为2.1~3.6 V，对温度和湿度的分辨率可以通过输入命令进行改变（8/12 bit乃至12/14 bit的RH/T），其主要参数见表9-1和9-2。传感器还可以对输出的温湿度数据进行校验，有助于提高通信的可靠性。

表 9 – 1　相对湿度性能参数

参数	条件	最小	典型	最大	单位
分辨率	12 bit		0. 04		% RH
	8 bit		0. 7		% RH
精度误差	典型		3. 0		% RH
	最大				% RH
工作范围		0		100	% RH

表 9 – 2　温度性能参数

参数	条件	最小	典型	最大	单位
分辨率	14 bit		0. 01		℃
	12 bit		0. 04		℃
精度误差	典型		±3. 0		℃
	最大				℃
工作范围		-40		125	℃

9. 2. 2　产品外观与引脚

图 9 – 3 是开发板上的 SHT20 传感器，尺寸很小，它的引脚定义见表 9 – 3。

图 9 – 3　开发板上的 SHT20 外观与尺寸

表 9 – 3　SHT20 的引脚定义

引脚	名称	功能
1	SDA	串行数据，双向
2	VSS	地
5	VDD	供电电压
6	SCL	串行时钟，双向
3、4	NC	不连接

9.3　SHT20 的数据通信

对于编程来说，传感器与单片机的数据通信才是我们最关心的。我们已经了解了 I²C 通信的时序，但还不够。那么怎么启动测量？是测量湿度还是温度？测量精度是多少？二进制的数据与温湿度是如何换算的？如何保证测得的数据是准确的？这些问题就不是 I²C 通信时序层面的事了，而是 SHT20 这个器件本身特性了，只有它的数据手册才能解答。

9.3.1　启动传感器

首先，将传感器上电，电压为 VDD 电源电压（2.1～3.6 V）。上电后，传感器最多需要 15 ms 时间（此时 SCL 为高电平）就达到空闲状态，即做好准备接收由主机发送的命令。

9.3.2　启动/停止时序

每个传输序列都以 Start 状态作为开始，并以 Stop 状态作为结束。

9.3.3　发送命令

在启动传输后，随后传输的首字节包括 7 位的 SHT20 设备地址（1000000，即 0x40）和一个读/写控制位（1 为读，0 为写）。在第 8 个 SCL 时钟下降沿之后，通过拉低 SDA（ACK 应答），指示传感器数据接收正常。在发出测量命令之后（11100011 代表温度测量，11100101 代表相对湿度测量），单片机必须等待测量完成。基本的命令汇总在表 9－4 中，注意，触发温湿度测量时，有两种不同的方式可选：主机模式或非主机模式。

表 9－4　SHT20 基本命令集

命令	功能	代码
触发 T 测量	主机模式	11100011
触发 RH 测量	主机模式	11100101
触发 T 测量	非主机模式	11110011
触发 RH 测量	非主机模式	11110101
写用户寄存器		11100110
读用户寄存器		11100111
软复位		11111110
注：RH 代表相对湿度，T 代表温度。		

9.3.4　主机/非主机模式

单片机与 SHT20 之间的通信有两种不同的工作方式：主机模式和非主机模式。主机模式下，在测量的过程中，SCL 被封锁（由传感器进行控制）；在非主机模式下，当 SHT20 在执行测量任务时，SCL 仍然保持开放状态，可进行其他 I^2C 总线通信任务。

主机模式的通信时序如图 9－4 所示。SHT20 将 SCL 拉低，强制主机进入等待状态。通过释放 SCL，表示传感器内部处理工作结束，进而可以继续传送数据。

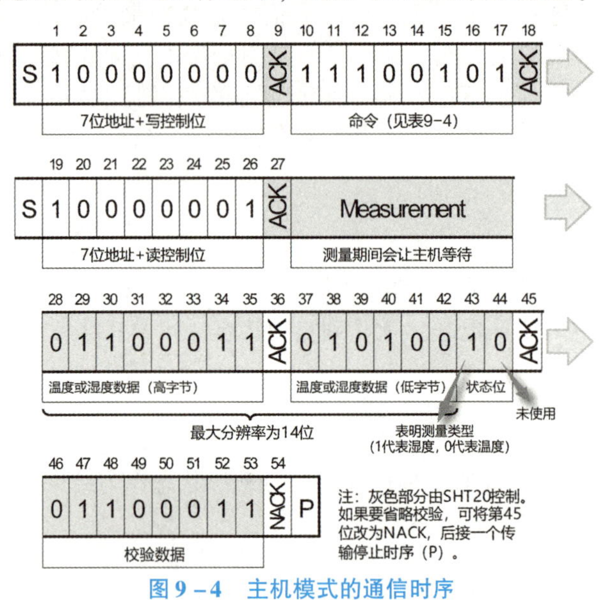

图 9－4　主机模式的通信时序

非主机模式的通信时序如图 9－5 所示。单片机需要对传感器状态进行查询。如果内部处理工作完成，单片机查询到传感器发出的确认信号后，相关数据就可以进行读取。如果测量处理工作没有完成，传感器无确认位（ACK）输出，此时必须重新发送，以启动传输时序。

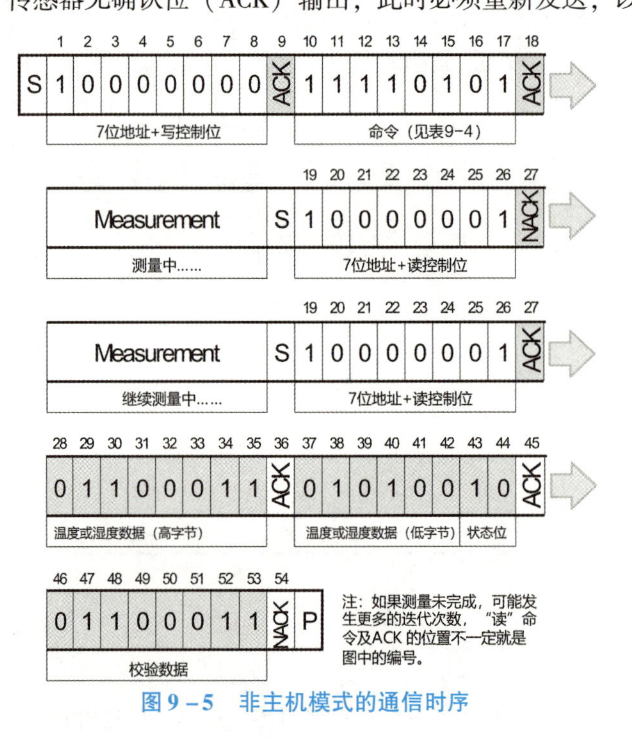

图 9－5　非主机模式的通信时序

无论哪种传输模式，由于测量的最大分辨率为 14 位（还支持 13 位、12 位、11 位、10 位、8 位），数据中低字节的后两位（bit43 和 bit44）用来传输相关的状态信息，这两个状态位中的 bit1 表明测量的类型（0 表示温度，1 表示湿度），bit0 当前没有赋值。

9.3.5　软复位

这个命令（图 9 -6）用于在无须关闭和再次打开电源的情况下，重新启动传感器。在接收到这个命令之后，传感器系统开始重新初始化，并恢复默认设置状态，用户寄存器的加热器位除外。软复位所需时间不超过 15 ms。

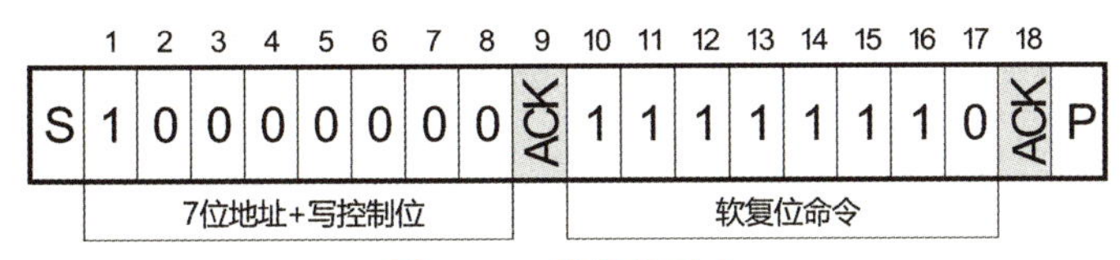

图 9 -6　软复位时序

9.3.6　用户寄存器

表 9 -4 中还有两条命令用来读/写用户寄存器，这个寄存器的功能见表 9 -5。通过它能获取 SHT20 的分辨率和电源电压状态，还能开启内部加热器和 OTP 重加载（这两个用于传感器的功能和安全诊断，很少用，暂不了解不要紧）。重要的是，在进行任何写寄存器的操作之前，必须先读预留位的默认值。之后，用户寄存器字节由对应预留位的默认值和其他位的默认值或写入值组成。读/写用户寄存器的通信时序如图 9 -7 所示。

表 9 -5　用户寄存器功能表

<table>
<tr><th>二进制位</th><th>位数</th><th colspan="4">功能描述</th><th>默认值</th></tr>
<tr><td rowspan="6">bit7，bit0</td><td rowspan="6">2</td><td colspan="4">测量分辨率</td><td rowspan="6">00</td></tr>
<tr><td>bit7</td><td>bit0</td><td>RH</td><td>T</td></tr>
<tr><td>0</td><td>0</td><td>12 位</td><td>14 位</td></tr>
<tr><td>0</td><td>1</td><td>8 位</td><td>12 位</td></tr>
<tr><td>1</td><td>0</td><td>10 位</td><td>13 位</td></tr>
<tr><td>1</td><td>1</td><td>11 位</td><td>11 位</td></tr>
<tr><td>bit6</td><td>1</td><td colspan="4">电源状态
0：VDD > 2.25 V
1：VDD < 2.25 V</td><td>0</td></tr>
<tr><td>bit3，bit4，bit5</td><td>3</td><td colspan="4">预留</td><td></td></tr>
<tr><td>bit2</td><td>1</td><td colspan="4">启动片上加热器</td><td>0</td></tr>
<tr><td>bit1</td><td>1</td><td colspan="4">不能启动 OTP 加载</td><td>1</td></tr>
</table>

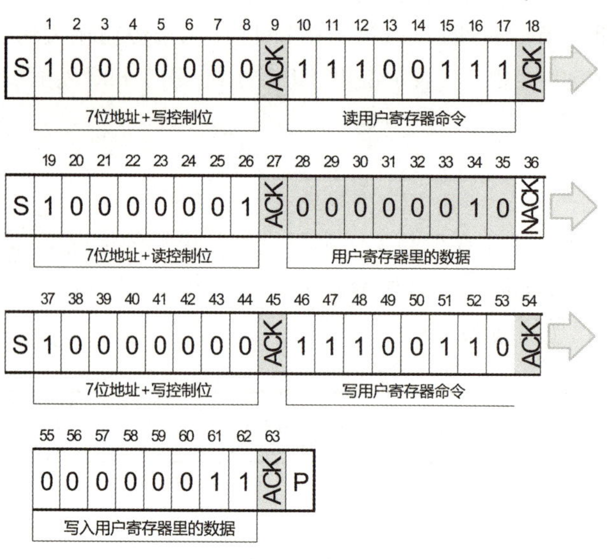

图 9－7　读/写用户寄存器时序

9.3.7　数据校验

通信时序中的数据校验采用的是 CRC8（循环冗余校验码），这是一种常见的校验算法，背后的原理不难，感兴趣的朋友请自行搜索，这里不展开。

9.3.8　信号转换和计算

传感器内部设置的默认分辨率为相对湿度 12 位和温度 14 位。SDA 的输出数据被转换成两个字节的数据包，高字节 MSB 在前（左对齐）。每个字节后面都跟随一个应答位。两个状态位，即低字节 LSB 的后两位，在进行计算前须置 0。

1. 相对湿度计算

不论基于哪种分辨率，相对湿度 RH 都可以根据 SDA 输出的相对湿度数据 S_{RH} 通过如下公式计算获得（结果以% 表示）：

$$RH = -6 + 125 \cdot \frac{S_{RH}}{2^{16}} \tag{9-1}$$

例如，所传输的 16 位相对湿度数据 $S_{RH} = (0110001101010000)_2 = (25424)_{10}$，代入式（9－1）计算可得 RH＝42.5%。

2. 温度计算

不论基于哪种分辨率，温度 T 都可以通过将温度输出信号 S_T 代入下面的公式计算得到（结果以温度℃表示）：

$$T = -46.85 + 175.72 \cdot \frac{S_T}{2^{16}} \tag{9-2}$$

习题与测验

1. 翻译与解释。

temperature ____________　relative humidity ____________　sensor ____________

measurement ____________　calculate ____________

2. 简要描述一下 SHT20 测量温湿度数据的过程。

____

____

3. SHT20 数据包里的状态位在什么位置？是如何表示 SHT20 工作状态的？

____

____

4. SHT20 的用户寄存器起什么作用？在什么情况下需要对它进行读写操作？

____

____

模块 10

ADC 电压采集与光敏电阻

从已经学到的知识可以了解到，单片机是一个典型的数字系统。数字系统只能对输入的数字信号进行处理，其输出信号也是数字的。但是在工业检测系统和日常生活中，许多物理量都是模拟量，比如温度、光照、压力、速度等，这些模拟量可以通过传感器变成与之对应的电压、电流等电模拟量。为了实现数字系统对这些电模拟量的检测、运算和控制，就需要一个模拟量与数字量之间相互转换的过程。本模块就要学习这个相互转换的过程和用来做这种转换的一类传感器——光敏电阻。

学习目标

1. 了解 ADC 的主要技术指标。
2. 了解 ADC 的工作原理及结构。
3. 掌握 STM32 的 ADC 库函数配置方法。
4. 结合光敏电阻，掌握 ADC 操作过程。

10.1 单通道 ADC 采集实验

10.1.1 任务描述

STM32 的 ADC 功能繁多，比较基础的是独立模式下的单通道采集，即实现开发板上光敏电阻这一个端口电压的采集，并通过串口打印至串口助手。实验效果如图 10－1 所示。

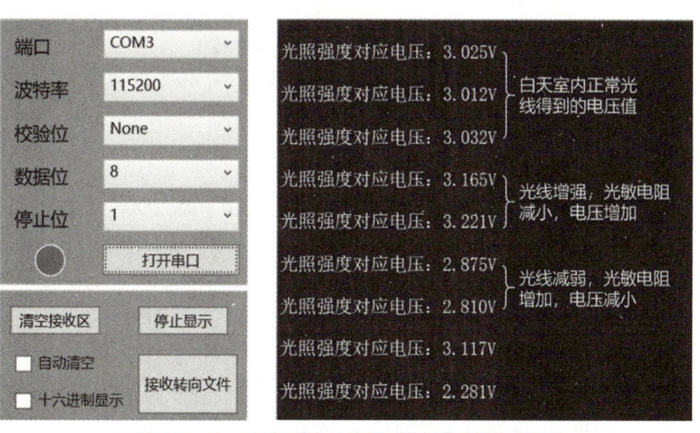

图 10－1　光敏电阻单通道采集实验效果

需要注意的是，图 10－1 获取的电压值并非光敏电阻两端的电压，而是 PC3 端口到地的电压，即图 10－2 中电阻 R_{39} 两端的电压。由此可见，ADC 功能就好比一个电压表，测得的电压值与光线强弱变化的关系可以通过串联电阻分压推导得到：

$$V_{R_{39}}=\frac{R_{39}}{R_{LDR}+R_{39}}=\frac{1}{\frac{R_{LDR}}{R_{39}}+1} \qquad (10-1)$$

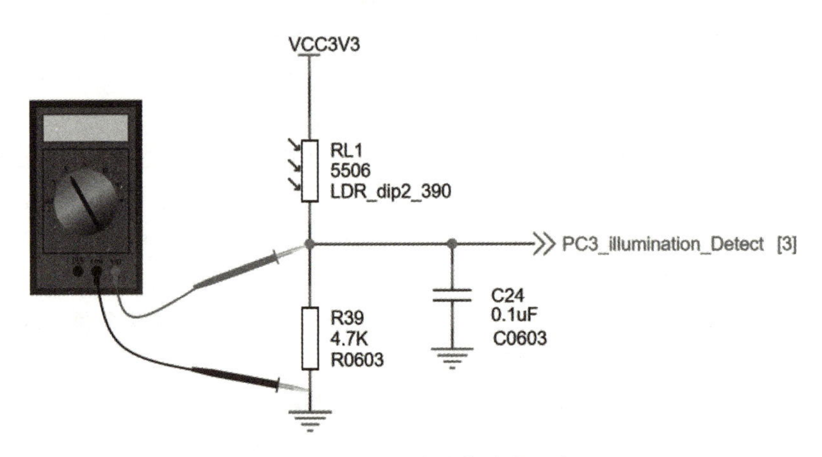

图 10－2　ADC 功能等效电压表

因此，光线增强，R_{LDR}减小，V_{R39}增加；反之，则 V_{R39}减小。

10.1.2　工程文件清单

如图 10－3 所示，adc. c 和 adc. h 是针对 ADC 本身编写的初始化配置和基本功能，ldr. c 和 ldr. h 是针对光敏电阻编写的端口初始化和电压采集。从层次上看，adc. c 和 adc. h 属于底层驱动，不仅可以被这里的光敏电阻文件调用，后续若还要在其他通道进行电压采集，依然可以调用 ADC 底层驱动。这就是软件分层思想的一点体现。

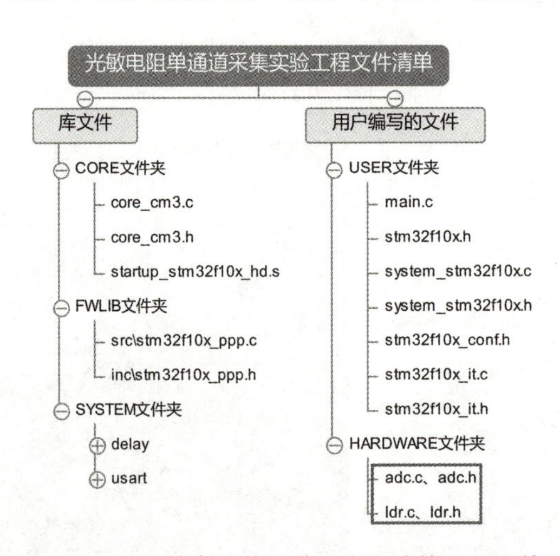

图 10－3　光敏电阻单通道采集实验的工程文件

10.1.3　编程要点

①开启 ADC1 和 PC 端口时钟，设置 PC3 为模拟输入；
②复位 ADC1，同时设置 ADC1 的预分频因子；
③初始化 ADC1 参数，设置 ADC1 的工作模式以及规则序列的相关信息；
④使能 ADC 并校准；
⑤读取 ADC 值。

10.1.4　工程代码剖析

这里为了突出源码的功能细节和排版之需，对源码进行了必要的分割处理。

1. adc.h 源码剖析

该文件源码见代码清单 10－1，主要是 ADC 初始化和功能函数的声明，每个函数的功能和参数将在剖析 adc.c 源码时解读。

代码清单 10－1　adc.h 文件源码

```
1  #ifndef __ADC_H_
2  #define __ADC_H_
3  #include "stm32f10x.h"
4  void ADCx_Init(ADC_TypeDef *ADCx, _Bool tempFlag);
5  u16 ADCx_GetValue(ADC_TypeDef *ADCx, u8 ch);
6  u16 ADCx_GetValueTimes(ADC_TypeDef *ADCx, u8 ch, u8 times);
7  float ADCx_GetVoltag(ADC_TypeDef *ADCx, u8 ch, u8 times);
8  float ADC1_GetTemperature(void);
9  #endif
```

2. adc.c 源码剖析

该文件就是所有 ADC 驱动函数的定义，下面逐个进行剖析。

(1) ADCx_Init( )函数源码

该函数是对 ADC 的初始化，它有两个参数：ADCx 指哪一个 ADC，可以是 ADC1、ADC2 或 ADC3（下同）；tempFlag 用来选择是否启用内部温度测量，1 启用，0 不启用。详细见代码清单 10－2。阅读时需要注意两点：第一，该函数没有对通道引脚进行 GPIO 初始化，这部分放到器件层面的文件（ldr.c）里实现；第二，只有 ADC1 具有内部温度测量功能。

代码清单 10－2　ADCx_Init( )函数源码

```
1  #include "adc.h"
2  #include "delay.h"
3
4  void ADCx_Init(ADC_TypeDef *ADCx, _Bool tempFlag)
5  {
6      ADC_InitTypeDef adc_initstruct;
```

```
7
8       //根据选中的 ADC 决定开启哪一个外设时钟
9       if(ADCx == ADC1)
10          RCC_APB2PeriphClockCmd(RCC_APB2Periph_ADC1, ENABLE);
11      else if(ADCx == ADC2)
12          RCC_APB2PeriphClockCmd(RCC_APB2Periph_ADC2, ENABLE);
13      else
14          RCC_APB2PeriphClockCmd(RCC_APB2Periph_ADC3, ENABLE);
15
16      //设置 ADC 分频因子为 6,得到 ADCCLK = 72M/6 = 12MHz
17      RCC_ADCCLKConfig(RCC_PCLK2_Div6);
18      //复位 ADCx,将其全部寄存器重设为缺省值
19      ADC_DeInit(ADCx);
20
21      //单次转换模式
22      adc_initstruct.ADC_ContinuousConvMode = DISABLE;
23      //数据右对齐
24      adc_initstruct.ADC_DataAlign = ADC_DataAlign_Right;
25      //软件触发,而不是外部触发启动
26      adc_initstruct.ADC_ExternalTrigConv = ADC_ExternalTrigConv_None;
27      //独立模式
28      adc_initstruct.ADC_Mode = ADC_Mode_Independent;
29      //顺序进行规则转换的 ADC 通道的数目
30      adc_initstruct.ADC_NbrOfChannel = 1;
31      //单通道模式
32      adc_initstruct.ADC_ScanConvMode = DISABLE;
33      //根据上面指定的参数初始化外设 ADCx
34      ADC_Init(ADCx, &adc_initstruct);
35
36      //根据需要开启内部温度传感器(ADC1 通道 16)
37      if(ADCx == ADC1 && tempFlag)
38      ADC_TempSensorVrefintCmd(ENABLE);
39
40      //使能指定的 ADC
41      ADC_Cmd(ADCx, ENABLE);
42      //使能复位校准
43      ADC_ResetCalibration(ADCx);
44      //等待复位校准结束
45      while(ADC_GetResetCalibrationStatus(ADCx));
46      //开启 ADC 校准
47      ADC_StartCalibration(ADCx);
48      //等待校准结束
49      while(ADC_GetCalibrationStatus(ADCx));
50  }
```

ADC 的初始化除了打开对应的外设时钟以及填充初始化结构体参数外，还需要设置 ADC 时钟的预分频系数（第 17 行），并在启动 ADC 后进行校准操作（第 40～49 行）。这里面用到了多个库函数，我们在表 10－1 中对它们进行了汇总。

表 10－1　ADCx_Init( )用到的库函数

RCC_ADCCLKConfig	
函数原型	void ADC_ADCCLKConfig(u32 RCC_ADCCLKSource)
功能描述	设置 ADC 时钟 （ADCCLK）
输入参数 1	RCC_ADCCLKSource：ADCCLK 时钟源来自 APB2 时钟 （PCLK2），这个参数是设置预分频系数，取值范围如下： RCC_PCLK2_Div2:ADCCLK = PCLK2/2 RCC_PCLK2_Div4:ADCCLK = PCLK2/4 RCC_PCLK2_Div6:ADCCLK = PCLK2 6 RCC_PCLK2_Div8:ADCCLK = PCLK2/8
返回值	无
ADC_DeInit	
函数原型	void ADC_DeInit(ADC_TypeDef * ADCx)
功能描述	将 ADCx 的全部寄存器重设为缺省值
输入参数 1	ADCx：x 可以是 1、2 或 3
返回值	无
ADC_Init	
函数原型	void ADC_Init(ADC_TypeDef * ADCx，ADC_InitTypeDef * ADC_InitStruct)
功能描述	根据 ADC_InitStruct 中指定的参数初始化外设 ADCx 的寄存器
输入参数 1	ADCx：（含义同上）
输入参数 2	ADC_InitStruct：指向 ADC_InitTypeDef 的结构体
返回值	无
ADC_TempSensorVrefintCmd	
函数原型	void ADC_TempSensorVrefintCmd(FunctionalState NewState)
功能描述	使能或者失能温度传感器和内部参考电压通道
输入参数 1	NewState：温度传感器和内部参考电压通道的新状态，这个参数可以取 ENABLE 或 DISABLE
返回值	无
ADC_Cmd	
函数原型	void ADC_Cmd(ADC_TypeDef * ADCx，FunctionalState NewState)
功能描述	使能或者失能指定的 ADC
输入参数 1	ADCx：（含义同上）
输入参数 2	NewState：外设 ADCx 的新状态，这个参数可取 ENABLE 或 DISABLE
返回值	无

续表

ADC_ResetCalibration	
函数原型	void ADC_ResetCalibration(ADC_TypeDef * ADCx)
功能描述	重置指定的 ADC 的校准寄存器
输入参数 1	ADCx：（含义同上）
返回值	无
ADC_GetResetCalibrationStatus	
函数原型	FlagStatus ADC_GetResetCalibrationStatus(ADC_TypeDef * ADCx)
功能描述	获取 ADC 重置校准寄存器的状态
输入参数 1	ADCx：（含义同上）
返回值	ADC 重置校准寄存器的新状态（SET 或者 RESET）
ADC_StartCalibration	
函数原型	void ADC_StartCalibration(ADC_TypeDef * ADCx)
功能描述	开始指定 ADC 的校准状态
输入参数 1	ADCx：（含义同上）
返回值	无
ADC_GetCalibrationStatus	
函数原型	FlagStatus ADC_GetCalibrationStatus(ADC_TypeDef * ADCx)
功能描述	获取指定 ADC 的校准程序
输入参数 1	ADCx：（含义同上）
返回值	ADC 校准的新状态（SET 或者 RESET）

（2）ADCx_GetValue()函数源码

该函数用于获取一次 ADCx 的值，参数 ch 为指定的通道，可取值为 ADC_Channel_0 ~ ADC_Channel_17。详细源码见代码清单 10－3，这里面同样用到了多个库函数，我们将它们汇总在表 10－2 中。

代码清单 10－3　ADCx_GetValue()函数源码

```
1  u16 ADCx_GetValue(ADC_TypeDef *ADCx, u8 ch)
2  {
3      //配置 ADC 的规则通道的转换顺序和采样时间
4      ADC_RegularChannelConfig(ADCx, ch, 1, ADC_SampleTime_239Cycles5);
5      //使能指定的 ADCx 的软件转换启动功能
6      ADC_SoftwareStartConvCmd(ADCx, ENABLE);
7      //等待转换结束
```

```
8      while(!ADC_GetFlagStatus(ADCx, ADC_FLAG_EOC));
9      //返回最近一次 ADCx 规则组的转换结果
10     return ADC_GetConversionValue(ADCx);
11  }
```

表 10－2　ADCx_GetValue( )用到的库函数

ADC_RegularChannelConfig	
函数原型	void ADC_RegularChannelConfig(ADC_TypeDef * ADCx, u8 ADC_Channel, u8 Rank, u8 ADC_SampleTime)
功能描述	设置指定 ADC 的规则组通道，设置它们的转换顺序和采样时间
输入参数 1	ADCx：x 可以是 1、2 或 3
输入参数 2	ADC_Channel：ADC 通道，取值范围为 ADC_Channel_0 ~ ADC_Channel_17
输入参数 3	Rank：规则组采样顺序，取值范围为 1 ~ 16
输入参数 4	ADC_SampleTime：指定 ADC 通道的采样时间值，取值范围如下： • ADC_SampleTime_1Cycles5：采样时间为 1.5 周期 • ADC_SampleTime_7Cycles5：采样时间为 7.5 周期 • ADC_SampleTime_13Cycles5：采样时间为 13.5 周期 • ADC_SampleTime_28Cycles5：采样时间为 28.5 周期 • ADC_SampleTime_41Cycles5：采样时间为 41.5 周期 • ADC_SampleTime_55Cycles5：采样时间为 55.5 周期 • ADC_SampleTime_71Cycles5：采样时间为 71.5 周期 • ADC_SampleTime_239Cycles5：采样时间为 239.5 周期
返回值	无
ADC_SoftwareStartConvCmd	
函数原型	void ADC_SoftwareStartConvCmd(ADC_TypeDef * ADCx, FunctionalState NewState)
功能描述	使能或者失能指定的 ADC 的软件转换启动功能
输入参数 1	ADCx：（含义同上）
输入参数 2	NewState：指定 ADC 的软件转换启动新状态，可取 ENABLE 或 DISABLE
返回值	无
ADC_GetFlagStatus	
函数原型	FlagStatus ADC_GetFlagStatus(ADC_TypeDef * ADCx, u8 ADC_FLAG)
功能描述	检查指定的 ADC 标志位
输入参数 1	ADCx：（含义同上）

续表

ADC_GetFlagStatus	
输入参数 2	ADC_ FLAG：指定需检查的标志位，取值范围如下： • ADC_FLAG_AWD：模拟看门狗标志位 • ADC_FLAG_EOC：转换结束标志位 • ADC_FLAG_JEOC：注入组转换结束标志位 • ADC_FLAG_JSTRT：注入组转换开始标志位 • ADC_FLAG_STRT：规则组转换开始标志位
返回值	指定标志位的状态（SET 或 RESET）
ADC_GetConversionValue	
函数原型	u16 ADC_GetConversionValue(ADC_TypeDef * ADCx)
功能描述	返回最近一次 ADCx 规则组的转换结果
输入参数 1	ADCx：（含义同上）
返回值	转换结果

（3） ADCx_GetValueTimes( ) 函数源码

该函数获取多次 ADCx 的值，并求平均值。详细源码见代码清单 10 – 4，它有三个参数，前两个同上，第三个参数 times 表示转换的次数。返回值为平均数。

代码清单 10 – 4　ADCx_GetValueTimes( ) 函数源码

```
1   u16 ADCx_GetValueTimes(ADC_TypeDef *ADCx, u8 ch, u8 times)
2   {
3       float adcValue = 0;
4       u8 i = 0;
5       for(; i<times; i++)
6       {   //累加多次的转换结果
7           adcValue += (float)ADCx_GetValue(ADCx, ch);
8           delay_ms(5);    //转换间隔
9       }
10      return (u16)(adcValue/times);  //取平均值(整数)
11  }
```

（4） ADCx_GetVoltag( ) 函数源码

该函数将 ADCx_GetValueTimes ( ) 函数得到的结果换算成电压值，详见代码清单 10 – 5。

代码清单 10 – 5　ADCx_GetVoltag( ) 函数源码

```
1   float ADCx_GetVoltag(ADC_TypeDef *ADCx, u8 ch, u8 times)
2   {
3       u16 voltage = ADCx_GetValueTimes(ADCx, ch, times);
4       return (float)voltage*3.3/4096;
5   }
```

（5）ADC1_GetTemperature( )函数源码

该函数采集内部温度通道的 ADC 值，并计算得到芯片内温度（℃），详细源码见代码清单 10－6，计算公式已在注释中说明。

代码清单 10－6　ADC1_GetTemperature( )函数源码

```
1   float ADC1_GetTemperature(void)
2   {
3       float temp;
4       //获取内部温度原始数据,只能是 ADC1 的通道 16
5       temp =(float)ADCx_GetValueTimes(ADC1,ADC_Channel_16,10);
6       temp = temp*3.3/4096;  //转换为电压值
7       //温度计算公式见《STM32 中文参考手册》11.10 小节(169 页)
8       //内部温度每变化 1℃,对应的电压变化为 4.3mV,即斜率
9       //3.3V 的 ADC 值为 0xfff,25℃室温时对应的电压值为 1.43V
10      return (1.43 -temp)*1000/4.3 + 25;
11  }
```

3. ldr. h 源码剖析

该文件是光敏电阻的头文件，源码见代码清单 10－7，声明了两个函数，其含义将在 ldr. c 文件中剖析。

代码清单 10－7　ldr. h 文件源码

```
1   #ifndef __LDR_H_
2   #define __LDR_H_
3   void LDR_Init(void);
4   float LDR_GetVoltag(void);
5   #endif
```

4. ldr. c 源码剖析

大量与 ADC 有关的配置和功能已在 adc. c 文件里完成，因此，与光敏电阻有关的代码就不多了，只需完成端口的 GPIO 初始化，并调用 adc. c 里的功能函数最终完成对应端口上的电压采集即可。详细源码见代码清单 10－8。

代码清单 10－8　ldr. c 文件源码

```
1   #include "stm32f10x.h"
2   #include "ldr.h"
3   #include "adc.h"
4   
5   void LDR_Init(void)
6   {   //光敏电阻端口初始化函数,注意将其配置成"模拟输入模式"
7       GPIO_InitTypeDef gpio_initstruct;
8       RCC_APB2PeriphClockCmd(RCC_APB2Periph_GPIOC, ENABLE);
9       gpio_initstruct.GPIO_Mode = GPIO_Mode_AIN; //模拟输入模式
10      gpio_initstruct.GPIO_Pin = GPIO_Pin_3; //PC3
11      GPIO_Init(GPIOC, &gpio_initstruct);
```

```
12 }
13
14 float LDR_GetVoltag(void)
15 {   //获取光敏电阻端口电压的函数
16     return ADCx_GetVoltag(ADC1, ADC_Channel_13, 10);
17 }
```

5. main.c 源码剖析

主程序比较简单，在完成必要的初始化之后，每隔一定时间获取一次光敏电阻端口上的电压，详细源码见代码清单 10-9。

代码清单 10-9　main.c 文件源码

```
1  #include "stm32f10x.h"
2  #include "delay.h"
3  #include "usart.h"
4  #include "ldr.h"
5  #include "adc.h"
6
7  int main(void)
8  {
9      float ldr_voltage;  //光敏电阻引起的端口电压值
10
11     NVIC_PriorityGroupConfig(NVIC_PriorityGroup_2);
12     delay_init();
13     uart_init(115200);
14     LDR_Init(); //初始化光敏电阻端口
15     ADCx_Init(ADC1, 0); //初始化 ADC1,不测量内部温度
16     printf("\r\n 麒麟座开发板 -V3.2 \r\n");
17     printf("单通道 ADC 电压采集实验\r \n");
18
19     while(1)
20     {
21         ldr_voltage = LDR_GetVoltag();
22         printf("\r\n 光照强度对应电压值:%.3fV\r\n", ldr_voltage);
23         delay_ms(1500);
24         delay_ms(1500);    //每隔 3s 获取一次
25     }
26 }
```

10.1.5　验证与测试

下载程序上电后，可以看到串口助手在刷新着光敏电阻端口上的电压，这时可以用手遮挡光敏电阻，也可以打开手机上的电筒照着光敏电阻，观察数据的变化。有条件的同学还可以用万用表测量 PC3 端口的电压，看是否与 ADC 采集的电压一致。

10.2　双通道 ADC 采集实验

上一个实验只采集了光敏电阻这一个通道的电压，如果想把内部温度传感器所在通道一起采集，就变成了独立模式（都是 ADC1）下的双通道采集。只需要在前一个工程的 main.c 里稍做修改，即可实现如图 10－4 所示的效果。这里只给出有修改部分的代码，完整代码请参考配套的实验工程。

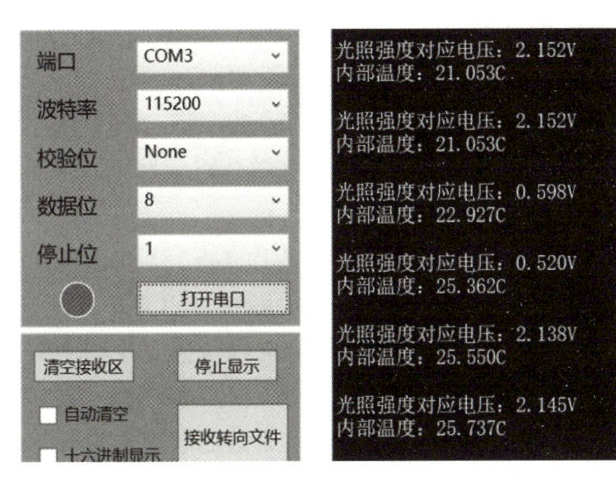

图 10－4　双通道 ADC 采集实验效果

由于增加了一路通道的数据，因此，在主程序里添加了与之对应的变量和语句，见代码清单 10－10。

代码清单 10－10　主程序中的代码修改

```
1   int main()
2   {
3       //…… 省略与之前相同的代码 ……
4       float inter_temp;    //内部温度
5       //…… 省略与之前相同的代码 ……
6       ADCx_Init(ADC1, 1); //初始化 ADC1,开启测量内部温度
7       printf("\r\n 麒麟座开发板 - V3.2 \r\n");
8       printf("双通道电压采集实验 \r\n");
9   
10      while(1)
11      {
12          //…… 省略与之前相同的代码 ……
13          inter_temp = ADC1_GetTemperature();
14          printf("内部温度:%.3fC\r\n", inter_temp);
15          //…… 省略与之前相同的代码 ……
16      }
17  }
```

10.3 ADC 的背景知识

ADC 是模拟量到数字量的转换，依靠的是模数转换器（Analog to Digital Converter）。DAC 是数字量到模拟量的转换，依靠的是数模转换器（Digital to Analog Converter）。它们的道理完全一样，只是转换方向不同，因此我们的讲解主要以 ADC 为例。

10.3.1 生活中的 ADC

我们生活中有很多 ADC 的例子，只是没有在单片机领域里应用而已，下面带着大家一起感悟一下 ADC 的概念。

什么是模拟量？就是指在一定范围内连续变化的量，也就是在一定范围内可以取任意值。比如卷尺，从 0 到 10 m 之间，可以是 1 cm，也可以是 1.001 cm，还可以是 10.000……后边有无限个小数。总之，任何两个数字之间都有无限个值，故称之为连续变化的量，即模拟量。

以卷尺为例，如图 10－5 所示，上面被人为地做上了刻度符号，每两个刻度之间的间隔是 1 mm，这个刻度实际上就是我们对模拟量的数字化，由于有一定的间隔，不是连续的，所以在专业领域里我们称之为离散的。ADC 就是起到把连续的信号用离散的数字表达出来的作用。那么我们就可以使用卷尺这个“ADC”来测量连续的长度或者高度这些模拟量。

图 10－5　卷尺刻度示意

我们往杯子里倒水，水位会随着倒入水量的多少而变化。现在就用这个卷尺来测量杯子里的水位。水位变化是连续的，而我们只能通过尺子上的刻度来读取水位的高度，从而获取我们想得到的水位的数字量信息。这个过程就可以简单理解为我们电路中的 ADC 采样。

10.3.2 ADC 的主要指标

我们在选取和使用 ADC 的时候，依靠什么指标来判断很重要。由于 ADC 的种类很多，分为积分型、逐次逼近型、并行/串行比较型等多种类型，同时指标也比较多，并且有的指标还有轻微差别，在这里以初学者便于理解的方法去讲解，即使和某一确定类型 ADC 概念及原理有差别，也不会影响实际应用。

1. ADC 的位数

一个 n 位的 ADC 表示这个 ADC 共有 2^n 个刻度。STM32 的 ADC 是 12 位的，输出的是 $0 \sim 2^{12}-1$ 个数字量，也就是 2^{12} 个数据刻度。

2. 基准源

基准源，也叫基准电压，是 ADC 的一个重要指标，要想把输入 ADC 的信号测量准确，那么基准源首先要准，基准源的偏差会直接导致转换结果的偏差。比如一根塑料刻度尺，总长度本应该是 20 cm，假定这根刻度尺被火烤了一下，有点儿变形，实际变成了 20.5 cm，再用这根刻度尺测物体长度的话，自然就有了偏差。假如我们的基准源应该是 3.3 V，但是实际上提供的却是 3.0 V，这样误把 3.0 V 当成了 3.3 V 来处理的话，偏差就会比较大。

3. 分辨率

分辨率是数字量变化一个最小刻度时，模拟信号的变化量，定义为满刻度量程与 2^n 的比值。假定 3.3 V 的电压系统使用 12 位的 ADC 进行测量，那么相当于把 3.3 V 平均分成了 2^{12} 份，那么分辨率就是 3.3/4 096≈0.008（V）。

4. 转换速率

转换速率，是指 ADC 每秒能进行采样转换的最大次数，单位是 sps（即 samples per second），它与 ADC 完成一次从模拟到数字的转换所需要的时间互为倒数关系。ADC 的种类比较多，其中积分型的 ADC 转换时间是毫秒级的，属于低速 ADC；逐次逼近型的 ADC 转换时间是微秒级的，属于中速 ADC；并行串行的 ADC 的转换时间可达到纳秒级，属于高速 ADC。

ADC 的这几个主要指标大家先熟悉一下，对于其他的，作为一个初学者来说，先不着急深入理解。以后使用过程中遇到了，再查找相关资料深入学习，当前重点是在头脑中建立一个 ADC 的基本概念。

10.4 光敏电阻

光敏电阻（Light - Dependent Resistor，LDR）是一种随着外界光线强弱变化而变化的电阻，如图 10 - 6 所示。入射光强，电阻减小；入射光弱，电阻增大。常用材料为硫化镉，另外还有硒、硫化铝、硫化铅和硫化铋等半导体材料。一般用于光的测量、光的控制和光电转换（将光的变化转换为电的变化），如路灯、走廊光控灯、烟雾警报器等。

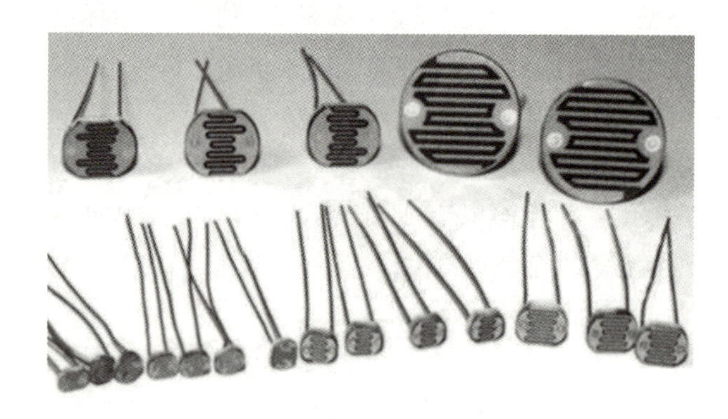

图 10－6　不同尺寸的光敏电阻

由此可见，光敏电阻其实就可以当成电位器来对待，只不过阻值的调节是通过光线强弱来实现的。在应用上，光敏电阻和一个定值电阻串联形成分压电路即可，我们的开发板上就是这么设计的。如图 10－7 所示，分压点的电压被 STM32 的 PC3 引脚采集，这样在程序上就可以根据采集到的电压值做进一步的控制。

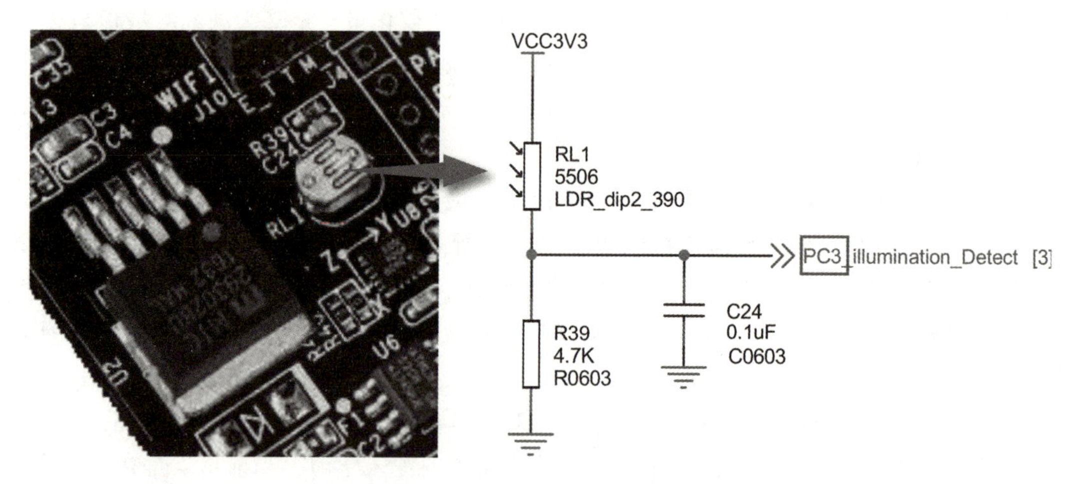

图 10－7　开发板上的光敏电阻电路

10.5　一览 STM32 的 ADC

我们的开发板上的 STM32F103RET 包含有 3 个 ADC，这里先把几个关键特性罗列如下：

①12 位逐次逼近型的模拟数字转换器。

②有 18 个通道，可测量 16 个外部信号源和 2 个内部信号源。

③分 2 个通道组：规则通道组和注入通道组。

④各通道可以单次、连续、扫描或间断模式执行。

⑤结果可以左对齐或右对齐方式存储在 16 位数据寄存器中。

⑥最大的转换速率为 1 MHz，也就是最快转换时间为 1 μs。

10.5.1　ADC 功能框图

我们把手册中单个 ADC 的功能框图摘录过来，如图 10－8 所示，对它有一个整体的把握，在编程时就可以做到了然于胸。下面我们对图中带有编号的各个部分做一个简要说明。

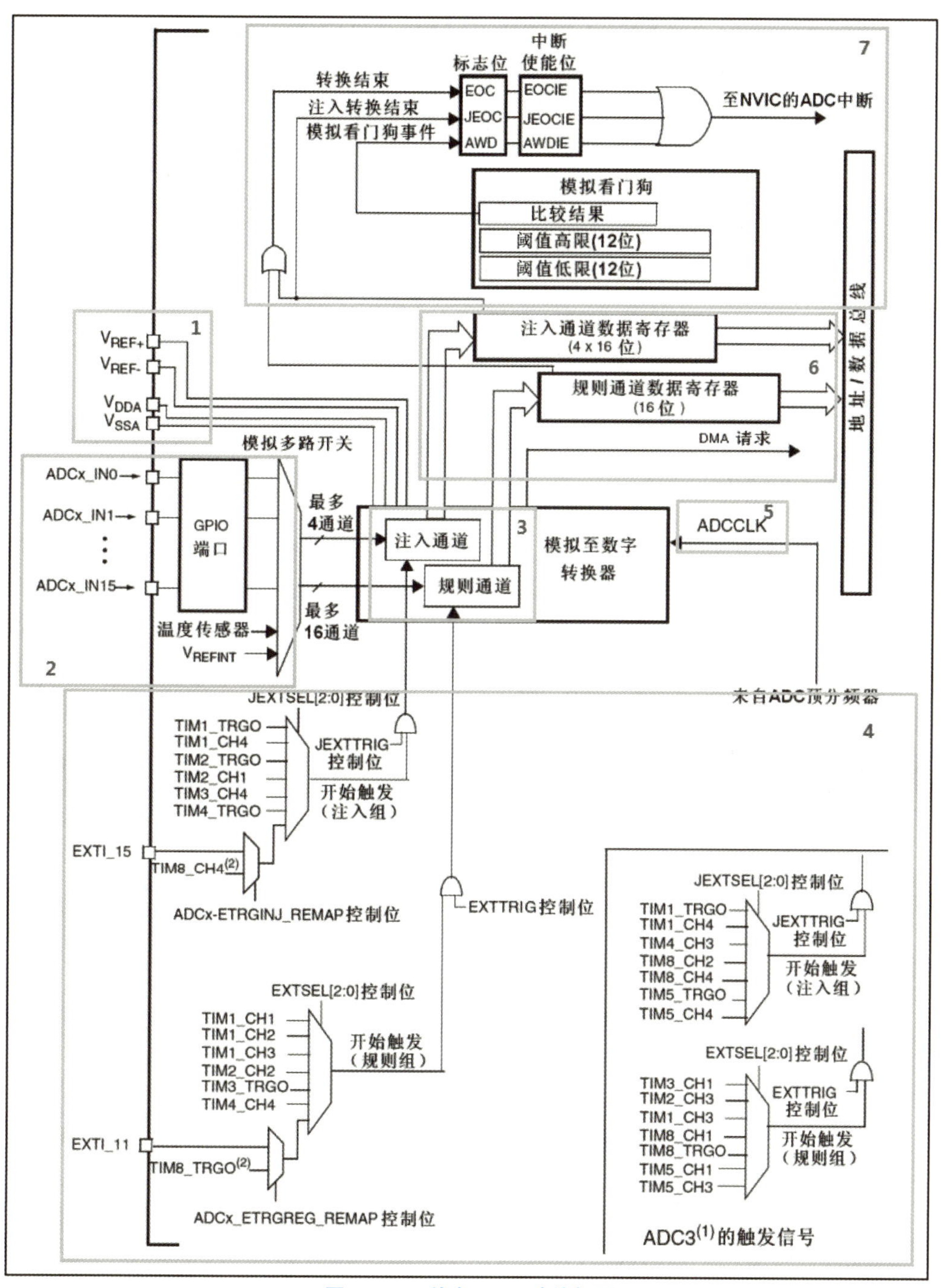

图 10－8　单个 ADC 功能框图

10.5.2 电压输入范围

ADC 供电要求是 2.4~3.6 V，ADC 的电压输入范围是 $V_{REF-} \leq V_{IN} \leq V_{REF+}$，与电压输入范围有关的引脚，其功能说明见表 10-3。

表 10-3 与 ADC 有关的电压输入引脚

名称	信号类型	注解
V_{REF+}	输入，模拟参考正极	ADC 正极参考电压，$2.4\ V \leq V_{REF+} \leq V_{DDA}$
V_{REF-}	输入，模拟参考负极	ADC 负极参考电压，$V_{REF-} = V_{SSA}$
V_{DDA}	输入，模拟电源	ADC 的电源，$2.4\ V \leq V_{DDA} \leq V_{DD}$
V_{SSA}	输入，模拟电源地	ADC 的电源地

我们的开发板已将 V_{SSA} 和 V_{REF-} 接地，V_{DDA} 和 V_{REF+} 接 3.3 V，即可得到 ADC 的输入范围为 0~3.3 V。

10.5.3 输入通道

ADC 有多达 18 个通道，其中有 16 个作为外部信号源转换通道，即 ADCx_IN0 ~ ADCx_IN15，另外两个作为内部信号源转换通道：温度传感器和内部参考电压 V_{REFINT}。每个外部通道 ADCx_INy 对应着各自的 I/O 口，见表 10-4。因此，使用外部通道时，需要配置对应的 I/O 口为模拟输入。

表 10-4 ADC 输入通道与 I/O 口的对应

ADC 通道	ADC1	ADC2	ADC3
通道 0	PA0	PA0	PA0
通道 1	PA1	PA1	PA1
通道 2	PA2	PA2	PA2
通道 3	PA3	PA3	PA3
通道 4	PA4	PA4	PF6
通道 5	PA5	PA5	PF7
通道 6	PA6	PA6	PF8
通道 7	PA7	PA7	PF9
通道 8	PB0	PB0	PF10
通道 9	PB1	PB1	连接内部 V_{SS}

续表

ADC 通道	ADC1	ADC2	ADC3
通道 10	PC0	PC0	PC0
通道 11	PC1	PC1	PC1
通道 12	PC2	PC2	PC2
通道 13	PC3	PC3	PC3
通道 14	PC4	PC4	连接内部 V_{SS}
通道 15	PC5	PC5	连接内部 V_{SS}
通道 16	连接内部温度传感器	连接内部 V_{SS}	连接内部 V_{SS}
通道 17	连接内部参考电压	连接内部 V_{SS}	连接内部 V_{SS}

之前，我们的开发板上的光敏电阻连到了 PC3，对应的是通道 13，至于使用的是哪一个 ADC，可以在编程时配置，用哪一个 ADC，就把该 ADC 初始化。我们选择 ADC1，即 ADC1_IN13（表中用灰色底纹标注），后续编程中将按此配置。

10.5.4　规则通道和注入通道

STM32 根据 ADC 转换的优先级分为两类通道组：规则通道组和注入通道组。规则通道相当于正常运行的程序，而注入通道就相当于中断。在程序正常执行的时候，中断是可以打断前者执行的。与这个类似，注入通道的转换可以打断规则通道的转换，在注入通道转换完成之后，规则通道才得以继续转换。ADC 的规则通道组最多包含 16 个转换，而注入通道组最多包含 4 个通道。

通过一个形象的例子可以说明。假如你在家里的院子内放了 5 个温度探头，室内放了 3 个温度探头，你需要时刻监视室外温度，但偶尔你想看看室内的温度，因此你可以使用规则通道组循环扫描室外的 5 个探头并显示 ADC 转换结果。当你想看室内温度时，通过一个按钮启动注入转换组（3 个室内探头），并暂时显示室内温度。当你放开这个按钮后，系统又会回到规则通道组继续检测室外温度。在系统设计上，测量并显示室内温度的过程中断了测量并显示室外温度的过程，但程序设计上可以在初始化阶段分别设置好不同的转换组，系统运行中不必再变更循环转换的配置，从而达到两个任务互不干扰和快速切换的目的。可以设想一下，如果没有规则组和注入组的划分，当你按下按钮后，需要重新配置 ADC 循环扫描的通道，然后在释放按钮后需再次配置 ADC 循环扫描的通道。

上面的例子因为速度较慢，不能完全体现这样区分规则通道和注入通道的好处，但在工业应用领域中有很多检测和监视探头需要较快地处理，这样对 ADC 转换的分组将简化事件处理的程序，并提高事件处理的速度。

10.5.5 触发源

ADC 设置好通道后，可以进行 ADC 转换了。要能够启动 ADC 转换的触发源，包括定时器触发和外部 I/O 触发。

10.5.6 时钟和采样周期

1. ADC 时钟源

这里介绍与 ADC 采样和转换时间密切相关的时钟源 ADCCLK。打开 STM32 时钟树，观察与 ADC 有关的部分，如图 10-9 所示。可以看到，ADC 的时钟 ADCCLK 由 PCLK2 经过分频产生，其能承受的最大时钟为 14 MHz，超过后精度就有所下降。我们在模块 5 分析时钟树参数的时候已经明确，APB2 预分频器不分频，PCLK2 的时钟为最大时钟 72 MHz。若要 ADCCLK≤14 MHz，ADC 预分频器的分频系数就只能是 6 或 8，如果取 6，则有：

$$ADCCLK = 72\ MHz/6 = 12\ MHz$$

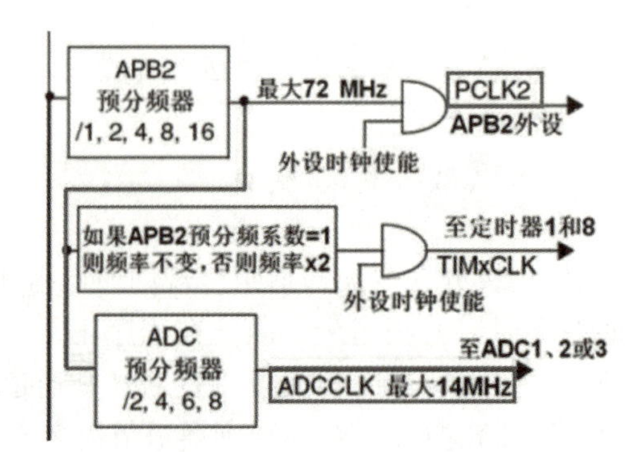

图 10-9 STM32 时钟树中的 ADCCLK

由于 ADC 时钟是根据 PCLK2 的时钟来计算的，PCLK2 又由 APB2 预分频决定，再往前，SYSCLK 又由外部时钟、内部时钟决定，因此，若改变系统时间的话，就需要从系统时钟开始计算 ADCCLK 的时钟。

2. 采样周期与采样时间

我们再来看与采样有关的时间计算。首先，我们得知道完成一个通道读取所花费的时间（采样周期），计算公式为：

$$采样周期 = 采样时间 + 12.5\ 个时钟周期$$

其次，采样时间就是采样一个通道所花费的时钟周期，通过“ADC 采样时间寄存器（ADC_SMPRx）”来设置各个通道的采样时间（每个通道均可以使用不同的采样时间）。设置采样时间越长，ADC 转换越精确；反过来说，采样时间越短，转换的速度就越快。转换时间计算方法：

$$转换时间 = 1/ADCCLK * 采样周期$$

比如：ADCCLK 为 12 MHz，采样时间设置为 1.5 个时钟周期，则转换时间为：

$$1/12\ 000\ 000 \times (1.5 + 12.5) \approx 1.17(\mu s)$$

最后，特别需要注意，ADC_SMPRx 设置的是采样时间的时钟周期，不是采样周期，它还要加上 12.5 个时钟周期才是采样周期。

10.5.7　数据寄存器

ADC 转换后，数据存放在“ADC 规则数据寄存器（ADC_DR）”或“ADC 注入数据寄存器(ADC_JDRx)(x = 1～4)”中。

1. 规则数据寄存器

规则数据寄存器是一个 32 位的寄存器，若仅用单个 ADC，则 ADC1/ADC2/ADC3 使用寄存器的低 16 位；若是同时使用两个 ADC，则 ADC1 使用低 16 位，ADC2 使用高 16 位。由于 ADC 是 12 位的，因此，数据还分左对齐模式和右对齐模式，即是左 12 位还是右 12 位。

规则数据寄存器仅有一个，为应付多个转换通道，该寄存器采用覆盖数据的方法，将新的转换数据替换旧的转换数据。因此，单个通道转换完成后，必须先读取它的数据，才能继续下一个转换，否则，数据会被覆盖。最好的方法是使用 DMA，将数据传输到内存里(SRAM 等)。

2. 注入数据寄存器

与规则数据寄存器不同的是，注入数据寄存器有 4 个，对应着 4 个 ADC 注入通道，因此不存在数据覆盖的问题。

10.5.8　中断

ADC 转换完成后，可以产生中断，中断分为 3 种：规则通道转换结束中断、注入通道转换结束中断和模拟看门狗中断。

10.6　ADC 初始化结构体详解

ADC_InitTypeDef 结构体定义在 stm32f10x_adc.h 文件内，具体定义如下：

代码清单 10 – 11　ADC_InitTypeDef 结构体定义

```
1   typedef struct
2   {
3       uint32_t ADC_Mode;                                  //ADC 工作模式选择
4       FunctionalState ADC_ScanConvMode;                   //ADC 扫描模式选择
5       FunctionalState ADC_ContinuousConvMode;             //ADC 转换模式选择
6       uint32_t ADC_ExternalTrigConv;                      //ADC 转换触发信号选择
7       uint32_t ADC_DataAlign;                             //ADC 数据寄存器对齐格式
8       uint8_t ADC_NbrOfChannel;                           //ADC 采集通道数
9   } ADC_InitTypeDef;
```

➢ ADC_Mode：配置 ADC 的模式，当使用一个 ADC 时，是独立模式，使用两个 ADC 时，是双模式，在双模式下还有很多细分模式可选，具体见表 10 – 5。

表 10 – 5　可选的 ADC_Mode 参数

ADC_Mode	描述
ADC_Mode_Independent	独立模式
ADC_Mode_RegInjecSimult	同步规则和同步注入模式
ADC_Mode_RegSimult_AlterTrig	同步规则模式和交替触发模式
ADC_Mode_InjecSimult_FastInterl	同步规则模式和快速交替模式
ADC_Mode_InjecSimult_SlowInterl	同步注入模式和慢速交替模式
ADC_Mode_InjecSimult	同步注入模式
ADC_Mode_RegSimult	同步规则模式
ADC_Mode_FastInterl	快速触发模式
ADC_Mode_SlowInterl	慢速触发模式
ADC_Mode_AlterTrig	交替触发模式

➢ ScanConvMode：配置是否使用扫描，如果是单通道，使用 DISABLE；如果是多通道，使用 ENABLE。

➢ ADC_ContinuousConvMode：使用 ENABLE 配置为使能自动连续转换，使用 DISABLE 配置为单次转换，转换一次后停止，需要手动控制才重新启动转换。

➢ ADC_ExternalTrigConv：外部触发选择，可根据项目需求配置触发来源，具体见表 10 – 6。实际上，我们一般使用软件自动触发。

表 10 – 6　可选的 ADC_ContinuousConvMode 参数

ADC_ContinuousConvMode	描述
ADC_ExternalTrigConv_T1_CC1	选择定时器 1 的捕获比较 1 作为转换外部触发
ADC_ExternalTrigConv_T1_CC2	选择定时器 1 的捕获比较 2 作为转换外部触发
ADC_ExternalTrigConv_T1_CC3	选择定时器 1 的捕获比较 3 作为转换外部触发
ADC_ExternalTrigConv_T2_CC2	选择定时器 2 的捕获比较 2 作为转换外部触发
ADC_ExternalTrigConv_T3_TRGO	选择定时器 3 的 TRGO 作为转换外部触发
ADC_ExternalTrigConv_T4_CC4	选择定时器 4 的捕获比较 4 作为转换外部触发
ADC_ExternalTrigConv_Ext_IT11	选择外部中断线 11 事件作为转换外部触发
ADC_ExternalTrigConv_None	转换由软件而不是外部触发启动

➢ ADC_DataAlign：转换结果数据对齐模式，可选右对齐 ADC_DataAlign_Right 或者左对齐 ADC_DataAlign_Left。一般选择右对齐模式。

➢ ADC_NbrOfChannel：转换通道数目，取值范围是 1 ~ 16，根据实际设置即可。具体的通道数和通道的转换顺序是配置规则序列或注入序列寄存器来决定的。

10.7　对于多通道采集的一点补充

对比单通道和多通道这两个实验的代码，不知你是否有如下几个疑问：

①明明是多通道采集，为什么 ADCx_Init( ) 函数的初始化配置还是单通道模式？通道数还是配置为 1？

```
adc_initstruct.ADC_ScanConvMode = DISABLE;
adc_initstruct.ADC_NbrOfChannel = 1;
```

②对于 ADC_GetConversionValue( ) 这个库函数，并没有指定哪个通道，如果多个通道同时使用 ADC，怎么获取每个通道的值？

```
u16 ADC_GetConversionValue(ADC_TypeDef * ADCx);
```

③获取这两个通道数据的函数里都调用了 ADC_RegularChannelConfig( ) 这个用来配置规则通道转换顺序和采样时间的库函数。那么为什么都是按顺序 1 执行？不分谁先谁后吗？

```
ADC_RegularChannelConfig(ADCx,ch,1,ADC_SampleTime_239Cycles5);
```

要回答以上几个问题，可以看图 10 - 10，一个 ADC 转换器每次只能选择转换一个通道。规则数据寄存器仅有一个，为应付多个转换通道，该寄存器采用覆盖数据的方法，将新的转换数据替换掉旧的转换数据。

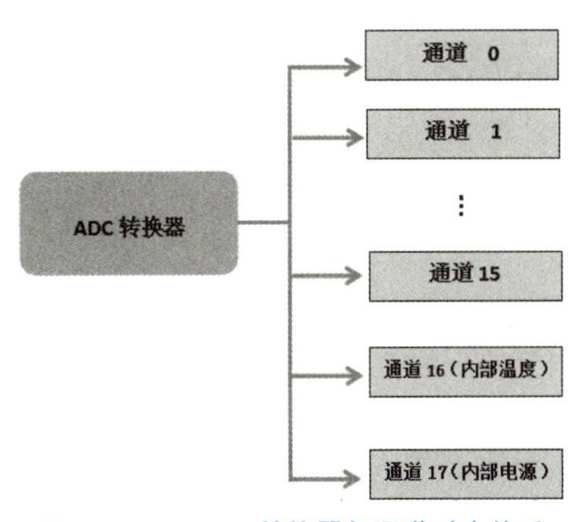

图 10 - 10　ADC 转换器与通道对应关系

如此看来，本实验不算严格意义上的多通道采集，只能算是不同通道的分时采集。倘若我们改成多通道模式，并且转换顺序有先后，那么两个通道的数据就会依次交替地送上来，而且后来的数据会把前面的数据覆盖，那么按照当前的算法，取 10 次数据的平均值，毫无疑问结果肯定是错的。

然而，在实际应用中，多通道和顺序转换才是普遍做法，但通常会搭配 DMA 一起来做，单个通道转换完成后，把它的数据搬到内部存储器里，再继续下一个转换，保证数据不出错。由于 DMA 这部分知识本书没讲，所以就不再展开了，感兴趣的同学可以自己查阅学习。

习题与测验

1. 翻译与解释。

analog ________ digital ________ converter ________

sample ________ channel ________ independent ________

regular ________ inject ________ calibrate ________

2. 下列不是 ADC 转换器的主要技术指标的是（　　）。

A. 分辨率　B. 频率　C. 转换速率　D. 量化误差

3. 以下对 STM32F103 集成 ADC 的特性描述，错误的是（　　）。

A. 12 位精度　B. 单一转换模式

C. 按通道配置采样时间　D. 数据对齐方式与内建数据一致

4. 以下对 STM32F103 集成 ADC 的特性描述，正确的是（　　）。

A. 供电需求：2.6～3.8 V　B. 输入范围：$V_{REF-} \leqslant V_{IN} \leqslant V_{REF+}$

C. 设备的转换时间：28 MHz 时为 1 μs　D. 设备的转换时间：56 MHz 时为 1 μs

5. STM32 的 ADC 规则组由多达（　　）个转换组成。

A. 4　B. 8　C. 16　D. 18

6. 简述 ADC 几个重要性能指标的含义。

____

____

7. 图 10－11 所示是某款 STM32 开发板的部分原理图。PA4 和 PA5 端口上的电压分别由电位器 R11 和光敏电阻 RG1 决定，若要通过 ADC 功能实现对这两个端口上的电压轮流采集，请在代码清单 10－12 中根据注释完成 ADC 的初始化配置（不考虑 DMA 相关配置）。

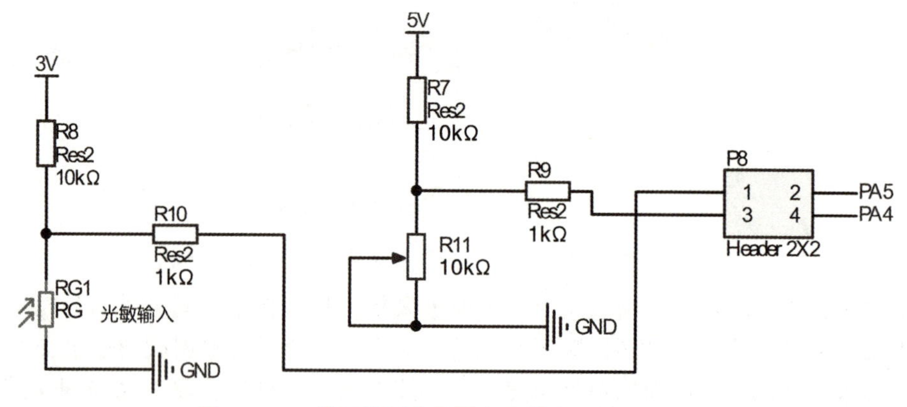

图 10－11　某开发板电位器和光敏电阻部分原理图

代码清单 10－12

```
1    void POT_LDR_ADC_Init(void)        //电位器和光敏电阻的 ADC 初始化
2    {
```

```
3        GPIO_InitTypeDef gpio_initstruct;
4        ADC_InitTypeDef adc_initstruct;
5
6        //开启对应的 GPIO 和 ADC1 外设时钟
7        ____________________________________________
8        //模拟输入模式
9        ____________________________________________
10       //PA4 和 PA5
11       ____________________________________________
12       //执行 GPIO 初始化
13       ____________________________________________
14
15       //设置 ADC 分频因子为 6,得到 ADCCLK =72MHz /6 =12MHz
16       ____________________________________________
17       //复位 ADC1,将其全部寄存器重设为缺省值
18       ____________________________________________
19
20       //连续转换模式
21       ____________________________________________
22       //数据右对齐
23       ____________________________________________
24       //软件触发,而不是外部触发启动
25       ____________________________________________
26       //独立模式
27       ____________________________________________
28       //顺序进行规则转换的 ADC 通道的数目 2
29       ____________________________________________
30       //多通道模式
31       ____________________________________________
32       //根据上面指定的参数初始化外设 ADC1
33       ____________________________________________
34
35       //使能 ADC1
36       ____________________________________________
37       //使能复位校准
38       ____________________________________________
39       //等待复位校准结束
40       ____________________________________________
41       //开启 ADC 校准
42       ____________________________________________
43       //等待校准结束
44       ____________________________________________
45
46       //……此处省去 DMA 相关的初始化配置……
47
48       //配置 ADC 的规则通道的转换顺序和采样时间,PA4 先 PA5 后,55.5 周期
49       ____________________________________________
50       //使能 ADC1 的软件转换启动功能
51       ____________________________________________
52   }
```

模块 11

ESP8266 WiFi 通信与控制

在之前的模块中，我们已经学习了传感器数据的采集和显示，但仅限于本开发板之上。既然是物联网开发板，那么接下来的需求就是将传感器数据通过网络上传云端。本模块我们来完成开发板入网的工作，为下一步数据上云做准备。

学习目标

1. 了解 ESP8266 模块特点、组网模式。
2. 了解 ESP8266 常用的 AT 指令。
3. 看懂开发板上 ESP8266 模块与 STM32 的连接。
4. 结合联网测试程序，明白 ESP8266 接入 WiFi 热点和连接服务器的过程。

11.1 ESP8266 开发实验准备

ESP8266 作为物联网无线通信模块集成化、低代码化、低成本化的典型代表，在应用上其实门槛并不高。了解了入网所需的几条 AT 指令，再结合 STM32 串口编程的基础，就可以进行开发实践了。下面就针对我们的开发板所涉及的软硬件进行以下准备工作。

11.1.1 拟解决的问题

我们先来看硬件层面需要解决的问题。图 11 - 1 展示了开发板连接物联网云平台所涉及的关键硬件，这里我们只关注与 ESP8266 "对话" 的接口。从图中可以看出，ESP8266 通过串口 2 与 STM32 "对话"，而我们通过串口 1 与 STM32 "对话"，因此，硬件上就是通过这两个串口，配置开发板上的 ESP8266 入网并连接云平台服务器。

再来看软件层面，那就是 "对话" 的规则和内容了。我们想让 ESP8266 做什么事情，就通过串口助手给它发送对应的 AT 指令，做完后，它还会 "汇报" 结果，如图 11 - 2 所示。

11.1.2 ESP8266 与 STM32 的连接

如图 11 - 3 所示，开发板上的 ESP8266 WiFi 模块和 M6312 GSM 模块都是通过串口 2 与 STM32 通信，因此，需要借助跳线帽来对这两个模块二选一，不接或接错都无法联网。

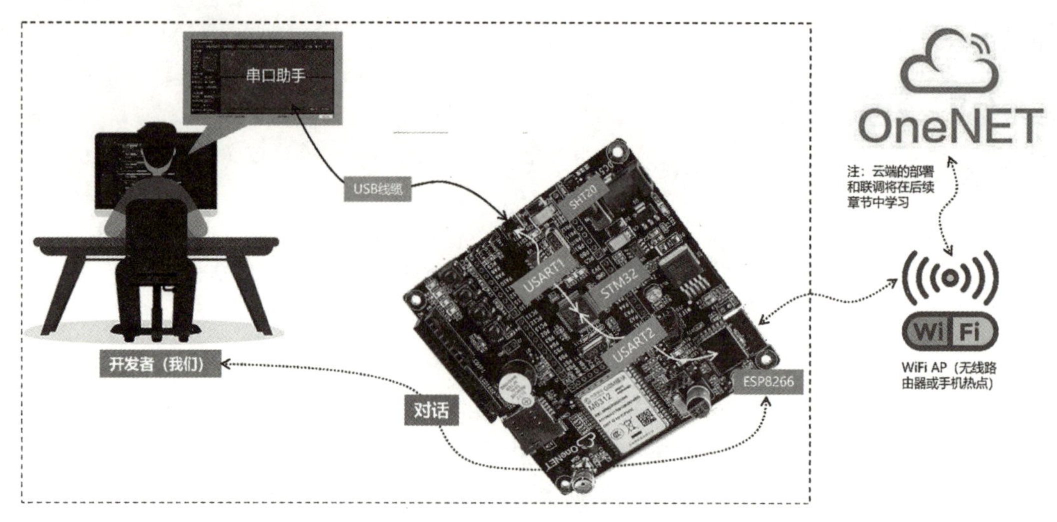

图 11－1　开发板连接云平台示意

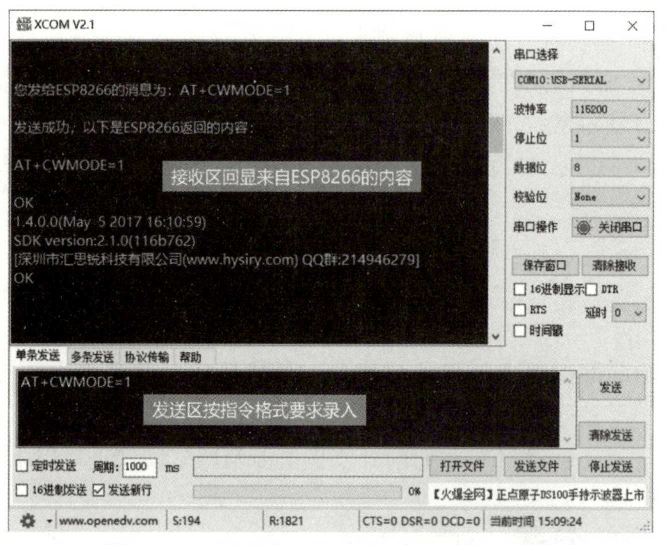

图 11－2　通过串口助手与 ESP8266 “对话”

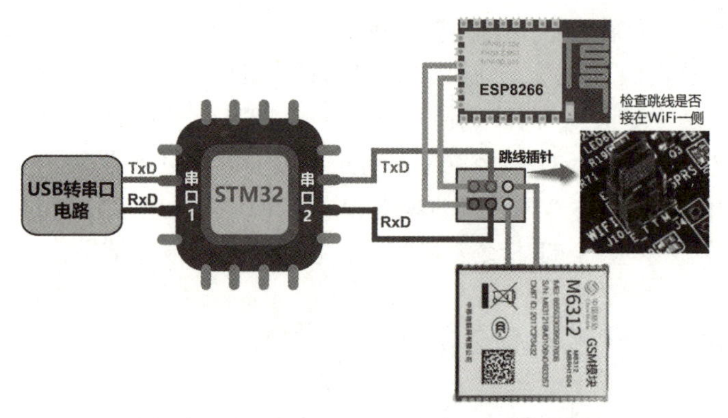

图 11－3　ESP8266 与 STM32 连接示意图

再来看原理图 11－4，由于中间有跳线的部分，所以图中信号线的连接看起来有点儿曲折，但其实真正有效的信号线就 3 条：

ESP8266 的串口接收 URXD 接 STM32 的串口 2 发送（PA2）。

ESP8266 的串口发送 UTXD 接 STM32 的串口 2 接收（PA3）。

ESP8266 的复位信号 RESET_WIFI 接 STM32 的 PC14。

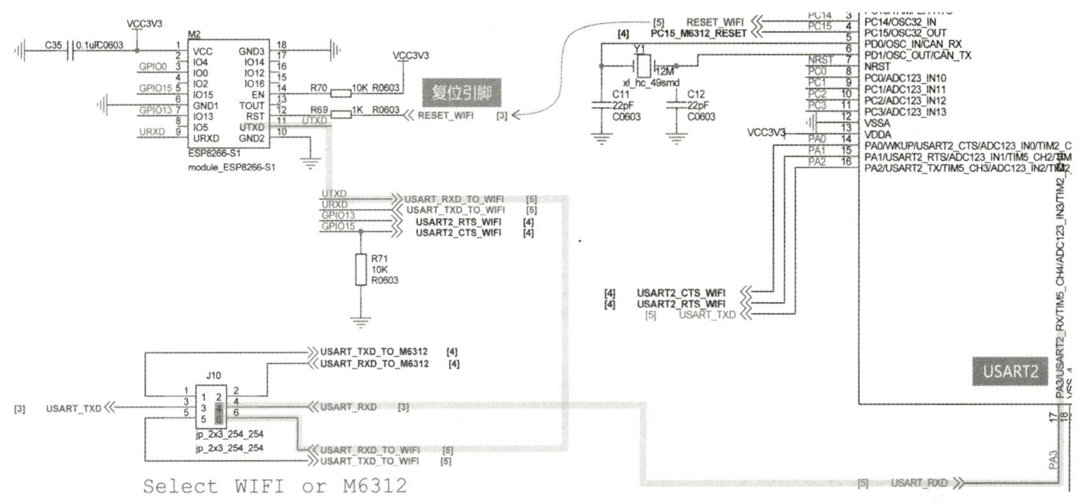

图 11－4　ESP8266 与 STM32 连接原理图

11.1.3　工程文件清单

考虑到物联网云平台的开发涉及硬件设备、网络协议、云平台 API 等多类源码，因此我们在工程中新增了必要的子目录来分类存放，如图 11－5 所示，这里只聚焦 ESP8266 的设备驱动文件 esp8266.c 和 esp8266.h。此外，由于加入了串口 2 并启用了中断，因此串口驱动文件 usart.c 的源码也需要补充。

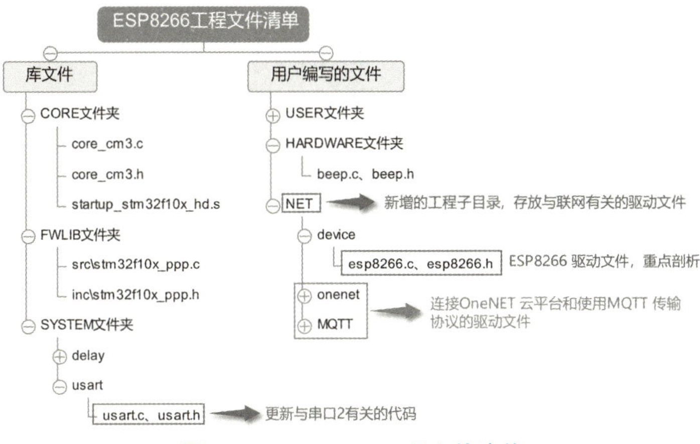

图 11－5　ESP8266 工程文件清单

11.1.4 程序执行流程

由于涉及两个串口的数据收发和联动，为了使程序彼此兼顾，两个串口的接收都通过中断程序处理。图 11－6 给出了这两个中断程序和主程序的分工和联系。

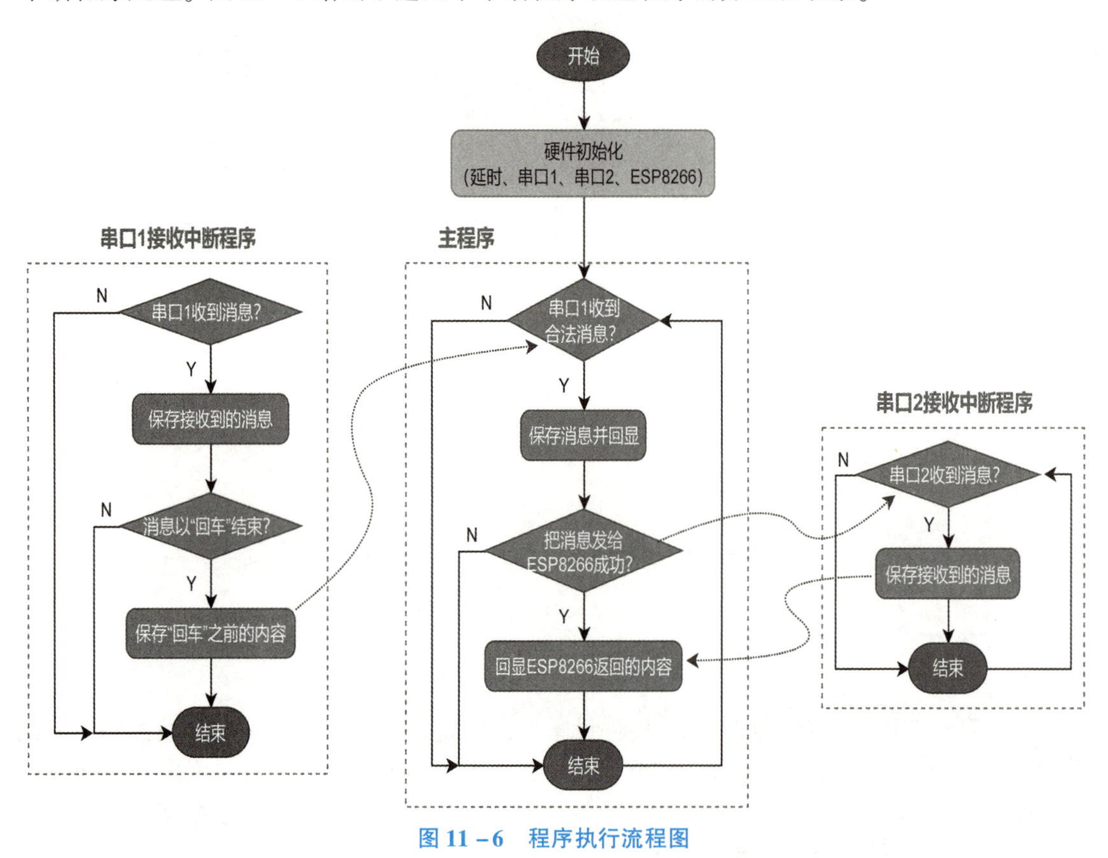

图 11－6 程序执行流程图

11.2 工程源码剖析

11.2.1 串口 2 初始化与中断处理源码

前面学习了有关 STM32 串口的知识，并剖析了与串口 1 相关的代码。在此基础上，我们增加与串口 2 有关的代码到 usart. c 文件中，使之满足与 ESP8266 “对话” 的要求。

1. uart2_init( ) 函数源码

该函数用来初始化串口 2 及其中断，与之前初始化串口 1 的流程一致，大家阅读代码清单 11－1 的时候顺便再好好回顾一下相关知识。当然，不要忘了把该函数在 usart. h 头文件里声明一下。

代码清单 11－1　uart2_init( )函数源码

```
1   void uart2_init(u32 baud)
2   {
3       GPIO_InitTypeDef gpio_initstruct;
4       USART_InitTypeDef usart_initstruct;
5       NVIC_InitTypeDef nvic_initstruct;
6
7       //开启 GPIOA 和 USART2 外设时钟,注意,USART2 在 APB1 总线上
8       RCC_APB2PeriphClockCmd(RCC_APB2Periph_GPIOA, ENABLE);
9       RCC_APB1PeriphClockCmd(RCC_APB1Periph_USART2, ENABLE);
10
11      //PA2(TXD)引脚的初始化
12      gpio_initstruct.GPIO_Mode = GPIO_Mode_AF_PP;
13      gpio_initstruct.GPIO_Pin = GPIO_Pin_2;
14      gpio_initstruct.GPIO_Speed = GPIO_Speed_50MHz;
15      GPIO_Init(GPIOA, &gpio_initstruct);
16
17      //PA3(RXD)引脚的初始化
18      gpio_initstruct.GPIO_Mode = GPIO_Mode_IN_FLOATING;
19      gpio_initstruct.GPIO_Pin = GPIO_Pin_3;
20      gpio_initstruct.GPIO_Speed = GPIO_Speed_50MHz;
21      GPIO_Init(GPIOA, &gpio_initstruct);
22
23      //配置串口 2 工作模式:8-N-1,收发一体,无硬件控制流
24      usart_initstruct.USART_BaudRate = baud;
25      usart_initstruct.USART_HardwareFlowControl = \
26      USART_HardwareFlowControl_None;
27      usart_initstruct.USART_Mode = USART_Mode_Rx | USART_Mode_Tx;
28      usart_initstruct.USART_Parity = USART_Parity_No;
29      usart_initstruct.USART_StopBits = USART_StopBits_1;
30      usart_initstruct.USART_WordLength = USART_WordLength_8b;
31      USART_Init(USART2, &usart_initstruct);
32
33      //使能串口 2 及其接收中断
34      USART_Cmd(USART2, ENABLE);
35      USART_ITConfig(USART2, USART_IT_RXNE, ENABLE);
36
37      //串口 2 中断源和优先级的初始化
38      nvic_initstruct.NVIC_IRQChannel = USART2_IRQn;
39      nvic_initstruct.NVIC_IRQChannelCmd = ENABLE;
40      nvic_initstruct.NVIC_IRQChannelPreemptionPriority = 0;
41      nvic_initstruct.NVIC_IRQChannelSubPriority = 0;
42      NVIC_Init(&nvic_initstruct);
43  }
```

2. Usart_SendString( )函数源码

考虑到需要给 ESP8266 发 AT 指令这样一串字符，而库函数里只提供了发送单个字符的函数 USART_SendData( )，因此构造了这个发送字符串的函数 Usart_SendString( )，如代码清单 11－2 所示。

代码清单 11-2　Usart_SendString( )函数源码

```
1   void Usart_SendString(USART_TypeDef *USARTx, unsigned char *str, u16 len)
2   {
3       u16 count = 0;
4
5       for(; count < len; count++)
6       {
7           //发送数据,并等待发送完成
8           USART_SendData(USARTx, *str++);
9           while(USART_GetFlagStatus(USARTx, USART_FLAG_TC) == RESET);
10      }
11  }
```

3. 串口 2 中断处理函数

该函数用来接收和处理 ESP8266 “回复” 的消息，就如同串口 1 接收来自串口助手发来的消息。由于是中断处理函数，因此函数名是规定好的 USART2_IRQHandler。考虑到它专门用来处理 ESP8266 的消息，因此把它写进 esp8266. c 这个文件中更合适。

11. 2. 2　esp8266. h 文件源码

如代码清单 11-3 所示，这个头文件里声明了必要的全局变量和驱动函数，构造它们需要对 ESP8266 工作过程中的功能细节进行抽象和分解，也需要有较强的嵌入式开发经验，大家阅读源码时可以好好领悟一下。

代码清单 11-3　esp8266. h 文件源码

```
1   #ifndef _ESP8266_H_
2   #define _ESP8266_H_
3
4   /* ------------------------ 一些常量的宏 ------------------------ */
5   #define REV_OK0 //接收完成
6   #define REV_WAIT1 //接收未完成
7
8   /* ------------------------ 全局变量声明 ------------------------ */
9   extern u8 esp8266_buf[200];                 //接收缓冲区
10  extern u16 esp8266_cnt, esp8266_cntPre;     //接收计数,当前值与之前值
11
12  /* -------------------------- 函数声明 -------------------------- */
13  void ESP8266_Init(void);                    //ESP8266 初始化
14  void ESP8266_Clear(void);                   //清空接收缓冲区
15  _Bool ESP8266_WaitReceive(void);            //等待接收完成
16  _Bool ESP8266_SendCmd(char *cmd);           //给 ESP8266 发一条指令
17
18  #endif
```

11.2.3　esp8266.c 文件源码

该文件的源码较多，是每个驱动函数的实现，这里为了突出源码的功能细节和排版需要，对源码进行了必要的分割处理，连续且完整的源码请阅读本实验配套的工程。

1. 头文件、宏、全局变量

我们先把该文件前面非函数部分的代码列出来，如代码清单 11－4 所示，其中的注释已经很详细了。

代码清单 11－4　esp8266.c 文件里的头文件、宏和全局变量

```
1   #include "delay.h"
2   #include "usart.h"
3   #include "esp8266.h"
4   #include <string.h>        //必要的 C 库,涉及内存初始化
5   #include <stdio.h>         //必要的 C 库,涉及格式化输出
6
7   //某些 AT 指令较长,用简短的宏替代
8   //ONENET 是 WiFi 热点,IOT123 是密码,请根据实际情况进行替换
9   //每条 AT 指令需要以回车换行结束,因此最后跟上\r\n
10  //指令内容中的双引号本身需要在前面加转义字符 \
11  //183.230.40.39 是 OneNET 云服务器的 IP 地址,端口号 6002
12  #define ESP8266_WIFI_INFO "AT+CWJAP=\"ONENET\",\"IOT123\"\r\n"
13  #define ESP8266_ONENET_INFO "AT+CIPSTART=\"TCP\",\"183.230.40.39\",6002\r\n"
14
15  //全局变量定义和初始化
16  u8 esp8266_buf[200];                          //存放 ESP8266 发来的内容
17  u16 esp8266_cnt = 0, esp8266_cntPre = 0;      //对 ESP8266 发来的数据计数
```

2. ESP8266_Clear( )函数源码

在与 ESP8266 “对话” 过程中，其回复的内容都是放在 esp8266_buf[ ]缓冲区里的，新内容到来之前应该把旧内容清空，该函数便起到这个作用，如代码清单 11－5 所示，清空缓存用的是标准库 stdio.h 里的 memset( )函数。

代码清单 11－5　ESP8266_Clear( )函数源码

```
1   void ESP8266_Clear(void)
2   {
3       memset(esp8266_buf, 0, sizeof(esp8266_buf));    //缓存全部清 0
4       esp8266_cnt = 0;                                 //计数清 0
5   }
```

3. ESP8266_WaitReceive( )函数源码

该函数通过检测记录消息长度的计数值，来判断 ESP8266 发来的消息是否接收完成，如代码清单 11－6 所示。该函数在调用时应放在循环里，直到接收完成才退出循环。

代码清单 11 -6　ESP8266_WaitReceive( )函数源码

```
1   _Bool ESP8266_WaitReceive(void)
2   {
3       if(esp8266_cnt ==0)         //如果接收计数为 0,说明没有处于接收数据中
4           return REV_WAIT;        //直接跳出,结束函数
5
6       if(esp8266_cnt == esp8266_cntPre) //如果上次的值和这次相同,说明接收完毕
7       {
8           esp8266_cnt = 0;                //计数清 0
9           return REV_OK;                  //返回接收完成标志
10      }
11
12      esp8266_cntPre = esp8266_cnt;       //如果没接收完,则更新计数值
13      return REV_WAIT;                    //执行到此说明接收未完成
14  }
```

4. ESP8266_SendCmd( )函数源码

该函数的功能是向 ESP8266 发一条 AT 指令，如代码清单 11 -7 所示，参数 * cmd 是指令内容，通过调用 Usart_SendString( )函数把指令发到串口 2。考虑到发送需要时间，也可能失败，因此设置了一个超时参数 timeOut，通过循环检测接收是否完成，来决定指令发送是否成功。在不超时的情况下接收完成，说明发送成功，否则发送失败。

代码清单 11 -7　ESP8266_SendCmd （）函数源码

```
1   _Bool ESP8266_SendCmd(char * cmd)
2   {
3       u8 timeOut = 200;          //超时计数值
4
5       //调用串口发送字符串库函数向串口 2 发指令,注意参数类型的匹配
6       Usart_SendString(USART2, (u8 * )cmd, strlen((const char * )cmd));
7
8       while(timeOut --)     //发完以后循环检测接收是否完毕
9       {
10          if(ESP8266_WaitRecive() == REV_OK)  //如果接收完成
11              return 0;                       //返回发送成功标志
12          delay_ms(10);                       //如果接收未完成,则每 10ms 检测一次
13      }
14      return 1;     //上面超时了,返回发送失败
15  }
```

5. ESP8266_Init( )函数源码

该函数对连接 ESP8266 复位引脚的 PC14 进行初始化，并给出复位时序完成 ESP8266 的初始化，如代码清单 11 -8 所示。

代码清单 11 -8　ESP8266_Init( )函数源码

```
1   void ESP8266_Init(void)
2   {
3       GPIO_InitTypeDef gpio_initstruct;
```

```
4
5       //开 GPIOC 外设时钟,并对 PC14 初始化
6       RCC_APB2PeriphClockCmd(RCC_APB2Periph_GPIOC, ENABLE);
7       gpio_initstruct.GPIO_Mode = GPIO_Mode_Out_PP;
8       gpio_initstruct.GPIO_Pin = GPIO_Pin_14;
9       gpio_initstruct.GPIO_Speed = GPIO_Speed_50MHz;
10      GPIO_Init(GPIOC, &GPIO_InitStructure);
11
12      //复位引脚拉低实现复位,随后拉高进入工作模式
13      GPIO_WriteBit(GPIOC, GPIO_Pin_14, Bit_RESET);
14      delay_ms(250);
15      GPIO_WriteBit(GPIOC, GPIO_Pin_14, Bit_SET);
16      delay_ms(500);
17
18      ESP8266_Clear();     //清空接收缓冲区
19  }
```

6. 串口 2 中断处理函数源码

该函数用来接收 ESP8266 “回复” 的消息，如代码清单 11 - 9 所示，消息的内容保存在 esp8266_buf 缓冲区里。当然，对超过缓冲区长度（200 字节）的消息做了截断处理。

代码清单 11 - 9　串口 2 中断处理函数源码

```
1   void USART2_IRQHandler(void)
2   {
3       if(USART_GetITStatus(USART2, USART_IT_RXNE)!=RESET) //确认接收中断
4       {
5           if(esp8266_cnt >= sizeof(esp8266_buf))
6               esp8266_cnt = 0;                      //防止接收过长
7           esp8266_buf[esp8266_cnt++] = USART2->DR;  //接收的数据填入缓冲区
8           USART_ClearFlag(USART2, USART_FLAG_RXNE);  //清除接收中断标志
9       }
10  }
```

11.2.4　main.c 文件源码

主程序要解决两方面的问题：一方面是将串口助手发来的 AT 指令转发给 ESP8266，另一方面则是将 ESP8266 回复的消息“打印”到串口助手，从而实现“对话”。完整的源码和注释见代码清单 11 - 10，其中涉及串口 1 的接收、打印和回显，我们在之前“串口收发通信”的源码中已经分析过了，大家重温的同时再领悟一下与串口 2 的结合。

代码清单 11 - 10　main.c 文件源码

```
1   #include "delay.h"
2   #include "usart.h"
3   #include "esp8266.h"
4   #include <stdio.h>       //必要的 C 库,涉及内存初始化
```

```
5   #include <string.h> //必要的 C 库,涉及格式化输出
6
7   //将所有需要初始化的代码全部汇总在这个函数中
8   void Hardware_Init(void)
9   {
10      NVIC_PriorityGroupConfig(NVIC_PriorityGroup_2); //中断优先级设置
11      delay_init();                               //延时初始化
12      uart_init(115200);                          //串口 1 初始化
13      uart2_init(115200);                         //串口 2 初始化
14      printf("\r\nESP8266 测试实验\r\n");
15      ESP8266_Init();                             //ESP8266 初始化
16      printf("\r\nESP8266 初始化完成,可以发 AT 指令\r\n");
17  }
18
19  //主程序:实现"串口助手 - 串口 1 - STM32 - 串口 2 - ESP8266"这条路径上的数据流转
20  int main(void)
21  {
22      u8 t;                   //循环控制下标
23      u8 len = 0;             //串口 1 接收的数据长度
24      char cmdBuf[64];        //存放发给 ESP8266 的指令
25
26      Hardware_Init();        //所有硬件初始化
27
28      while(1)
29      {
30          if(USART_RX_STA&0x8000)
31          {   //如果 USART_RX_STA 最高位为 1,说明完成一次接收
32              len = USART_RX_STA&0x3fff;      //得到此次接收到的数据长度
33              printf("\r\n 您发给 ESP8266 的消息为:");
34              for(t = 0; t < len; t ++)
35              {   //将接收缓冲区的内容逐个填入串口发送数据寄存器
36                  USART1 -> DR = USART_RX_BUF[t];    //接收内容回显
37                  while((USART1 -> SR&0x40) == 0);   //等待发送结束
38              }
39              printf("\r\n");         //插入换行
40
41              //先清空发送区,再把 USART_RX_BUF 里的内容带上回车符填入发送区
42              memset(cmdBuf, 0, sizeof(cmdBuf));
43              sprintf(cmdBuf, "%s\r\n", USART_RX_BUF);
44
45              if(!ESP8266_SendCmd(cmdBuf))     //给 ESP8266 发指令成功
46              {
47                  printf("\r\n 发送成功,以下是 ESP8266 返回的内容:\r\n");
48                  printf("\r\n%s\r\n\r\n", esp8266_buf);
```

```
49              }
50              else                                    //给 ESP8266 发指令失败
51              {
52                  printf("\r\n 发送失败,响应超时\r\n");
53                  ESP8266_Clear();
54              }
55
56              USART_RX_STA = 0;    //完成一次发送,串口 1 状态变量清 0
57          }
58      }
59  }
```

11.3　测试验证与补充完善

上面我们编写了与 ESP8266 实现“对话”的程序，下面就来测试一下，看看“对话”的效果如何，还存不存在什么问题。

11.3.1　与 ESP8266“对话”的分步测试

这里我们按照配置 ESP8266 入网所用到的 AT 指令，按顺序依次测试。

1. 检查 ESP8266

首先配置好串口助手（这里用的是 XCOM），上电之后出现开机信息，如图 11-7 所示。再在发送区输入“AT”，并勾选“发送新行”（如串口助手不带此功能，那么请在“AT”之后手动敲一个回车）。若发送成功，ESP8266 则返回“OK”的字样。

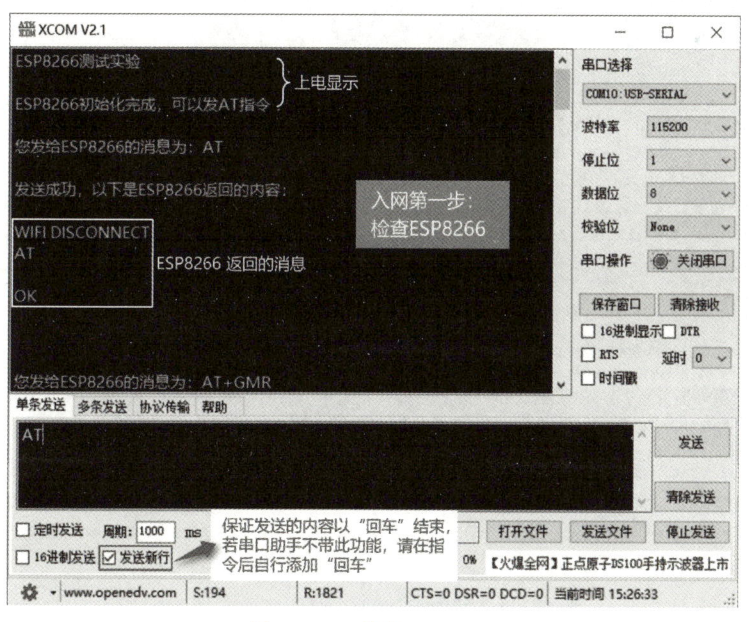

图 11-7　检查 ESP8266

2. 配置工作模式

这一步，我们使用“AT+CWMODE=1”指令将 ESP8266 配置成 STA 的工作模式，配置成功则返回“OK”的字样，如图 11-8 所示。

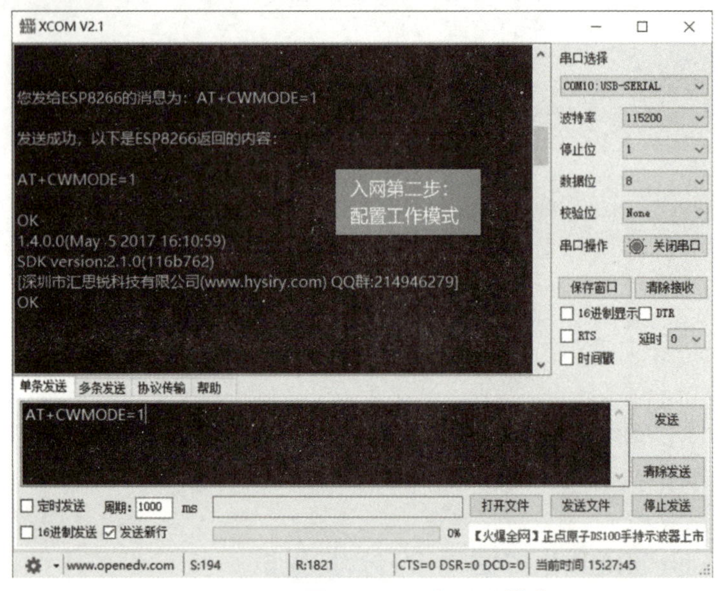

图 11-8　配置 ESP8266 为 STA 模式

3. 配置 DHCP

这一步，我们给 ESP8266 发送“AT+CWDHCP=1，1”的指令，使其能够在接入 WiFi 热点后自动获取 IP 地址，如图 11-9 所示，配置成功则返回“OK”的字样。

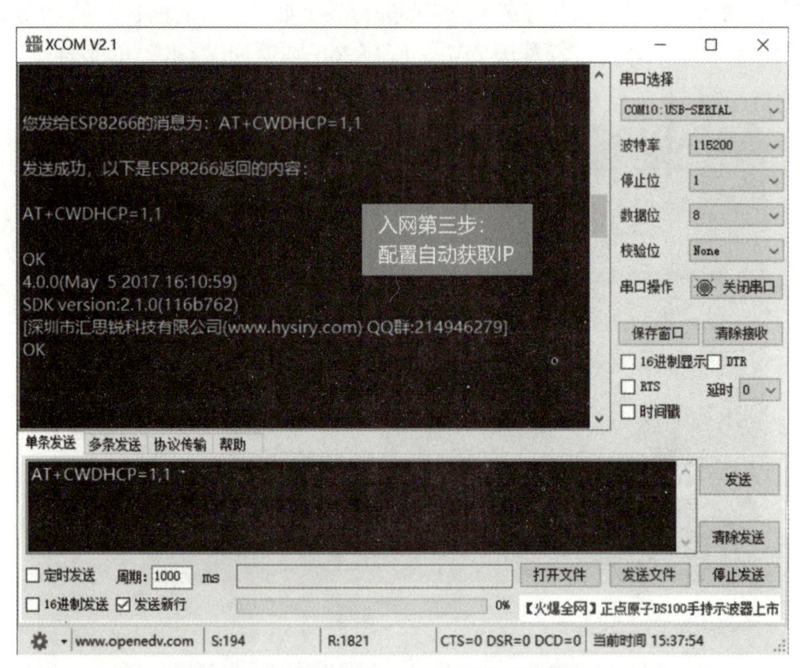

图 11-9　配置 ESP8266 能够自动获取 IP

4. 连接 WiFi 热点

到这一步，我们就可以将 WiFi 热点的名称和密码发给 ESP8266 了，使用的是“AT + CWJAP = "ssid" ,"pwd" ”指令。我们在测试这条指令的时候发现，如果只发一次，ESP8266 不一定就能成功入网（图 11 – 10），尝试多发几次之后，ESP8266 才回显了“GOT IP”的字样（图 11 – 11）。由此可见，为了保证给 ESP8266 发送指令成功，程序上应该采取“循环发送直到返回成功”的控制逻辑。因此，下面我们会对 ESP8266_SendCmd( )这个函数进行改进。

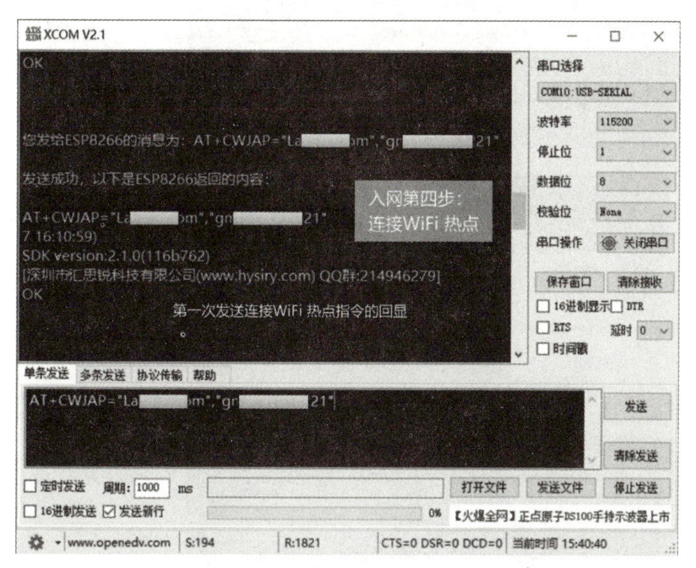

图 11 – 10　配置 ESP8266 接入热点未成功

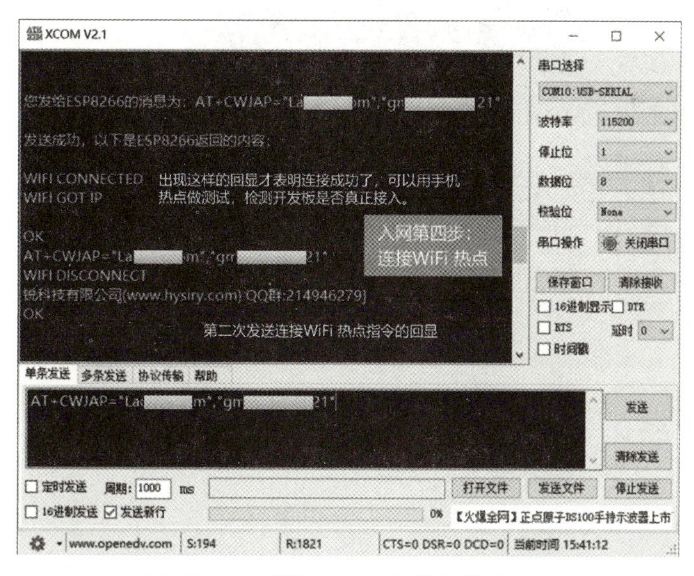

图 11 – 11　配置 ESP8266 接入热点成功

5. 连接 OneNET 云服务器

最后一步，使用“AT + CIPSTART = "type" ,"addr" ,"port" ”指令去连接 OneNET 云服务

器。与上一步类似，也需要多发几次才能得到 “ALREADY CONNECTED” 的回显，如图 11－12 和图 11－13 所示。

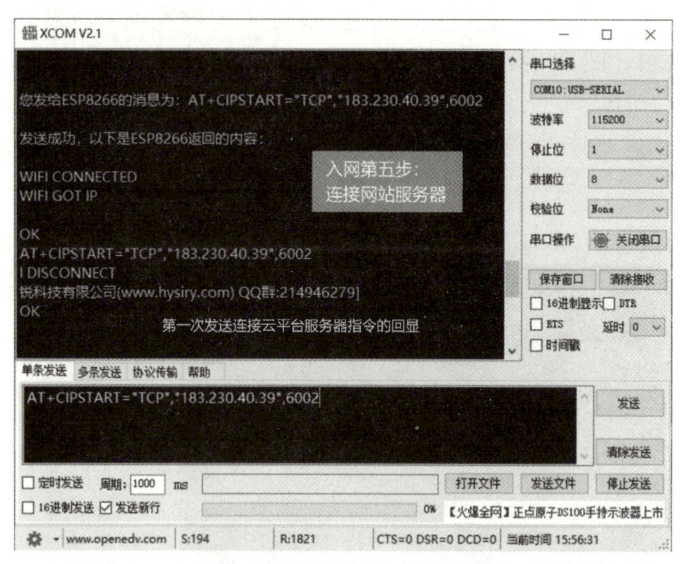

图 11－12　配置 ESP8266 连接 OneNET 服务器未成功

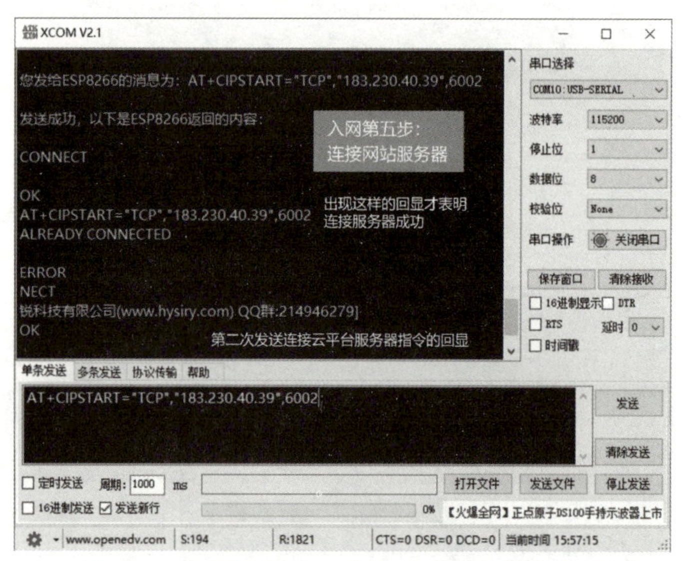

图 11－13　配置 ESP8266 连接 OneNET 服务器成功

11.3.2　代码的补充与完善

1. 完善向 ESP8266 发指令

在上面的测试中，我们发现，配置 ESP8266 的时候，不能只发指令，还需要检查返回信息，只有其中包含了指令成功的字样才算配置成功。因此，我们在 esp8266.c 文件里增加了一个 ESP8266_SendCmdCheck( ) 函数，它是 ESP8266_SendCmd( ) 函数的改进，添加了对回显内容关键字（参数 * res）的筛选，如代码清单 11－11 所示。

代码清单 11－11　ESP8266_SendCmdCheck( )函数源码

```
1   _Bool ESP8266_SendCmdCheck(char *cmd, char *res)
2   {
3       u8 timeOut = 200;
4
5       Usart_SendString(USART2, (u8 *)cmd, strlen((const char *)cmd));
6
7       while(timeOut--)
8       {
9           if(ESP8266_WaitRecive() == REV_OK)    //如果接收完成
10          {   //如果返回的内容有关键词
11              if(strstr((const char *)esp8266_buf, res) != NULL)
12              {
13                  ESP8266_Clear();    //清空缓存
14              return 0;               //返回成功
15                  }
16          }
17          delay_ms(10);               //接收未完成,则每 10ms 检测一次
18      }
19      return 1;        //上面超时了,返回失败
20  }
```

2. 完善 ESP8266 的初始化

有了上面 ESP8266_SendCmdCheck( )函数的支持，我们就可以将入网的五个配置步骤添加到初始化流程中，并且在 ESP8266 上电后自动完成，就不需要像前面那样一条一条手动配置了，如代码清单 11－12 所示。

代码清单 11－12　改进后的 ESP8266_Init( )函数源码

```
1   void ESP8266_Init(void)
2   {
3       GPIO_InitTypeDef GPIO_InitStructure;
4
5       RCC_APB2PeriphClockCmd(RCC_APB2Periph_GPIOC, ENABLE);
6
7       //ESP8266 复位引脚(PC14)初始化
8       GPIO_InitStructure.GPIO_Mode = GPIO_Mode_Out_PP;
9       GPIO_InitStructure.GPIO_Pin = GPIO_Pin_14;
10      GPIO_InitStructure.GPIO_Speed = GPIO_Speed_50MHz;
11      GPIO_Init(GPIOC, &GPIO_InitStructure);
12
13      //复位引脚拉低实现复位,随后拉高进入工作模式
14      GPIO_WriteBit(GPIOC, GPIO_Pin_14, Bit_RESET);
15      delay_ms(250);
16      GPIO_WriteBit(GPIOC, GPIO_Pin_14, Bit_SET);
17      delay_ms(500);
18
19      ESP8266_Clear();    //清空接收缓冲区
```

```
20
21      //以下是入网的五个步骤,自动完成配置,前一个步骤成功,才可进入下一个步骤
22      printf("1. AT\r\n");
23      while(ESP8266_SendCmdCheck("AT\r\n", "OK"))
24          delay_ms(500);
25
26      printf("2. AT+CWMODE\r\n");
27      while(ESP8266_SendCmdCheck("AT+CWMODE=1\r\n", "OK"))
28          delay_ms(500);
29
30      printf("3. AT+CWDHCP\r\n");
31      while(ESP8266_SendCmdCheck("AT+CWDHCP=1,1\r\n", "OK"))
32          delay_ms(500);
33      printf("4. AT+CWJAP\r\n");
34      while(ESP8266_SendCmdCheck(ESP8266_WIFI_INFO, "GOT IP"))
35          delay_ms(500);
36
37      printf("5. AT+CIPSTART\r\n");
38      while(ESP8266_SendCmdCheck(ESP8266_ONENET_INFO, "CONNECT"))
39          delay_ms(500);
40
41      printf("6. ESP8266 Init OK\r\n");
42  }
```

3. 补充向服务器发送数据

当上述初始化完成后，ESP8266 就可以向服务器发送数据了。因此，这里补充了一个 ESP8266_SendData()函数，它有两个参数，一个是数据内容 *data，另一个是数据长度 len。该函数利用“AT+CIPSEND”指令把数据内容发出去，如代码清单 11-13 所示。

代码清单 11-13　ESP8266_SendData()函数源码

```
1   void ESP8266_SendData(u8 *data, u16 len)
2   {
3       char cmdBuf[32];
4
5       ESP8266_Clear();                                    //清空接收缓存
6       sprintf(cmdBuf, "AT+CIPSEND=%d\r\n", len);  //准备好发送指令
7        if(!ESP8266_SendCmdCheck(cmdBuf, ">"))          //收到">"时可以发送数据
8        {
9           Usart_SendString(USART2, data, len);       //发送数据
10       }
11  }
```

4. 补充接收来自服务器的数据

另外，如果 ESP8266 给服务器发了数据，服务器也会返回对应的消息。对于 OneNET 云服务器，返回消息的格式为:"+IPD,x:yyy"（x 代表数据长度，yyy 是数据内容）。因此，

我们这里还补充了一个 * ESP8266_GetIPD( ) 函数，用来获取云平台返回的数据，如代码清单 11－14 所示。它有一个超时参数 timeOut （以 10 ms 为计时单位），在不超时的前提下，将服务器返回的数据包拆解，去掉包头，留下数据内容本身作为返回值。

代码清单 11－14　* ESP8266_GetIPD( ) 函数源码

```
1   u8 *ESP8266_GetIPD(u16 timeOut)
2   {
3       char *ptrIPD = NULL;
4   
5       do
6       {
7           if(ESP8266_WaitRecive() == REV_OK)      //如果接收完成
8           {
9               ptrIPD = strstr((char *)esp8266_buf, "IPD,");    //搜索"IPD"头
10              if(ptrIPD == NULL)
11              {
12                  //如果没找到,可能是 IPD 头延迟,还需要等一会,但不会超过设定的时间
13              }
14              else
15              {
16                  ptrIPD = strchr(ptrIPD, ':');    //找到':'
17                  if(ptrIPD != NULL)
18                  {
19                      ptrIPD++;
20                      return (u8 *)(ptrIPD);      //返回:后面的内容
21                  }
22                  else
23                      return NULL;
24              }
25          }
26          delay_ms(10);       //延时等待
27      } while(timeOut--);
28  
29      return NULL;            //超时还未找到,返回空
30  }
```

11.3.3　对补充代码的一点说明

上面的测试验证和补充完善，仅围绕 ESP8266 本身的功能展开。若涉及与云平台之间的数据通信，还牵扯到网络协议的问题。因此，无论是发送还是接收，数据包的格式及其处理过程都会变得更加复杂。

11.4　ESP8266 的介绍

低成本低代码的联网模块已在物联网设备上广泛使用，ESP8266 WiFi 模块就是其中突出的代表，我们首先来认识一下这款在业内广受欢迎的模块。

11.4.1　ESP8266 芯片与模组

ESP8266EX 是由上海乐鑫信息科技公司（ESpressif）出品的一款应用于物联网编程的 WiFi 芯片。从它被设计出来开始，就获得了业内同行的肯定。ESP8266 系列模组是深圳安信可（Ai－thinker）公司开发的一系列基于乐鑫 ESP8266EX 的超低功耗 UART－WiFi 模组，可以方便地进行二次开发，接入云端服务，加速物联网产品原型设计。图 11－14 是常见的几款 ESP8266 模组封装，我们的开发板上使用的是 ESP－12F 这款。

图 11－14　几款常见的 ESP8266 模组

从厂商的角度看，乐鑫是 ESP8266 的芯片厂商，安信可是依赖 ESP8266 生产模组的厂商。后者在 ESP8266 芯片的基础上，完善了外围器件布局和天线优化，并提供一系列开发方案。从用户的角度来看，ESP8266 是一个 WiFi 模块，可以联网，既可以用在 STM32 平台上，也可以用在 Arduino 等其他硬件平台上。

11.4.2　ESP8266 的工作模式

ESP8266 的工作模式一共有 3 种：AP 模式、STA 模式以及混合模式，选择何种模式取决于应用场景。

1. AP 模式

AP 是 Access Point 的缩写，即接入点的意思。如图 11－15 所示，该模式提供无线接入服务和数据访问，允许其他无线终端接入。简单来说，就是和无线路由器的工作模式相同，能让手机接入。这种模式主要用于动态修改接入点信息，一些用 ESP8266 制作的 WiFi 广告播放器就是工作在这种模式下的。

2. STA 模式

STA 是 Station 的简称，类似于无线终端，STA 本身并不接受无线的接入，它可以连接到 AP，简单来说，就是和手机连接 WiFi 热点的工作状态相同，如图 11－16 所示。在接下来的实验中，采用的就是这种模式，让开发板作为无线终端接入 WiFi 热点。

图 11－15　AP 模式示意图

图 11－16　STA 模式示意图

3. 混合模式

了解了前两个概念，AP 混合 STA 模式就不难理解了，就是既可以连接到其他的 WiFi 热点，也可以让别的无线终端连接，这两个过程能同时进行，如图 11－17 所示。

图 11－17　混合模式示意图

11.4.3 ESP8266 的 AT 指令

每个 ESP8266 模块出厂之前一般都有刷好的固件，正是因为内置了这样的固件，开发者就可以很方便地通过指令对 ESP8266 进行配置，而这些指令格式都以“AT”开头(Attention 的缩写)，所以称之为 AT 指令。

乐鑫官方的 AT 指令有将近百条，但常用的就十几条，理解起来也非常简单，表 11－1 列举的几条指令，是我们接下来编程实践中要用到的。通过这些指令，便可以一步一步地配置 ESP8266 接入 WiFi 热点和连接云平台服务器。更多 AT 指令可以查阅官方的《ESP8266 AT 指令集手册》。

表 11－1　本模块用到的 AT 指令

指令格式	功能	返回
AT	测试 AT 启动	OK
AT + CWMODE = 1	STA 模式	OK
AT + CWDHCP = 1，1	开启 DHCP	OK
AT + CWJAP = "ssid","pwd"	加入 AP，ssid 为热点名，pwd 为密码	OK 或 ERROR
AT + CIPSTART = "type","addr","port"	连接服务器，type 为连接类型 TCP 或 UDP，addr 为 IP 地址，port 为端口号	OK/ERROR/ALREADY CONNECT：id
AT + CIPSEND = 数据长度	发送数据到服务器	成功，返回提示符“>”，准备接收；失败，返回 ERROR

总结 AT 指令的构成就是，每条指令要以 AT 开始，后面跟要查询（读）或者要设置（写）的参数，例如，查询 WiFi 模式对应的指令为 AT + CWMODE?，设置 WiFi 模式为 AT + CWMODE = ?。另外，还有一点需要特别注意，每条指令都要以回车换行符结尾，从 C 语言字符串的角度来说，就是要在待发送的内容后面追加\r\n，即十六进制的 0x0D 0x0A。

习题与测验

1. 解释以下 AT 指令。

AT ________　AT + CWMODE = 1 ________

AT + CWJAP = "ssid","pwd" ________

AT + CIPSTART = "type","addr","port" ________

AT + CWDHCP = 1，1 ________

AT + CIPSEND = 数据长度________

2. 结合图 11－6，简述使用串口助手发送 AT 指令的数据传输过程。

____

____

____

____

____

3. 查阅 C 标准库后，说出以下函数的作用：memset( )、sprintf( )、strlen( )、strstr( )。（从入口参数、返回值、作用三个角度说明）

____

____

____

____

____

4. 试写出 ESP8266 从上电后连接 OneNET 云服务器过程中的全部 AT 指令和返回内容。（默认所有配置一次成功）

____

____

____

____

____

模块 12

OneNET 云平台的部署与联调

上一个模块已经完成了开发板接入 WiFi 并能够连接网络服务器，本模块的主要任务是按照 OneNET 云平台的规范和协议，将 SHT20 采集的温湿度数据上传至云端。在这个过程中，我们会了解到 OneNET 使用什么样的模型和参数来对实体进行抽象，还会通过代码学习到数据在传输过程中是如何处理的，最后还会了解到 MQTT 这种网络协议的特点。

学习目标

1. 理解 OneNET 云平台对设备是如何抽象和描述的。
2. 在代码层面读懂设备与云平台是如何对接的。
3. 了解 MQTT 协议的基本原理及代码实现。

12.1　温湿度数据上云编程实验

之前的模块里，我们利用 SHT20 传感器采集了空气的温湿度，还借助 ESP8266 模块实现了与 OneNET 云平台的连接。现在，我们再加入基于 MQTT 协议的数据传输控制代码，形成一个涵盖物联网感知层、网络层、平台层和应用层的完整项目，如图 12－1 所示。

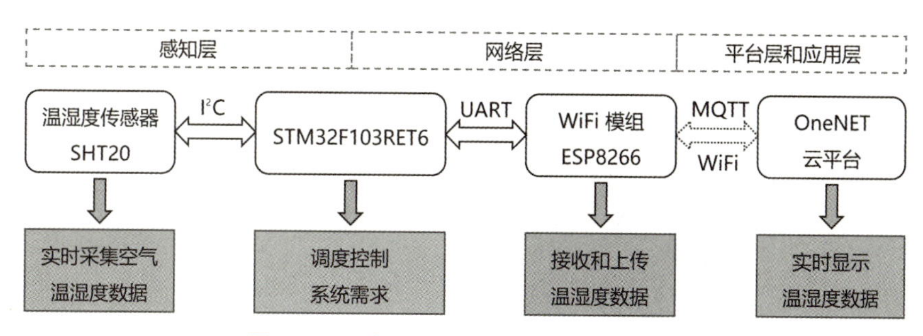

图 12－1　本项目涉及的物联网层次架构

12.1.1　云平台的准备

首先，进入自己的 OneNET 账户，在“多协议接入”控制台下新建一个使用 MQTT 协议的产品，录入产品基本信息，得到产品 ID，如图 12 –2 所示。

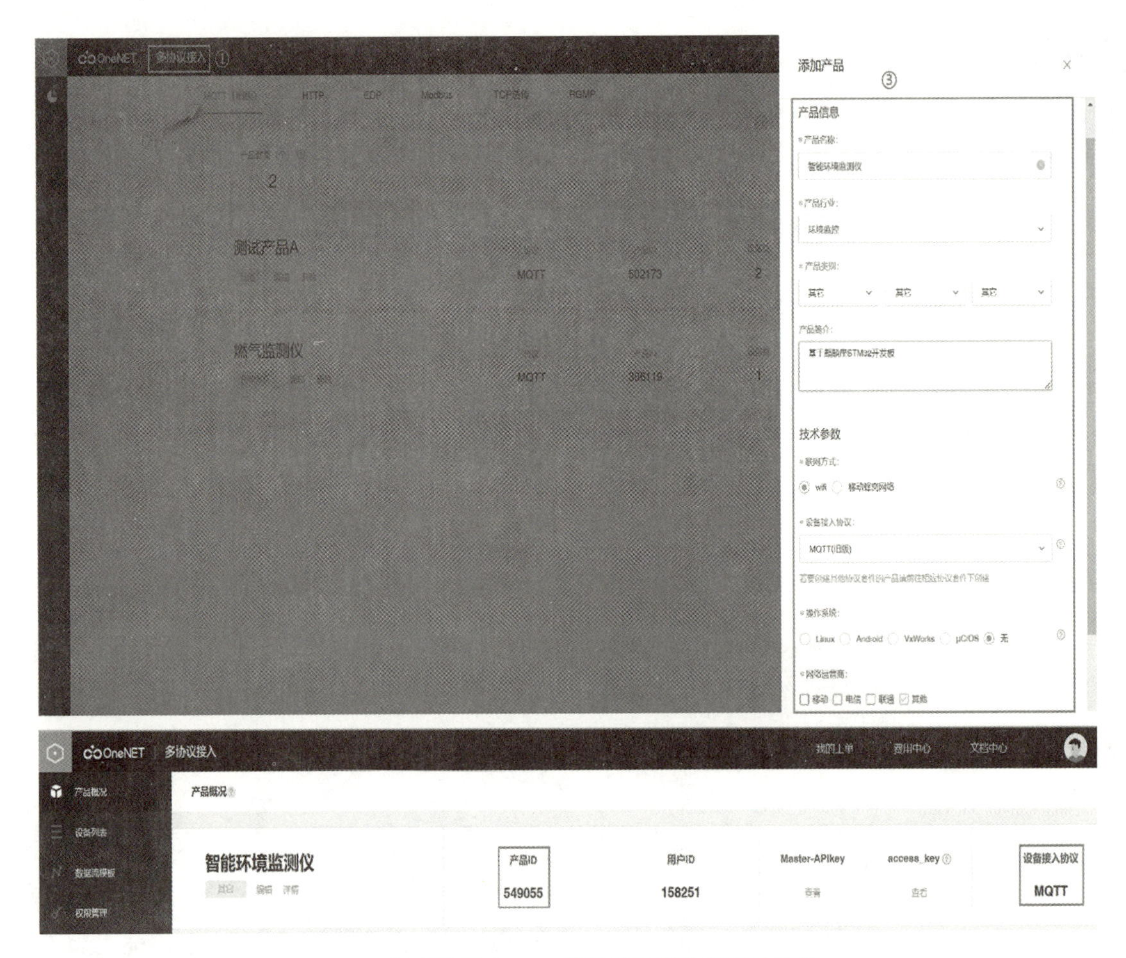

图 12 –2　新建基于 MQTT 协议的产品并得到其产品 ID

接着，如图 12 –3 所示，进入该产品的“设备列表”，新建一个设备，录入设备名称和鉴权信息，得到设备 ID；再单击“添加 APIkey”按钮，输入明文，得到转换后的 APIkey。

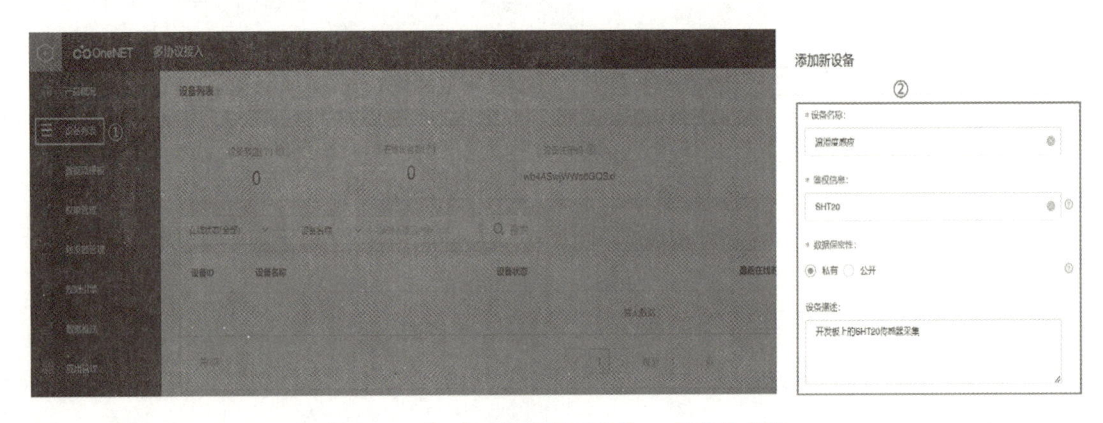

图 12 –3　新建设备并得到产品 ID 和鉴权信息

图 12－3　新建设备并得到产品 ID 和鉴权信息（续）

12.1.2　工程代码清单

本工程的代码清单如图 12－4 所示。MQTT 目录下的文件是 OneNET 平台提供的 SDK，是根据 MQTT 协议规范编写的功能集合，其源码需要对 MQTT 协议的细节非常熟悉才能读懂，对于我们这样的平台使用者来说，暂可不必涉及。onenet 目录下的文件是我们根据实际需求编写的数据传输控制代码，调用了 SDK 中的部分功能，下面会做必要的剖析。

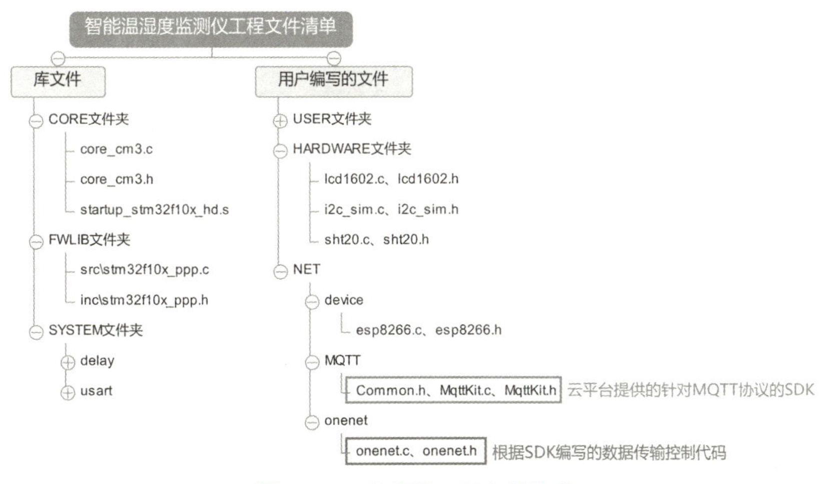

图 12－4　本项目工程文件清单

12.1.3 关键源码剖析

这里只剖析 onenet. h 和 onenet. c 这两个文件的源码，从中我们会学习到设备与云平台是怎么连接和通信的，其中涉及了不少 MQTT 数据包格式的处理，这些代码可以结合注释先了解大致流程，等熟悉了 MQTT 协议要点以后再来详读。

1. onenet. h 文件源码

这个头文件里有 3 个函数的声明，如代码清单 12 - 1 所示。OneNet_DevLink( ) 函数实现设备与 OneNET 建立连接，OneNet_SendData( ) 函数实现上传数据到云平台，OneNet_RevPro( ) 函数用来检测云平台返回的数据。

代码清单 12 - 1　onenet. h 文件源码

```
1   #ifndef _ONENET_H_
2   #define _ONENET_H_
3
4   _Bool OneNet_DevLink(void);        //设备与 OneNET 平台建立连接
5   void OneNet_SendData(void);        //上传数据到云平台
6   char * OneNet_RevPro(u8 * cmd);    //检测云平台返回的数据
7
8   #endif
```

2. onenet. c 文件源码

该文件的源码较多，是每个函数的实现，这里为了突出功能细节和排版需要，对源码进行了必要的分割处理，连续且完整的源码请阅读本实验配套的工程。

(1) 头文件与宏定义

由于涉及多类硬件，再加上网络和协议，因此需要引入多个与之相关的头文件，如代码清单 12 - 2 所示。

代码清单 12 - 2　头文件与宏定义源码

```
1   #include "stm32f10x.h" //单片机头文件
2   #include "esp8266.h"   //网络设备文件
3   #include "onenet.h"    //本程序头文件
4   #include "MqttKit.h"   //MQTT 协议 SDK 文件
5   #include "usart.h"     //串口文件
6   #include "delay.h"     //延时文件
7   #include "sht20.h"     //传感器文件
8   #include <string.h>    //C 库(字符串)
9   #include <stdio.h>     //C 库(标准输入输出)
10
11  #define PROID"549055"          //产品 ID(替换成自己的)
12  #define AUTH_INFO"SHT20"       //鉴权信息(替换成自己的)
13  #define DEVID"1004673328"      //设备 ID(替换成自己的)
```

(2) OneNet_DevLink( ) 函数源码

该函数用来与 OneNET 平台建立连接，如代码清单 12 - 3 所示。该函数的主要流程是：

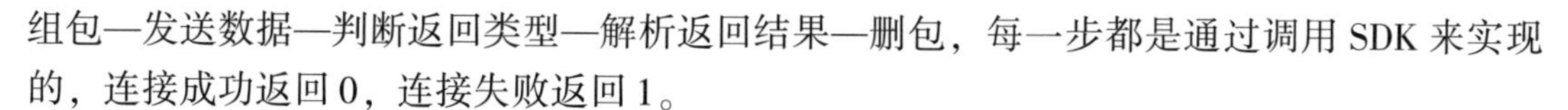

组包—发送数据—判断返回类型—解析返回结果—删包，每一步都是通过调用 SDK 来实现的，连接成功返回 0，连接失败返回 1。

代码清单 12 -3　OneNet_DevLink( )函数源码

```
1   _Bool OneNet_DevLink(void)
2   {
3       MQTT_PACKET_STRUCTURE mqttPacket = {NULL, 0, 0, 0};        //协议包
4       unsigned char *dataPtr;        //存放云平台返回的消息
5       _Bool status = 1;              //成功或失败的标志
6   
7       printf("OneNet_DevLink\r\n \
8           PROID:%s, AUIF:%s, DEVID:%s\r\n", PROID, AUTH_INFO, DEVID);
9       if(MQTT_PacketConnect(PROID, AUTH_INFO, DEVID, 256, 0, \
10              MQTT_QOS_LEVEL0, NULL, NULL, 0, &mqttPacket) == 0)
11      {   //组包后发送数据
12          ESP8266_SendData(mqttPacket._data, mqttPacket._len);   //上传数据
13          dataPtr = ESP8266_GetIPD(250);   //得到平台响应的内容
14          if(dataPtr != NULL)
15          {
16              if(MQTT_UnPacketRecv(dataPtr) == MQTT_PKT_CONNACK)
17              {   //判断返回类型
18          switch(MQTT_UnPacketConnectAck(dataPtr))
19                  {   //解析返回结果
20                      case 0: printf("Tips: 连接成功\r\n"); status = 0;
21                              break;
22                      case 1: printf("WARN: 连接失败:协议错误\r\n");
23                              break;
24                      case 2: printf("WARN: 连接失败:非法的 clientid\r\n");
25                              break;
26                      case 3: printf("WARN: 连接失败:服务器失败\r\n");
27                              break;
28                      case 4: printf("WARN: 连接失败:用户名或密码错误\r\n");
29                              break;
30                      case 5: printf("WARN: 连接失败:非法链接\r\n");
31                              break;
32                      default: printf("ERR: 连接失败:未知错误\r\n");
33                              break;
34                  }
35              }
36          }
37          MQTT_DeleteBuffer(&mqttPacket);    //删包
38      }
39      else
40          printf("WARN: MQTT_PacketConnect Failed\r\n");
41  
42      return status;    //根据上面的处理结果返回对应的标志
43  }
```

（3）OneNet_FillBuf( )函数源码

该函数按照特定的格式将待发送的数据填入发送缓冲区，如代码清单 12－4 所示。这里是按照“,;数据流 1 的 ID，数值 1；数据流 2 的 ID，数值 2;”的格式来填充的。注意，数据流的格式并不是只有这一种，OneNET 文档中心下的“设备终端接入协议－MQTT. docx”中有详细描述，下载入口如图 12－5 所示。为了满足格式要求，用到了 C 库中的 strcpy( )和 sprintf( )函数来对字符串进行处理。

代码清单 12－4　OneNet_FillBuf( )函数源码

```
1  u8 OneNet_FillBuf(char *buf)
2  {
3      char text[32];      //存放数据流字段的临时字符串
4  
5      memset(text, 0, sizeof(text));
6      strcpy(buf, ",;");       //数据流开头,,为域中分隔符,;为域间分隔符
7  
8      //文档中的格式2:温度和湿度各一个字段,每个字段包含数据流 ID 和数据值
9      memset(text, 0, sizeof(text));
10     sprintf(text, "Temperature,%.1f;", sht20_info.temperature);
11     strcat(buf, text);
12     memset(text, 0, sizeof(text));
13     sprintf(text, "Humidity,%.1f;", sht20_info.humidity);
14     strcat(buf, text);
15 
16     return strlen(buf);     //返回数据流长度
17 }
```

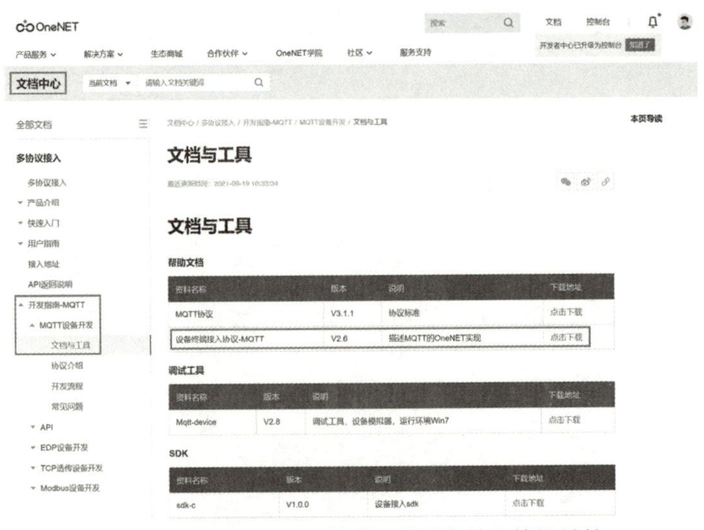

图 12－5　OneNET 文档中心的设备接入协议链接

（4）OneNet_SendData( )函数源码

该函数把已经准备好的数据流上传到云平台，主要流程为：测量数据流长度、填写协议头、组包、发送数据、删包，每一步同样都是通过调用 SDK 来实现的，如代码清单 12－5 所示。

代码清单 12 -5　OneNet_SendData( ) 函数源码

```
1  void OneNet_SendData(void)
2  {
3      MQTT_PACKET_STRUCTURE mqttPacket = {NULL, 0, 0, 0};     //协议包
4      char buf[128];
5      short body_len = 0, i = 0;
6
7      printf("Tips: OneNet_SendData - MQTT\r\n");
8      memset(buf, 0, sizeof(buf));
9      body_len = OneNet_FillBuf(buf);     //获取当前需要发送的数据流的总长度
10
11     if(body_len)
12     {   //数据流非空就将其封包
13         if(MQTT_PacketSaveData(DEVID, body_len, NULL, 5, &mqttPacket) == 0)
14         {   //把数据流内容填入包中的数据段
15             for(; i < body_len; i ++)
16                 mqttPacket._data[mqttPacket._len ++] = buf[i];
17
18             //把数据包上传到云平台
19             ESP8266_SendData(mqttPacket._data, mqttPacket._len);
20             printf("Send %d Bytes\r\n", mqttPacket._len);
21             MQTT_DeleteBuffer(&mqttPacket);    //删包
22         }
23         else
24             printf("WARN: MQTT_NewBuffer Failed\r\n");
25     }
26 }
```

(5) OneNet_RevPro( ) 函数源码

该函数用来检测平台返回的数据，主要流程为：获取返回数据类型—调用函数解析（拆包）—判断消息类型—根据消息内容处理—释放内存。如代码清单 12 -6 所示，参数 * cmd 用来存放数据包的所有内容，处理完后返回包中的有效消息。

代码清单 12 -6　OneNet_RevPro( ) 函数源码

```
1  char* OneNet_RevPro(u8 *cmd)
2  {
3      MQTT_PACKET_STRUCTURE mqttPacket = {NULL, 0, 0, 0};    //协议包
4      char *req_payload = NULL;       //数据包中的有效消息
5      char *cmdid_topic = NULL;       //数据包中的命令 ID
6      unsigned short req_len = 0;     //消息长度
7      unsigned char type = 0;         //消息类型
8      short result = 0;               //处理结果
9
10     type = MQTT_UnPacketRecv(cmd); //拆包得到消息类型
11     switch(type)
12     {
13         case MQTT_PKT_CMD:       //命令下发类型
14             result = MQTT_UnPacketCmd(cmd, &cmdid_topic, \
15                         &req_payload, &req_len);   //解出 topic 和消息体
```

```
16              if(result == 0)
17              {
18                  printf("cmdid: %s, req: %s, req_len: %d\r\n", \
19                          cmdid_topic, req_payload, req_len);
20                  if(MQTT_PacketCmdResp(cmdid_topic, req_payload, \
21                      &mqttPacket) ==0)    //命令回复组包
22                  {
23                      printf("Tips: Send CmdResp\r\n");    //以下回复命令
24                      ESP8266_SendData(mqttPacket._data, mqttPacket._len);
25                      MQTT_DeleteBuffer(&mqttPacket);    //删包
26                  }
27              }
28              break;
29
30          case MQTT_PKT_PUBACK:  //发送 Publish 消息,平台回复的应答
31              if(MQTT_UnPacketPublishAck(cmd) == 0)
32                  printf("Tips: MQTT Publish Send OK\r\n");
33              break;
34
35          default: result = -1; break;
36      }
37
38      if(type == MQTT_PKT_CMD ||type == MQTT_PKT_PUBLISH)
39      {
40          MQTT_FreeBuffer(cmdid_topic);
41          MQTT_FreeBuffer(req_payload);
42      }
43      ESP8266_Clear();   //清空发送缓冲区
44
45      if(result == -1) return NULL;
46      else return req_payload;
47  }
```

3. main. c 文件源码

我们设计的主程序流程和效果是这样的：①上电之后进行必要的硬件初始化；②初始化成功后尝试接入 OneNET，若成功，蜂鸣器会鸣响一声；③每隔 5 s 采集一次温湿度并上传至云平台；④上传的同时也在侦听云平台发来的数据，若有数据，则将其显示在液晶屏上。具体见代码清单 12 -7。

代码清单 12 -7　main. c 文件源码

```
1  #include "stm32f10x.h"
2  #include "delay.h"
3  #include "usart.h"
4  #include "beep.h"
5  #include "lcd1602.h"
6  #include "i2c_sim.h"
```

```
7   #include "sht20.h"
8   #include "esp8266.h"
9   #include "onenet.h"
10  #include <stdio.h>
11  #include <string.h>
12
13  void Hardware_Init(void)    //硬件初始化语句都写在这个函数里
14  {
15      NVIC_PriorityGroupConfig(NVIC_PriorityGroup_2);   //中断优先级分组
16      delay_init();              //延时初始化
17      Beep_Init();               //蜂鸣器初始化
18      Lcd1602_Init();            //液晶屏初始化
19      uart_init(115200);         //串口1初始化
20      uart2_init(115200);        //串口2初始化
21      IIC_Init();                //IIC初始化
22      delay_ms(1500);            //延时一段时间用来开串口助手
23      printf("\r\n基于OneNET的智能温湿度监测仪(MQTT协议)\r\n");
24  }
25
26  int main(void)
27  {
28      u16 timeCount = 0;                  //控制计时的变量
29      u16 dataCount = 0;                  //向云平台发送的数据量
30      unsigned char *dataPtr = NULL;      //存放云平台发来的数据包
31      char *payLoad = NULL;               //数据包中有效信息
32
33      //硬件初始化,并在液晶第一行显示标题
34      Hardware_Init();
35      Lcd1602_Printf(0, 0, "MSG from OneNET");
36
37      //ESP8266初始化并打印其过程
38      printf("\r\nESP8266初始化:\r\n");
39      ESP8266_Init();
40
41      //每隔0.5s连接一次OneNET,失败则停止于此
42      while(OneNet_DevLink())
43          delay_ms(500);
44
45      //蜂鸣器响一声,说明接入成功
46      BEEP_ON();
47      delay_ms(250);
48      BEEP_OFF();
49
50      //主循环负责上传温湿度数据,并接收来自云平台下发的数据
51      while(1)
52      {
53          if(++timeCount >= 500)         //发送间隔5s
54          {
55              SHT20_GetValue();          //获取温湿度数据
56              printf("上传第%d组数据至OneNET\r\n", ++dataCount);
57              OneNet_SendData();         //上传温湿度数据
```

```
58                timeCount = 0;  //发送完成后,计时变量清0
59                ESP8266_Clear();  //清空 ESP8266 的发送缓存
60            }
61
62            dataPtr = ESP8266_GetIPD(0);   //获取云平台发来的数据包
63            if(dataPtr != NULL)
64            {
65                payLoad = OneNet_RevPro(dataPtr);   //拆包得到其中的有效信息
66                if(payLoad != NULL)
67                {
68                    Lcd1602_Clear(1);   //先清掉第 2 行之前的显示
67                    Lcd1602_Printf(1, 0, "%s", payLoad); //显示云端发来的消息
68
69                }
70            }
71
72            delay_ms(10);   //10ms 为一个计时单元
73        }
74    }
```

12.1.4 数据流测试与验证

我们给开发板接好 ST－LINK 下载线、串口线和电源适配器，并打开串口助手。做好这些准备工作就可以下载程序了，下载完成后程序开始运行，稍等片刻串口助手上出现初始化成功的提示，如图 12－6 所示。在听见“嘀”的一声后，开始向云平台发送温湿度数据，其提示信息也显示在串口助手上。

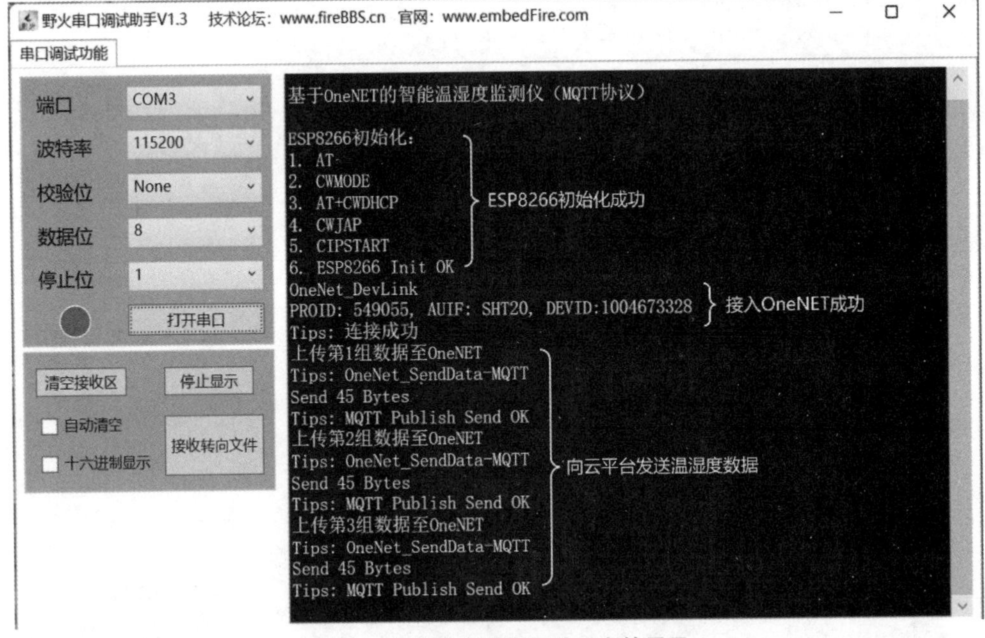

图 12－6　上电之后串口助手上的显示

再来看云平台这边，在“设备详情”页，可以看到设备已处于“在线”状态，如图 12－7 所示。在“数据流展示”页，可以看到已出现温度和湿度两个数据流卡片，点开其中一个，可以看到每个数据点的情况，如图 12－8 所示。在“下发命令”页，按照图 12－9 所示给开发板发送消息，该消息会出现在液晶屏的第 2 行，如图 12－10 所示。

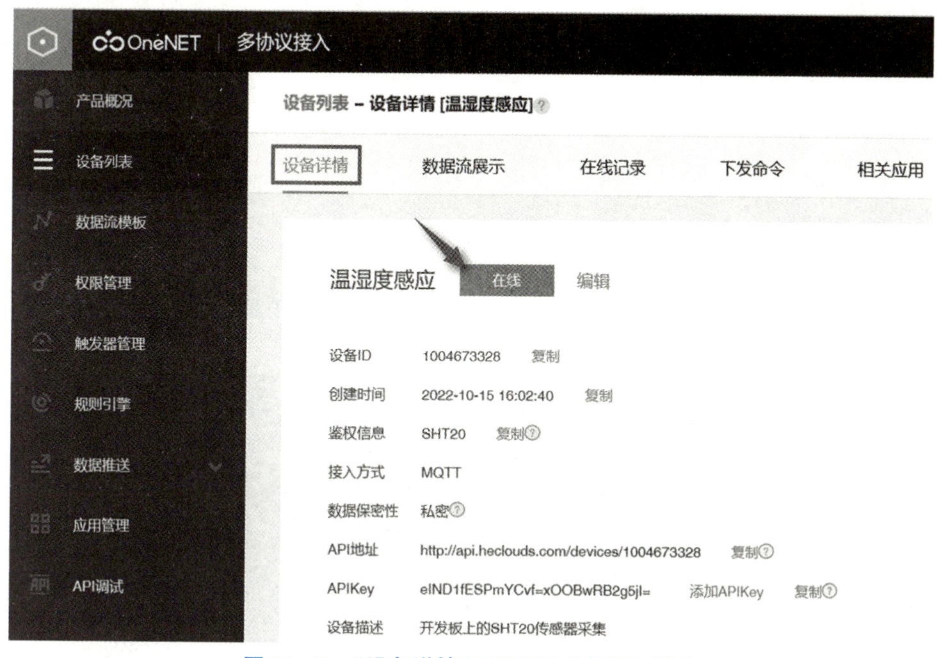

图 12－7　“设备详情”页显示“在线”状态

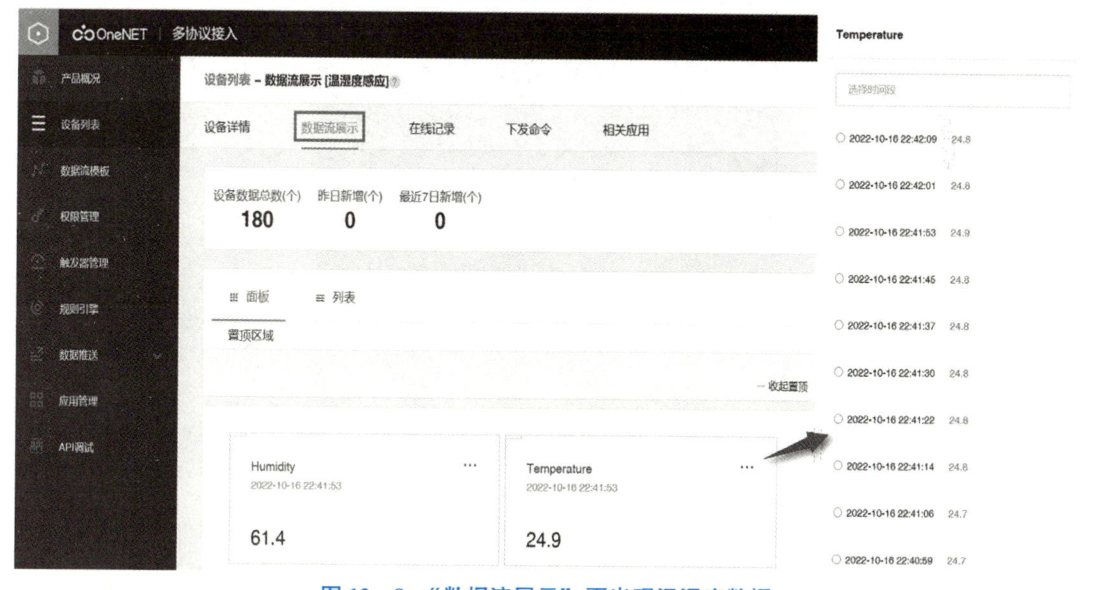

图 12－8　“数据流展示”页出现温湿度数据

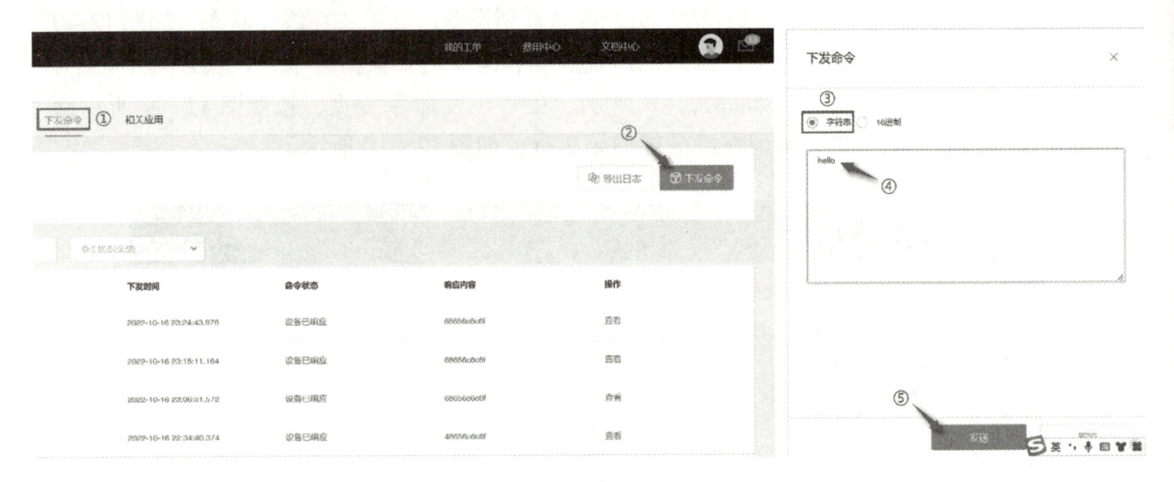

图 12－9　在“下发命令”页给开发板发消息

图 12－10　下发的消息显示在液晶屏上

12.2　再谈 OneNET 物联网云平台

之前，我们已经对 OneNET 物联网云平台做了初步介绍，并给出了注册账户、创建产品、添加设备的操作步骤，这些都是数据上云的必要准备工作。为了理解设备实体与云端实例是如何对接的，这里有必要先把 OneNET 的资源模型和关键术语强调一下。

12.2.1 资源模型

OneNET 的资源模型可以用图 12－11 来概括，具体包括用户（user）、产品（product）、设备（device）、数据流（datastream）、APIkey、触发器（trigger）、应用（application），可以看成是高度抽象的模型参数，云平台就是依靠它们来与具体的物联网终端实体对接的。

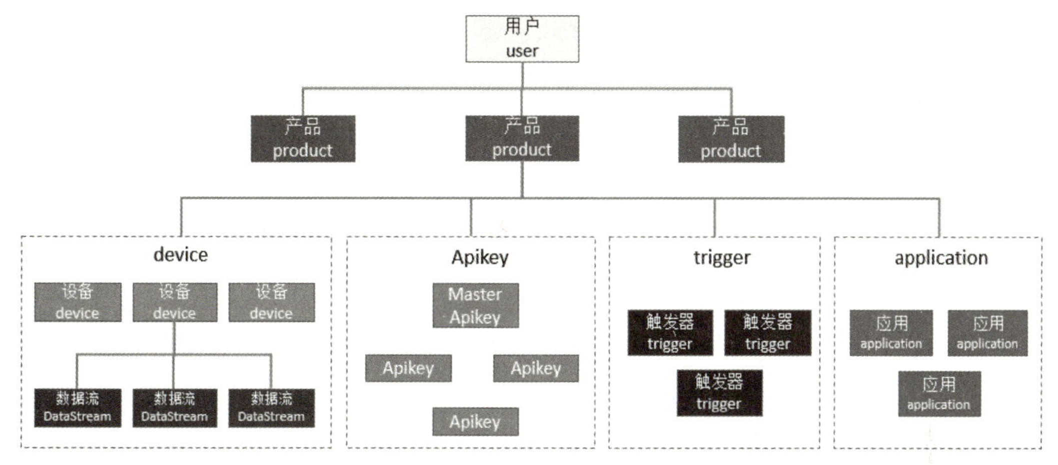

图 12－11 OneNET 物联网云平台的资源模型

下面对这些模型参数做简要介绍：

➢ 用户（user）—— OneNET 平台账号

➢ 产品（product）—— 具体项目

用户的最大资源集为产品，产品下资源包括设备、设备数据、设备权限、数据触发服务以及基于设备数据的应用等多种资源，用户可以创建多个产品。可以理解为用户下的每一个项目，比如本模块我们将要建立的温湿度监控系统。

➢ 设备（device）—— 项目涉及的物理设备

设备为真实终端在平台的映射，真实终端连接平台时，需要与平台设备建立一一对应关系，终端上传的数据被存储在数据流中，设备可以拥有一个或者多个数据流。比如我们的一个开发板就可以看成一个设备。

➢ 数据流（datastream）—— 物理设备上传的数据

数据流用于存储设备的某一类属性数据，例如温度、湿度、坐标等信息；平台要求设备上传并存储数据时，必须以 key－value（键值对）的格式上传数据，其中 key 即为数据流名称，value 为实际存储的数值，value 可以为 int、float、string、json 等多种自定义格式，比如温湿度数据。

➢ APIkey —— 用户校验标识

APIkey 为用户进行 API 调用时的密钥，用户访问产品资源时，必须使用该产品目录下对应的 APIkey。其实跟买车票一样，有身份证才让上车。

➢ 触发器（trigger）—— 报警服务

触发器为产品目录下的消息服务，可以进行基于数据流的简单逻辑判断并触发 HTTP

请求或者邮件。跟报警机制有点儿类似，如果触发了报警机制（比如温度超过多少），就做一些用户提示操作。

➢ 应用（application）—— OneNET 自带 UI 展示

应用编辑服务，支持用户以拖拽控件并关联设备数据流的方式，生成简易网页展示应用。比如，温湿度控制系统，我们可以拉取控件展示温度折线图。

12.2.2 关键术语

上面的模型参数算是 OneNET 常用术语的一部分，还有一些其他的术语，我们将其一并列在表 12－1 中。

表 12－1 OneNET 的常用术语

术语	解释	别名
产品	OneNET 平台资源（包括设备、APIkey、触发器、应用等）的集合，一个产品对应唯一的 masterkey、产品 ID、设备注册码，一个产品下包含多个具备同一特征的设备，多个设备之间的唯一性由 SN 来区分	项目
产品 ID	PID，鉴权信息组之一，创建产品时，由平台分配的唯一产品识别码，用于标识唯一产品，其是设备登录鉴权参数之一	项目 ID
APIkey	用于 API 调用时的鉴权参数 Master－APIkey：产品下唯一的管理员权限的 APIkey，具有管理产品下所有设备的权限，在产品页面获取 Device－APIkey：设备级 APIkey，具备与之关联的所有设备的访问权限，在设备详情获取	
accessKey	安全性更高的访问密钥，用于访问平台时的隐性鉴权参数（非直接传输），通过参与计算并传输 token 的方式进行访问鉴权	
token	安全性更高的鉴权参数，由多个参数组成，在通道中直接传输	
注册码	产品下唯一，可用于真实设备调用注册设备时，作为 API 的鉴权参数之一	
设备	归属于某一个产品下，是真实设备在平台的映射，用于和真实设备通过连接报文建立连接关系。是平台资源分配的最小单位	
鉴权信息组	由设备 ID、产品 ID、设备 SN 组成的平台内设备唯一的参数组合。真实设备进行设备连接时，需要携带这些参数进行鉴权（参数要求根据设备接入协议不同而有一定差异）	
设备 ID	鉴权信息组之一，是由平台分配的，在平台范围内设备唯一的识别号	
SN	鉴权信息组之一，由硬件厂家自定义的设备唯一出厂序列号，创建/注册设备时作为设备参数，在产品内唯一。其是设备连接时的鉴权参数之一	auth_info 设备编号
数据流	设备属性，可为设备单项数据属性，例如温度＝10；也可为设备数据属性的组合，例如坐标＝x：10 y：20	

续表

术语	解释	别名
数据流模板	产品下所有设备均具备的采集数据属性，例如空气质量检测仪均可以上报"pH2.5""甲醛浓度"等数据	
数据点	设备每次上传到数据流中的数据	
脚本	平台支持用户自定义数据解析规则，解析二进制/字符串格式的数据（仅适用于 TCP + 脚本接入方式）	

12.2.3　接入流程

一个物联网设备要接入 OneNET 云平台并进行数据传输，必须按照图 12－12 所示的流程来执行，总的来说，分为以下几步：

第一步：创建产品，选择接入协议。

创建产品的具体步骤已经在模块 2 讲述过了，此处不再赘述。对于接入协议，本模块针对的是 MQTT 协议。经过这一步，就得到了产品 ID（ProductId）。

第二步：创建设备，记录设备 ID 等信息。

创建设备的具体步骤也已在模块 2 介绍过了，这里也不再重复了。这一步我们会输入设备名称和鉴权信息，云平台会生成对应的设备 ID 和 APIkey。

第三步：建立设备与平台间的协议连接。

使用前两步中的参数作为登录依据，使用 SDK 中的对应接口组织 MQTT 连接报文，发送到平台，与平台建立 MQTT 连接。

第四步：数据流创建，数据点上传。

利用 SDK 中提供的接口函数，编写代码将数据上传到平台。

第五步：数据流展示，查看数据点。

在 OneNET 上的"设备管理"下单击"数据展示"，进入数据展示页面，查看上传的数据点；也可以选择时间区间来查看历史时间。

此外，除了在云平台上查看设备数据外，还可以通过云平台向设备发送命令，这些功能都需要利用云平台提供的 SDK 来编写代码实现。

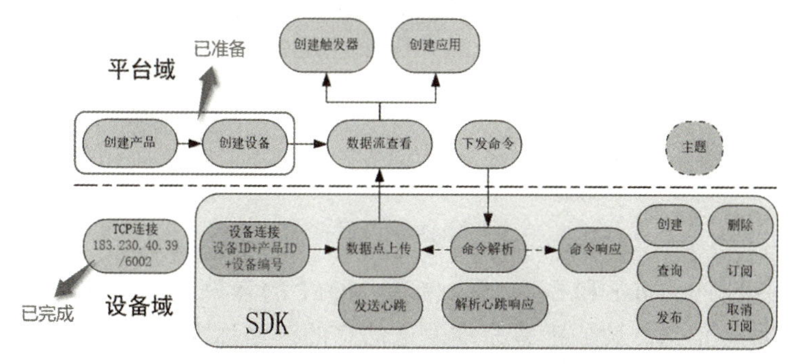

图 12－12　设备接入 OneNET 云平台的主要流程（以 MQTT 协议为例）

12.3 MQTT 协议基础

在上面的实验中，开发板与云平台之间的数据传输采用的是 MQTT 网络协议，那么为什么首选这个协议？它究竟有何特点？本节我们就来认识一下 MQTT。

12.3.1 为什么物联网需要 MQTT

MQTT（Message Queuing Telemetry Transport，消息队列遥测传输协议）是一种基于发布/订阅（publish/subscribe）模式的“轻量级”通信协议，该协议构建于 TCP/IP 协议上，由 IBM 在 1999 年发布。MQTT 最大的优点在于，用极少的代码和有限的带宽，为连接远程设备提供实时、可靠的消息服务。作为一种低开销、低带宽占用的即时通信协议，使其在物联网、小型设备、移动应用等方面有较广泛的应用。包括 OneNET 在内的几乎所有物联网云平台都支持该协议，并提供全语言的 SDK，开发起来十分方便。

12.3.2 发布/订阅模式

如图 12-13 所示，MQTT 使用的发布/订阅消息模式是一种一对多的消息分发机制，消息不是直接从发送器发送到接收器（点对点）的，而是由 MQTT 服务器（MQTT Broker）分发的。MQTT 服务端通常是一台服务器。它是 MQTT 信息传输的枢纽，负责将 MQTT 客户端发送来的信息传递给其他客户端。它还负责管理 MQTT 客户端，确保客户端之间的通信顺畅，保证 MQTT 消息得以正确接收和准确投递。

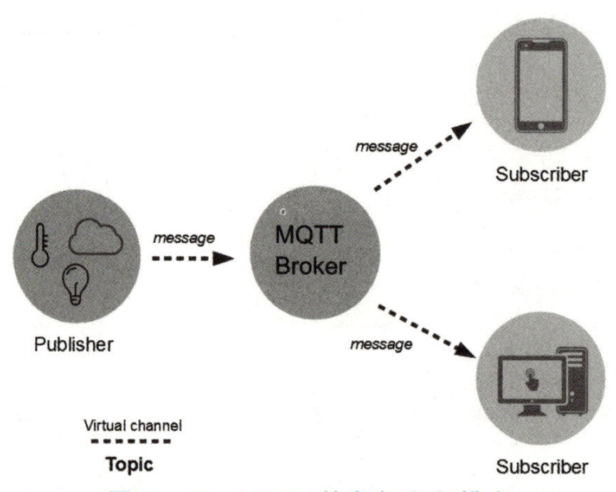

图 12-13　MQTT 的发布/订阅模式

图 12-13 中的 Publisher 和 Subscriber 都是 MQTT 的客户端，可以向服务端发布信息，也可以从服务端收取信息。我们把客户端发送信息的行为称为“发布”信息（Publisher），而客户端要想从服务端收取信息，则首先要向服务端“订阅”信息（Subscriber）。

12. 3. 3　MQTT 连接模拟测试

为了理解“发布/订阅”模式的基本原理，我们使用 OneNET 提供给用户的 MQTT 模拟器来做一个简单测试，该模拟器可以在 OneNET 的文档中心下载，如图 12－14 所示。

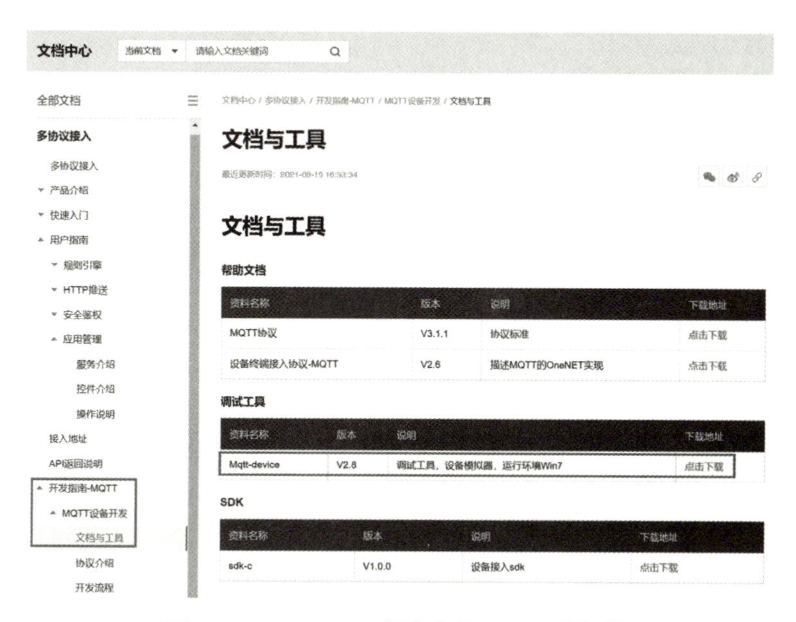

图 12－14　OneNET 平台上的 MQTT 模拟器

首先，在 OneNET 控制台中新建一个 MQTT 测试产品，并在该产品下新建两个设备，如图 12－15 所示。

图 12－15　新建产品和设备

其次，按照图 12－16 所示的步骤，在模拟器中填写产品和设备信息，并连接测试。若连接成功，则云平台上会显示设备在线。

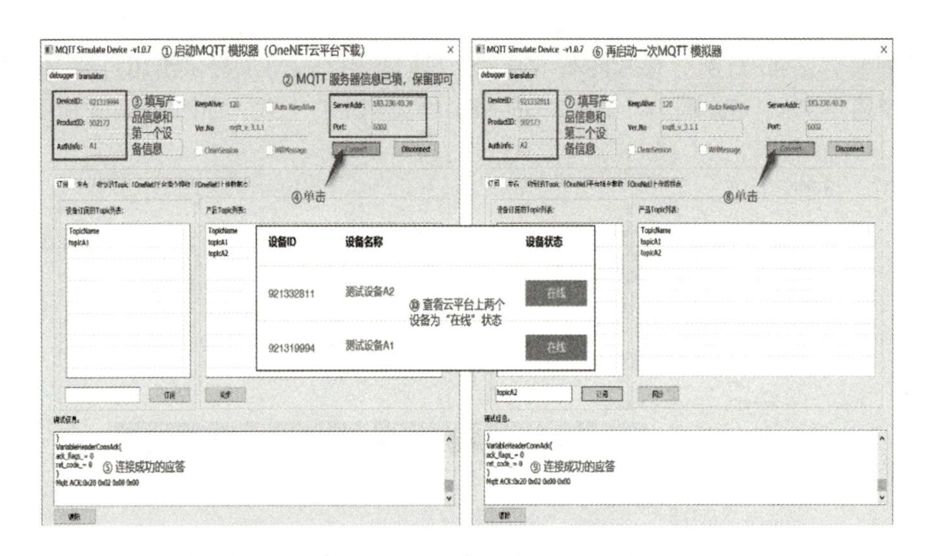

图 12－16　在模拟器中填写信息并测试连接

接着，按照图 12－17 所示的步骤去订阅主题。

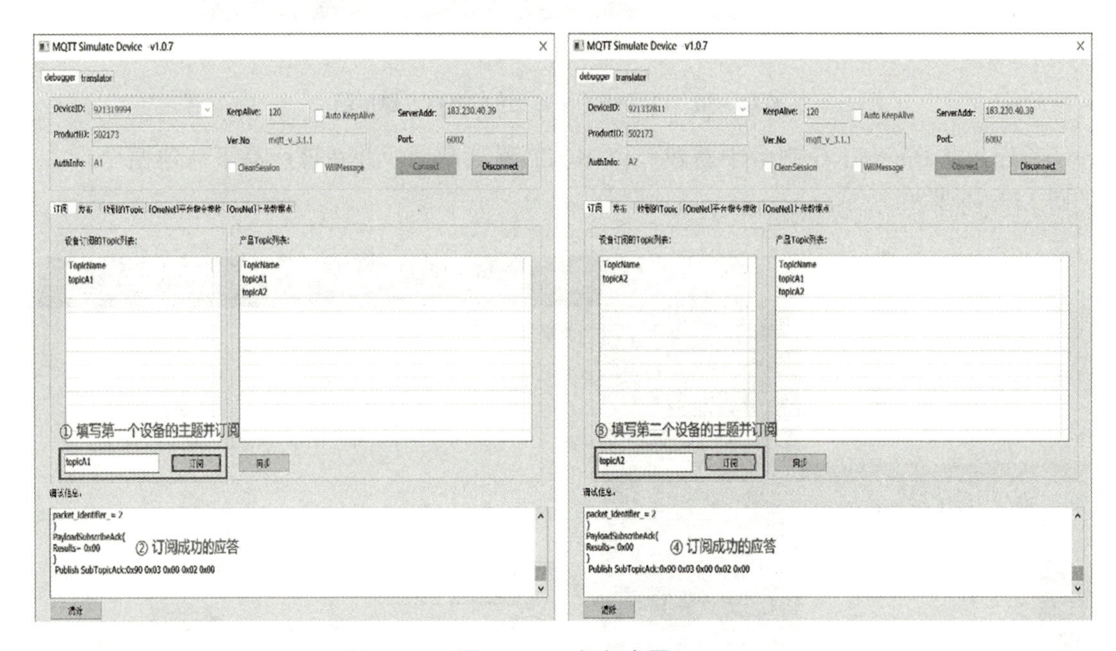

图 12－17　订阅主题

最后，按照图 12－18 所示的步骤向订阅的主题发布消息，看一下订阅了该主题的设备是否接到了消息。

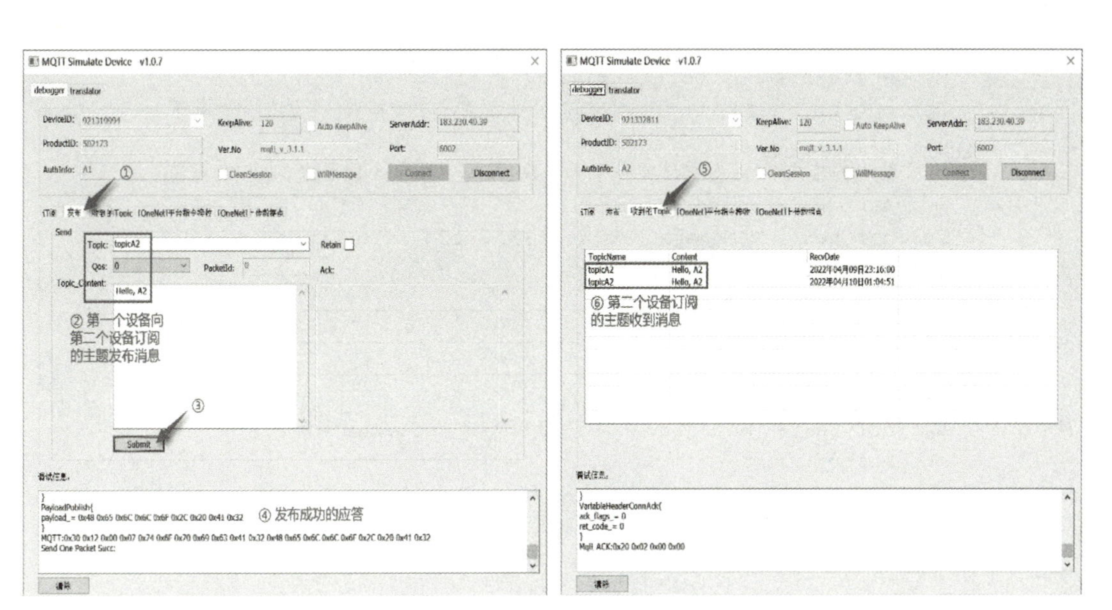

图 12－18　发布和接收消息

习题与测验

1. 翻译与解释。

user ______________　product ______________　device ______________

datastream ______________　APIkey ______________　trigger ______________

application ______________

2. 简述设备接入 OneNET 云平台的流程。

____

____

____

3. 阅读 OneNet_FillBuf( ) 函数源码，假设传感器感应到的温度是 36.7 ℃，湿度是 50%，试写出设备上传的数据流内容。(注意格式)

____

____

____

4. 尝试向数据流增加一个键为 Name、值为 MyIOT 的键值对，并补充完代码清单 12－8。

代码清单 12－8

```
1    u8 OneNet_FillBuf(char *buf)
2    {
3        char text[32];     //存放数据流字段的临时字符串
4
```

```
5       memset(text, 0, sizeof(text));
6       strcpy(buf, ",;");         //数据流开头,,为域中分隔符,;为域间分隔符
7
8       //文档中的格式 2:温度和湿度各一个字段,每个字段包含数据流 ID 和数据值
9       memset(text, 0, sizeof(text));
10      sprintf(text, "Temperature,%.1f;", sht20_info.temperature);
11      strcat(buf, text);
12      ________________________________________________
13      ________________________________________________
14      ________________________________________________
15      memset(text, 0, sizeof(text));
16      sprintf(text, "Humidity,%.1f;", sht20_info.humidity);
17      strcat(buf, text);
18
19      return strlen(buf);      //返回数据流长度
20  }
```

5. 为什么物联网需要 MQTT? 其优势在哪里?

____

____

____

____

____

参 考 文 献

[1] 季顺宁. 物联网技术概论 [M]. 北京：机械工业出版社，2020.
[2] 王志功，陈莹梅. 集成电路设计 [M]. 3 版. 北京：电子工业出版社，2013.
[3] 张毅刚. 嵌入式系统技术与应用 [M]. 4 版. 北京：高等教育出版社，2017.
[4] 刘火良. STM32 库开发实战指南：基于 STM32F103 [M]. 2 版. 北京：机械工业出版社，2017.
[5] 祁桂兰. 嵌入式系统技术与应用 [M]. 陕西：西北工业大学出版社，2017.
[6] 宋雪松. 手把手教你学 51 单片机 [M]. 北京：清华大学出版社，2008.
[7] 张洋. 原子教你玩 STM32 库函数版 [M]. 北京：北京航空航天大学出版社，2015.
[8] 陈祥生. 嵌入式技术及应用 [M]. 北京：中国铁道出版社，2020.
[9] 严海蓉. 嵌入式微处理器原理与应用——基于 ARM Cortex - M3 微控制器 [M]. 北京：清华大学出版社，2014.
[10] Andrew N Sloss. ARM 嵌入式系统开发——软件设计与优化 [M]. 沈建华，译. 北京：北京航空航天大学出版社，2005.